GUANGDONGSHENG

SENLIN SHENGTAI XITONG
FUWU GONGNENG PINGGU

广东省森林生态系统服务功能评估

王　兵　主编
张方秋　周　平　任晓旭　副主编

中国林业出版社

图书在版编目（CIP）数据

广东省森林生态系统服务功能评估 / 王兵 主编. -- 北京 : 中国林业出版社, 2011.5

ISBN 978-7-5038-6166-6

Ⅰ. ①广… Ⅱ. ①王… Ⅲ. ①森林生态系统－服务功能－评估－广东省 Ⅳ. ①S718.55

中国版本图书馆CIP数据核字（2011）第081285号

责任编辑 于界芬

广东省森林生态系统服务功能评估

出　版　中国林业出版社（100009 北京西城区德内大街刘海胡同7号）
网　址　lycb.forestry.gov.cn
电　话　(010) 83229512
发　行　中国林业出版社
印　刷　北京顺诚彩色印刷有限公司
版　次　2011年5月第1版
印　次　2011年5月第1次
开　本　787×1092　1/16
印　张　12.25
字　数　291千字
定　价　86.00元

广东省森林生态系统服务功能评估

主　编　王　兵

副主编　张方秋　周　平　任晓旭

编　委（按姓氏拼音排序）

甘先华　牛　香　潘　文

王　丹　王湘龙　魏　龙

殷祚云　张卫强　周　毅

序言 Perfece

森林，是人类赖以生存繁衍的基础，也是人类可持续发展的保障。伴随着气候变暖、土地沙化、水土流失、干旱缺水、生物多样性减少等多种生态危机对人类的严重威胁，人们对森林生态系统的价值和作用的认识，由单纯追求木材等直接经济价值转变为更加注重追求经济、生态、社会、文化方面的综合效益，特别是涵养水源、保育土壤、固碳释氧、净化空气等生态服务价值和效益。

森林生态系统的服务价值的评估已受到国际社会广泛关注，许多国内外学者对其进行了长期深入的探索。1997 年，美国学者 Costanza 等在《nature》上发表题为“*The Value of the World's Ecosystem Services and Natural Capital*”的文章，在世界上率先开展了全球生态系统服务价值及其资本的估算。2001 年，世界上第一个针对全球生态系统开展的多尺度、综合性评估项目——联合国千年生态系统评估（MA）正式启动，对森林生态系统的供给服务（包括食物、淡水、木材和纤维、燃料等）、调节服务（包括调节气候、调节洪水、调控疾病、净化水质等）、文化服务（包括美学、精神、教育、消遣等方面）和支持服务（包括养分循环、大气中氧气的生产、土壤形成、初级生产等）4 大功能的几十种指标进行了评估。此外，世界粮农组织（FAO）全球森林资源评估以及《联合国气候变化框架公约》、《生物多样性公约》等均定期对全球森林生态状况进行监测评价，把握世界森林生态服务功能的变化趋势。

我国高度重视森林生态系统生态服务功能的评估研究。经过几十年的探索研究，国家林业局 2008 年颁布了中国林业行业标准《森林生态系统服务功能评估规范》（LY/T 1721-2008），为开展全国或省级森林生态服务功能评估奠定了基础。近年来，部分地区开展了基于森林资源清查数据和森林生态系统定位研究网络的定位观测数据，科学评估森林生态系统生态服务的物质量和价值量，是我国森林生态效益评估理论和实践上的新探索和重要突破。

如何客观、动态、科学地评估森林的生态服务功能，解决好生产发展与生态建设保护的关系，显得尤为重要。国家林业局中国森林生态系统定位研究网络管理中心与广东省林业科学研究院结合广东实际，首次构建了基于《森林生态系统服务功能评估规范》的一级指标和二级具体评估指标的广东森林生态系统服务功能评估指标体系。依据广东省森林资源二类清查数据，辅以广东省森林生态系统定位研究站的长期观测数据集，采用分布式计算方法与 NPP 实测法，分地市、优势树种林分类型、林种、起源和龄组从固碳释氧、涵养水源、保育土壤、积累营养物质、净化大气、生物多样性保护功能对广东省森林生态系统生态服务的物质量和价值量的总量和单位面积的物质价值量进行了测算和评估，获得了广东省 1994 年、1999 年、2004 年、2009 年森林生态服务功能的详细研究数据。

该书的出版，标志着广东省森林生态服务评估迈出了新的步伐，为全面认识和客观评价森林的重要地位和作用，健全效益补偿机制，推进森林资源保育，构建完善的林业生态体系、发达的林业产业体系和繁荣的生态文化体系，促进区域可持续发展，实施绿色发展战略，推进低碳经济发展，建设幸福广东、和谐广东提供参考和支持。

广东省林业局局长 张育文

2011 年 4 月

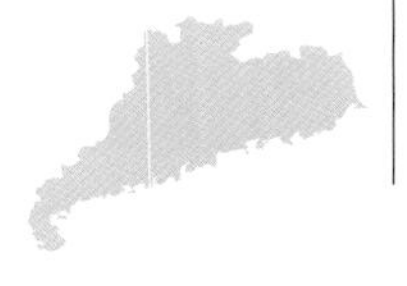

目录 CONTENTS

绪　论

目前，水土流失、土地荒漠化、湿地退化、生物多样性减少等问题依然较为严重，在这些严重的生态危机面前，人类已经开始警醒，深刻认识到森林的重要地位和关键作用，并开始采取行动，促进发展与保护的统一，追求经济、社会、生态、文化的协同发展。

林业在维护国土生态安全中的重要作用尚未充分发挥出来。客观、动态、科学地评估森林的生态服务功能对于加深人们的环境意识，促进加强林业建设在国民经济中的主导地位，提高森林经营管理水平，加快将环境纳入国民经济核算体系及正确处理社会经济发展与生态环境保护之间的关系具有重要的现实意义。

> 生态系统服务，指人类从生态系统获得的所有惠益。包括供给服务（如提供食物和水）、调节服务（如控制洪水和疾病）、文化服务（如精神、娱乐和文化收益）以及支持服务（如维持地球生命生存环境的养分循环）。
>
> 引自：《千年生态系统评估（MA）：成就与展望》

生态系统评估是一个社会过程。它通过研究生态系统变化的原因、生态系统变化对人类福利的影响以及应对生态系统变化的管理和政策选择，进而把这些方面的科学发现提供给决策者，以满足他们制定决策的需要。

> 森林生态系统服务功能评估：采用森林生态系统长期连续定位观测数据、森林资源清查数据及社会公共数据对森林生态系统服务功能开展的实物量和价值量评估。
>
> 引自：《森林生态系统服务功能评估规范（LY/T 1721-2008）》

我国自 20 世纪 80 年代初开始进行森林生态系统服务功能评估工作，并对森林生态系统服务功能的价值研究做了很多有益的探索，但要科学地评估森林生态系统服务功能，指导我国生态环境建设，尚存在一些亟待解决的问题：①森林生态系统服务功能机制研究缺乏。大多数生态系统服务功能评估没有对生态系统结构、生态过程与服务功能的关系进行深入分析，生态系统服务功能及其价值评估缺乏可靠的生态学基础；②评估理论与评估方法有待完善。目前多直接利用国外的定价或方法，与我国社会经济现状脱节，评估结果可信度较低，难以取得学术界、

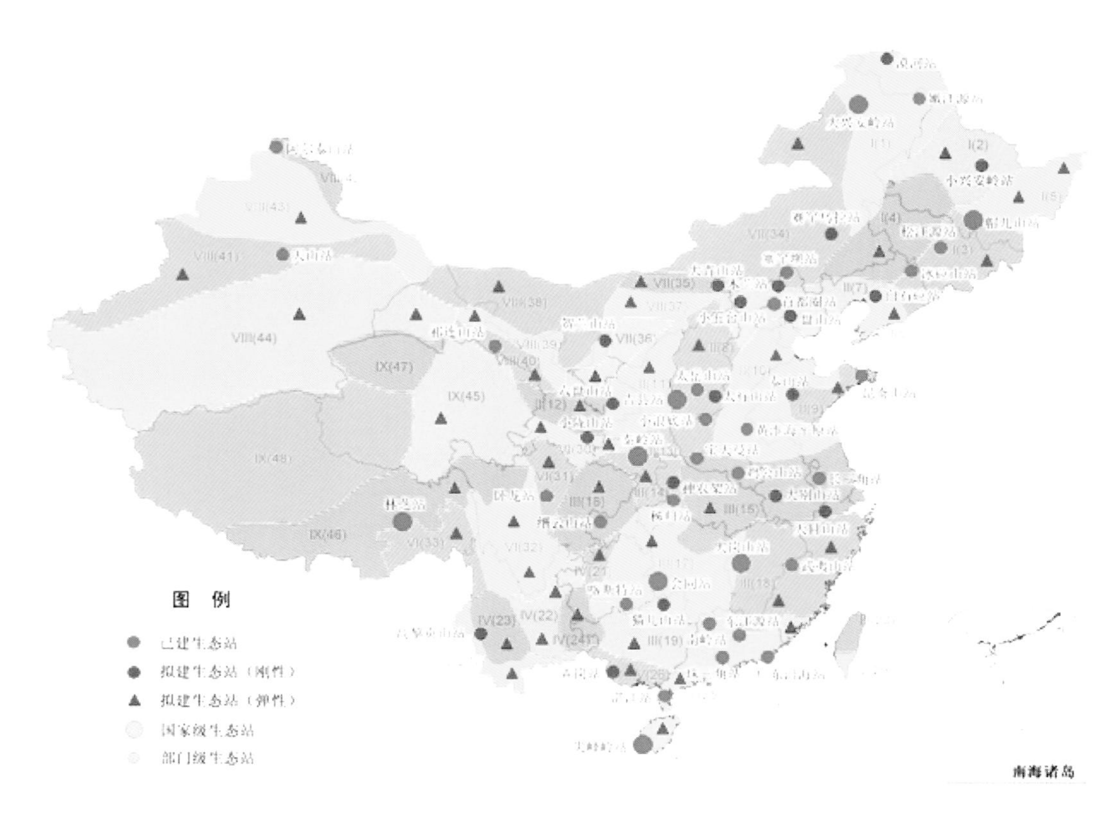

图1-1 国家林业局森林生态系统定位研究网络规划布局图（CFERN）

管理决策部门和公众的认同，也很难为管理与决策部门所应用；③生态学研究与经济学研究未能有机融合。一方面导致国家生态环境建设缺乏生态经济学的理论支持，同时使得生态系统服务功能评估结果难以纳入社会经济发展综合决策之中；④缺乏统一的评价方法和指标体系。各种不同的方法计算的数值差异太大、使用的指标体系不尽相同，其核算结果没有可比性。另外，关于生态系统服务功能评估应用领域和应用方法的研究等方面有待进一步深入。

本报告以广东省林业局提供广东省森林资源二类清查数据为基础，辅以国家林业局CFERN森林生态系统定位研究站长期、连续的大量观测数据，结合对不同区域、不同植被类型生态系统结构、生态过程与服务功能的科研成果，对广东省森林生态系统服务功能及其价值进行了评估。本评估有效克服了以往评估的局限性及不足，为森林生态系统服务功能及其价值评估奠定了可靠的生态学基础，因此评估结果更具有科学性和准确性。本评估对确定森林在生态环境建设中的主体地位和作用，完善森林生态环境动态评估、监测和预警体系，为广东省的生态环境建设、森林可持续利用和经济的可持续发展提供了科学依据；评估结果能够描述当前广东省森林资源的真实状况，是制定“三大体系”构建目标的基础资料。通过森林生态服务功能观测与评估，可以获得广东省森林资源生态服务功能总体状况的数据，是了解“三大体系”构建效果的最有效途径。

广东省政府高度重视生态建设和生态服务功能评估，在强化区域生态评估、生态规划、生态管理和生态工程研究等方面做出了巨大努力。把生态建设提高到了前所未有的高度，公众的生态环境保护意识逐渐提高，生态环境质量得到了全面改善，森林覆盖率有了较大提高。本报告从涵养水源、保育土壤、固碳释氧、积累营养物质、净化大气环境、生物多样性保护、森林防护、森林游憩等 8 个方面评估了广东省森林资源的生态服务功能与价值，是一项符合广东省实际和反映生态建设成果的工作，不仅是对广东省森林生态建设工作最大的促进，也是检验广东省生态建设成绩的最好方法。

森林生态系统定位研究站（以下简称森林生态站）是通过在典型森林地段，建立长期观测点与观测样地，对森林生态系统的组成、结构、生物生产力、养分循环、水循环和能量利用等在自然状态下或某些人为活动干扰下的动态变化格局与过程进行长期定位观测，阐明生态系统发生、发展、演潜的内在机制和自身的动态平衡，以及参与生物地球化学循环过程的长期定位观测点。

分布于全国典型森林植被区的若干森林生态站组成中国森林生态系统定位研究网络（China Forestry Ecosystem Research Network，英文简称 CFERN，中文简称森林生态站网）。CFERN 目前共包括 50 个森林生态站（图 1-1）。

森林生态系统服务功能评估方法

本报告中森林资源的生态服务功能及其价值评估采用森林生态系统服务功能评估的理论和方法，以广东省林业局提供的森林资源二类清查数据为基础，辅以森林生态系统定位研究站的长期观测数据集，以《森林生态系统服务功能评估规范》（LY/T1721-2008）林业行业标准为依据，综合运用生态学、水土保持学、经济学等理论方法，以遥感、地理信息系统、过程机理模型等为工具，采用分布式计算方法与NPP实测法，由点上剖析推至面上分析，从物质量和价值量两个方面，对广东省森林生态服务功能进行了效益评价。

2006年以来，国家林业局开始着手森林生态系统服务功能评估标准制定工作，于2008年3月颁布出版了《森林生态系统服务功能评估规范》（LY/T1721-2008）。该规范明确了中国森林生态系统服务功能评估的数据源、指标体系、评估方法等工作流程，规范了当前极为混乱的森林生态系统服务功能评估工作，理论上科学、方法上可行、社会可接受。

物质量评估主要是对生态系统提供服务的物质数量进行评估，即根据不同区域、不同生态系统的结构、功能和过程，从生态系统服务功能机制出发，利用适宜的定量方法确定生态系统服务功能的质量数量。

物质量评估的特点是评价结果比较直观，能够比较客观地反映生态系统的生态过程，进而反映生态系统的可持续性。但是，由于运用物质量评价方法得出的各单项生态系统服务的量纲不同，因而无法进行加总，不能够评价某一生态系统的综合生态系统服务。

价值量评估主要是利用一些经济学方法对生态系统提供的服务进行评价。

价值量评价的特点是评价结果是货币量，既能将不同生态系统与一项生态系统服务进行比较，也能将某一生态系统的各单项服务综合起来。运用价值量评价方法得出的货币结果能引起人们对区域生态系统服务足够的重视，其评价研究能促进环境核算，将其纳入国民经济核算体系，最终实现绿色GDP，从而促进可持续发展。

2.1 指标选取原则

2.1.1 代表性原则

森林生态系统服务功能的组成因子众多，各因子之间相互作用，构成一个复杂的综合体。指标体系不可能包括所有因子，只能从中选择最具有代表性、最能反映服务功能本质特征的指标。

2.1.2 全面性原则

森林生态系统服务功能是一个自然—社会—生态因素组成的复合系统，因此选取指标要尽可能地反映服务功能各个方面的特征。

2.1.3 简明性原则

指标选取以能说明问题为目的，要选择针对性强的指标，指标繁多反而容易顾此失彼，重点不突出，掩盖了实质。因此，评估指标应尽可能控制在适度范围内，评估方法尽可能简单。

2.1.4 可操作性原则

指标的定量化数据要易于获得和更新，指标选择可以有一定的超前性，但应尽可能选择现有仪器设备可以观测到的指标。虽然有些指标对森林生态系统服务功能有极佳的表征作用，但数据缺失或不全，就无法进行计算和纳入评估指标体系。因此，选择指标必须实用可行，可操作性强。

2.1.5 适应性原则

指标选择应尽可能涵盖全国的普遍问题，易于推广应用。从空间尺度上讲，选择的指标应具有广泛的空间适用性，对不同县、不同区域而言，都能运用所选择的指标对其区域的森林生态系统服务功能做出客观的评估。

2.2 数据来源

本报告所采用数据主要有三个来源，一是国家林业局森林生态系统定位研究站长期积累依据森林生态系统定位观测指标体系（LY/T 1606-2003）开展的长期、连续、定位观测研究数据集；二是广东省林业局提供的广东省森林资源二类清查数据；三是我国权威机构公布的社会公共数据。

国家林业局于2003年8月颁布出版了《森林生态系统定位观测指标体系》（LY/T 1606-2003）。该规范规定了森林生态系统定位观测指标，即气象常规指标、森林土壤的理化指标、森林生态系统的健康与可持续发展指标、森林水文指标和森林的群落学特征指标。适用于全国范围内森林生态系统长期定位连续观测。

本报告共采用权威部门的15个类别的社会公共数据，主要来源于《中国水利年鉴》

（1993 ～ 1999 年）、农业部中国农业信息网（http://www.agri.gov.cn）、卫生部网站（http://www.moh.gov.cn/）、国家发展与改革委员会等四部委 2003 年第 31 号令《排污费征收标准及计算方法》等。

2.3 指标体系

中国森林生态系统服务功能评估指标体系包括涵养水源、保育土壤、固碳释氧、积累营养物质、净化大气环境、森林防护、生物多样性保护、森林游憩 8 项功能 17 个指标，其指标体系见图 2-1。

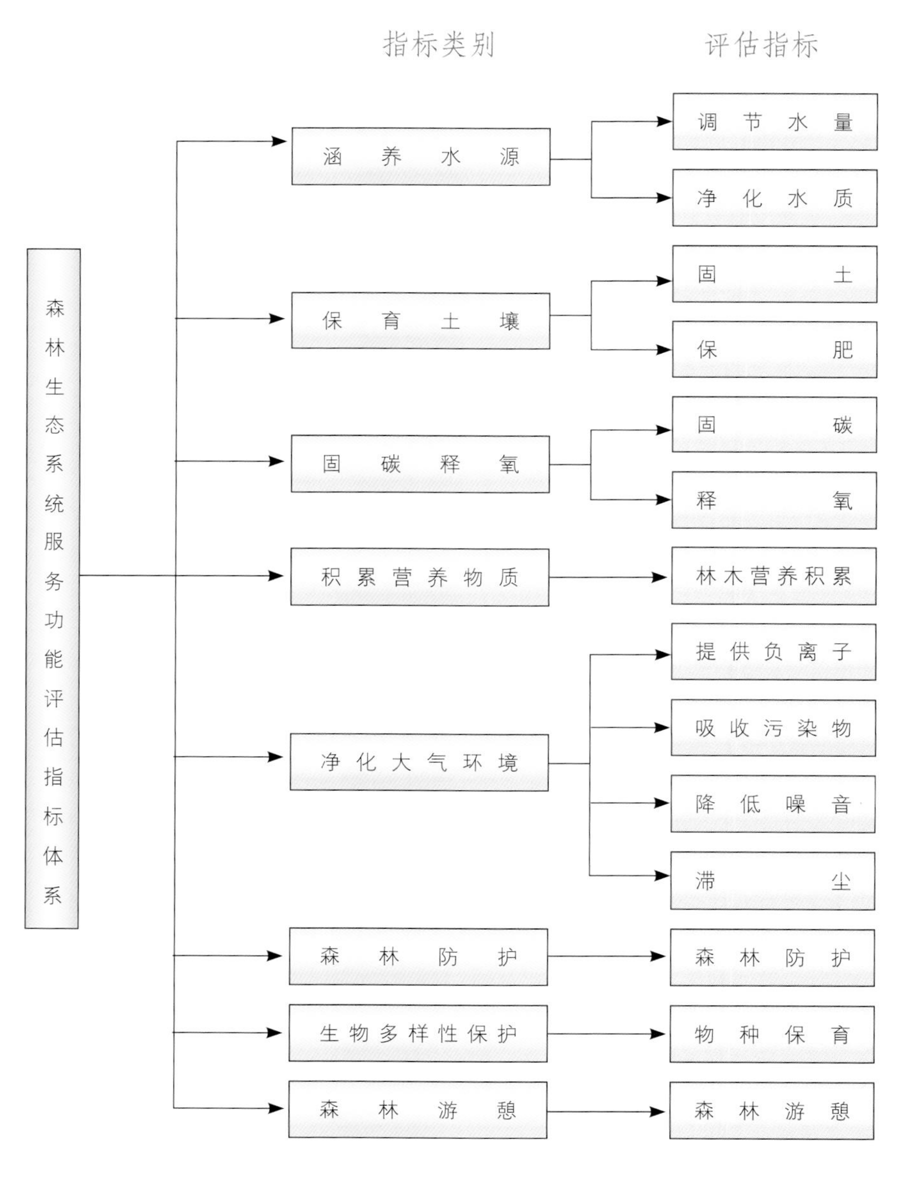

图2-1　森林生态系统服务功能评估指标体系

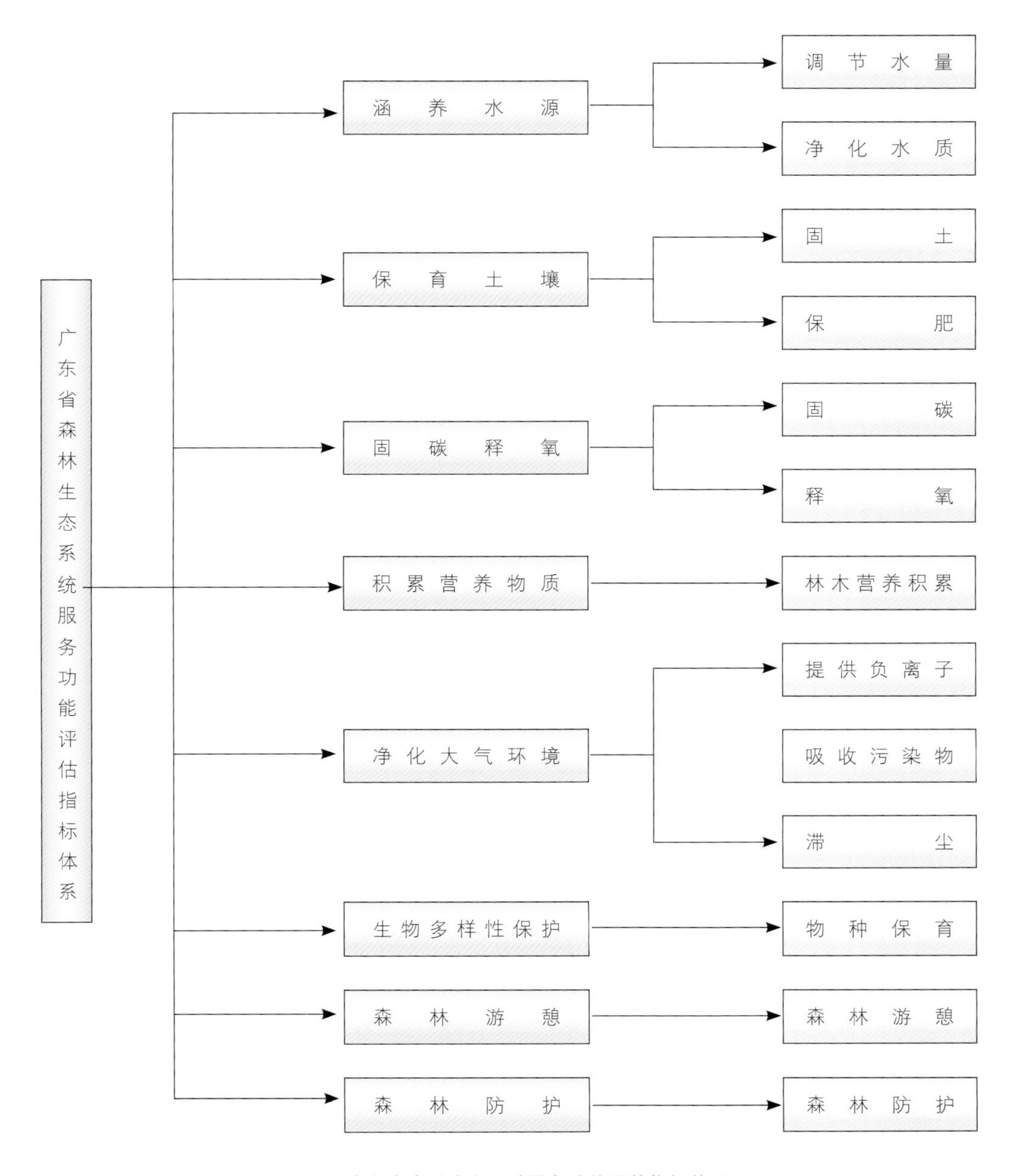

图2-2　广东省森林生态系统服务功能评估指标体系

结合广东省森林资源特点及由于降低噪音等指标计算方法不太成熟，所以本报告不涉及降低噪音的功能和价值。广东省森林生态系统服务功能指标体系包括涵养水源、保育土壤、固碳释氧、积累营养物质、净化大气环境、生物多样性保护、森林防护、森林游憩 8 项功能 13 个指标，其指标体系见图 2-2。

2.4 分布式测算方法

广东省森林生态系统服务功能评估采用了分布式测算方法，分布式测算方法是目前评估中国森林生态系统服务功能时采用的最科学有效的方法。以中国森林生态系统定位研究网络（CFERN）建立的符合中国森林生态系统特点的《森林生态系统定位观测指标体系》（LY/T 1606-2003）为依据，依托 CFERN 所属森林生态站的实测样地，以广东省地级市为测算单元，区分不同林分类型、不同林龄组、不同立地条件。按照《森林生态系统服务功能评估规范》（LY/T 1721-2008）对广东省 17 个优势树种林分类型（包括经济林、竹林、灌木林）建立了森林生态站长期定位连续观测数据集。并与广东省林业局提供的广东省森林资源二类调查数据相耦合，评估了广东省森林生态系统服务功能。

分布式测算方法源于计算机科学，是研究如何把一项整体复杂的问题分割成相对独立运算的单元，然后把这些单元分配给多个计算机进行处理，最后把这些计算结果综合起来，统一合并得出结论的一种科学计算方法。

广东省森林生态系统服务功能的测算是一项非常庞大、复杂的系统工程，很适合划分成多个均质化的生态测算单元开展评估。基于分布式测算方法评估广东省森林生态系统服务功能的具体思路为：首先将广东省按行政区划分为广州市、深圳市、珠海市、汕头市、韶关市、河源市、梅州市、惠州市、汕尾市、东莞市、中山市、江门市、佛山市、阳江市、湛江市、茂名市、肇庆市、清远市、潮州市、揭阳市、云浮市、省属林场等 22 个一级测算单元（市），每个一级测算单元又按优势树种林分类型划分成马尾松组、其他松类组、杉木组、木荷组、其他硬阔类组、桉树组、相思组、木麻黄组、其他软阔类组、针叶混组、阔叶混组、针叶混组、阔叶混组、针阔混组、红树林组、竹林组、灌木林组等 17 个二级测算单元，每个二级测算单元再按林龄组划分为幼龄林、中龄林、近熟林、成熟林、过熟林 5 个三级测算单元，再结合不同立地条件的对比观测，最终确定了 1 870 个相对均质化的生态服务功能评估单元。

在中国森林生态系统定位研究网络（CFERN）分布格局内，将生态服务功能评估单元观测任务分配给所属的森林生态站、辅助观测点以及补充观测点，区分不同优势树种林分类型、不同林龄组、不同立地条件，按照《森林生态系统定位观测指标体系》（LY/T 1606-2003）进行固定植被样地观测、气象观测、水文观测、土壤观测等，获取生态系统尺度的生态服务功能实测数据。

基于生态系统尺度的生态服务功能定位实测数据，运用遥感反演、过程机理模型等先进技术手段，进行由点到面的数据尺度转换，将点上实测数据转换至面上测算数据，即可得到各生态服务功能评估单元的测算数据。①利用改造的过程机理模型 IBIS（集成生物圈模型），输入森林生态站各样点的植物功能型类型、林分类型 LAI、植被类型、土壤质地、土壤养分含量、凋落物储量，以及气温、大气相对湿度、云量、风速、各种植物生理参数等，依据中国植被图或遥感信息，推算各生态服务功能评估单元的涵养水源生态功能数据、保育土壤生态功能数据和固碳释氧生态功能数据。②结合森林生态站长期定位观测的环境数据和广东省 2009 年森林资源二类调查数据（蓄积量、树种组成、年龄等），通过筛选获得基于遥感数据反演的统计模型，推算各生态服务功能评估单元的林木营养积累生态功能数据和净化大气环境生态功能数据。将各生态服务功能评估单元的测算数据逐级累加，即可得到广东省森林生态系统服务功能的最终评估结果。

2.5 指标涵义和计算公式

2.5.1 涵养水源功能

森林涵养水源功能主要是指森林对降水的截留、吸收和贮存，将地表水转为地表径流或地

下水的作用。主要功能表现在增加可利用水资源、净化水质和调节径流三个方面。因此本报告选定 2 个指标，即调节水量指标和净化水质指标，以反映森林的涵养水源功能。

2.5.1.1 调节水量指标

(1) 年调节水量

森林生态系统调节水量公式为：

$$G_{调}=10A\ (P-E-C) \tag{1}$$

式中：$G_{调}$——林分年调节水量，单位：$m^3 \cdot a^{-1}$；

P——林外降水量，单位：$mm \cdot a^{-1}$；

E——林分蒸散量，单位：$mm \cdot a^{-1}$；

C——地表快速径流量，单位：$mm \cdot a^{-1}$；

A——林分面积，单位：hm^2。

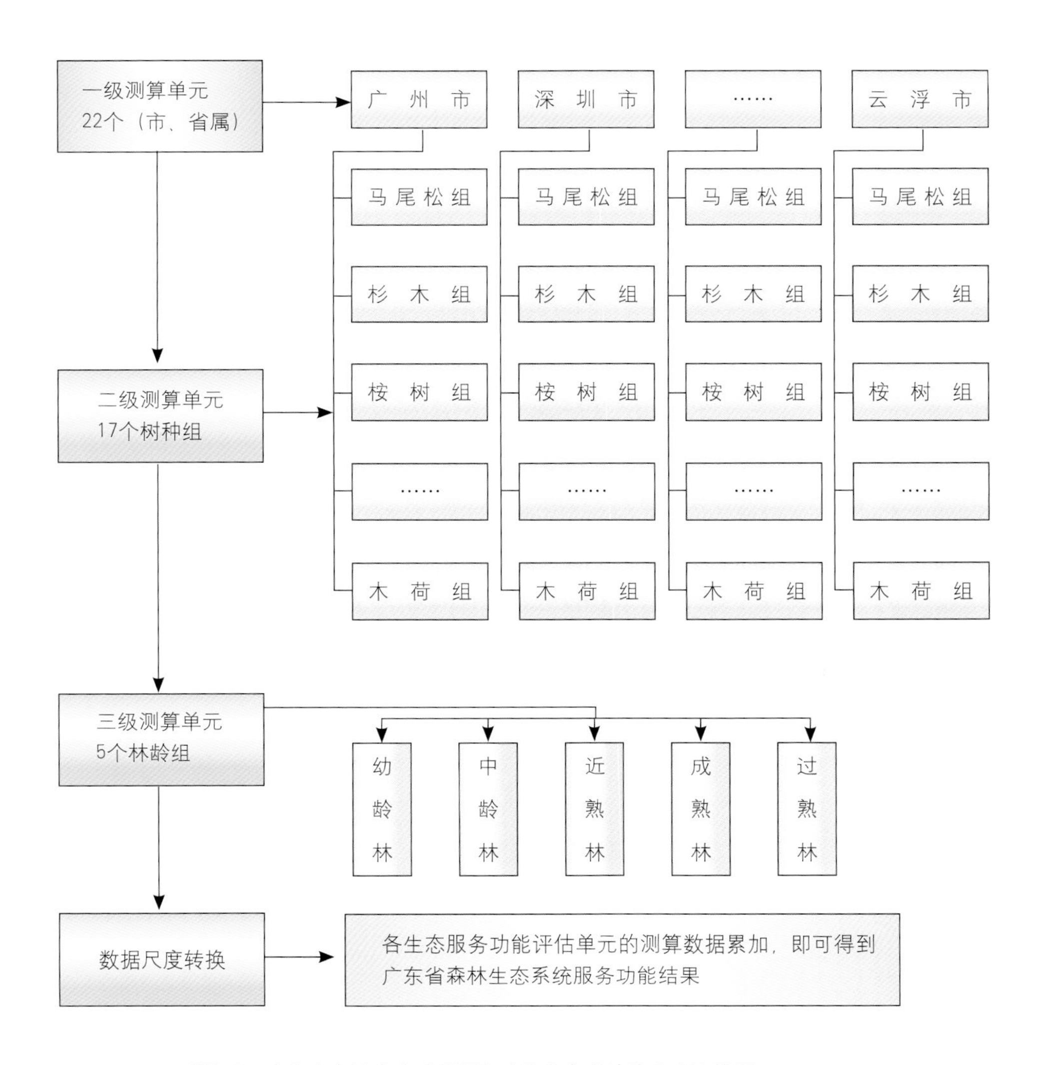

图2-3　广东省森林生态系统服务功能分布式计算方法流程图

（2）年调节水量价值

森林生态系统年调节水量价值根据水库工程的蓄水成本（替代工程法）来确定，采用如下公式计算：

$$U_{调}=10C_{库}A(P-E-C) \quad (2)$$

式中：$U_{调}$——森林年调节水量价值，单位：元·a^{-1}；

$C_{库}$——水库库容造价，单位：元·m^{-3}；

P——林外降水量，单位：mm·a^{-1}；

E——林分蒸散量，单位：mm·a^{-1}；

C——地表径流量，单位：mm·a^{-1}；

A——林分面积，单位：hm^2。

2.5.1.2 净化水质指标

（1）年净化水量

$$G_{调}=10A(P-E-C) \quad (3)$$

式中：$G_{调}$——林分年调节水量，单位：m^3·a^{-1}；

P——林外降水量，单位：mm·a^{-1}；

E——林分蒸散量，单位：mm·a^{-1}；

C——地表快速径流量，单位：mm·a^{-1}；

A——林分面积，单位：hm^2。

（2）年净化水质价值

森林生态系统年净化水质价值根据净化水质工程的成本（替代工程法）计算，公式为：

$$U_{水质}=10K_{水}A(P-E-C) \quad (4)$$

式中：$U_{水质}$——林分净化水质价值，单位：元·a^{-1}；

$K_{水}$——水的净化费用，单位：元·m^{-3}；

P——林外降水量，单位：mm·a^{-1}；

E——林分蒸散量，单位：mm·a^{-1}；

C——地表快速径流量，单位：mm·a^{-1}；

A——林分面积，单位：hm^2。

2.5.2 保育土壤功能

森林凭借庞大的树冠、深厚的枯枝落叶层及强壮且成网络的根系截留大气降水，减少或免遭雨滴对土壤表层的直接冲击，有效地固持土体，降低了地表径流对土壤的冲蚀，使土壤流失量大大降低。而且森林的生长发育及其代谢产物不断对土壤产生物理及化学影响，参与土体内部的能量转换与物质循环，使土壤肥力提高，森林是土壤养分的主要来源之一。因此，本报告选用 2 个指标，即固土指标和保肥指标，以反映森林保育土壤功能。

2.5.2.1 固土指标

(1) 年固土量

林分年固土量公式为：

$$G_{固土}=A(X_2-X_1) \tag{5}$$

式中：$G_{固土}$——林分年固土量，单位：$t\cdot a^{-1}$；

X_1——有林地土壤侵蚀模数，单位：$t\cdot hm^{-2}\cdot a^{-1}$；

X_2——无林地土壤侵蚀模数，单位：$t\cdot hm^{-2}\cdot a^{-1}$；

A——林分面积，单位：hm^2。

(2) 年固土价值

由于土壤侵蚀流失的泥沙淤积于水库中，减少了水库蓄积水的体积，因此本报告根据蓄水成本（替代工程法）计算林分年固土的价值，公式为：

$$U_{固土}=AC_{土}(X_2-X_1)/\rho \tag{6}$$

式中：$U_{固土}$——林分年固土价值，单位：元$\cdot a^{-1}$；

X_1——有林地土壤侵蚀模数，单位：$t\cdot hm^{-2}\cdot a^{-1}$；

X_2——无林地土壤侵蚀模数，单位：$t\cdot hm^{-2}\cdot a^{-1}$；

$C_{土}$——挖取和运输单位体积土方所需费用，元$\cdot m^{-3}$；

ρ——土壤密度，单位：$g\cdot cm^{-3}$；

A——林分面积，单位：hm^2。

2.5.2.2 保肥指标

(1) 年保肥量

$$G_N=AN(X_2-X_1) \tag{7}$$

$$G_P=AP(X_2-X_1) \tag{8}$$

$$G_K=AK(X_2-X_1) \tag{9}$$

式中：G_N——森林固持土壤而减少的氮流失量，单位：$t\cdot a^{-1}$；

G_P——森林固持土壤而减少的磷流失量，单位：$t\cdot a^{-1}$；

G_K——森林固持土壤而减少的钾流失量，单位：$t\cdot a^{-1}$；

X_1——有林地土壤侵蚀模数，单位：$t\cdot hm^{-2}\cdot a^{-1}$；

X_2——无林地土壤侵蚀模数，单位：$t\cdot hm^{-2}\cdot a^{-1}$；

N——土壤含氮量，单位：%；

P——土壤含磷量，单位：%；

K——土壤含钾量，单位：%；

A——林分面积，单位：hm^2。

(2) 年保肥价值

计算年固土量中N、P、K的数量换算成化肥即为林分年保肥价值。许多文献都采用了这种方法，本报告也采用这种方法。本报告的林分年保肥价值采用固土量中的N、P、K数量折合成磷酸二铵化肥和氯化钾化肥的价值来体现。公式为：

$$U_{肥}=A(X_2-X_1)(NC_1/R_1+PC_1/R_2+KC_2/R_3+MC_3) \quad (10)$$

式中：$U_{肥}$——林分年保肥价值，单位：元·a^{-1}；

X_1——有林地土壤侵蚀模数，单位：t·hm^{-2}·a^{-1}；

X_2——无林地土壤侵蚀模数，单位：t·hm^{-2}·a^{-1}；

N——森林土壤平均含氮量，单位：%；

P——森林土壤平均含磷量，单位：%；

K——森林土壤含钾量，单位：%；

M——森林土壤有机质含量，单位：%；

R_1——磷酸二铵化肥含氮量，单位：%；

R_2——磷酸二铵化肥含磷量，单位：%；

R_3——氯化钾化肥含钾量，单位：%；

C_1——磷酸二铵化肥价格，单位：元·t^{-1}；

C_2——氯化钾化肥价格，单位：元·t^{-1}；

C_3——有机质价格，单位：元·t^{-1}；

A——林分面积，单位：hm^2。

2.5.3 固碳释氧功能

森林与大气的物质交换主要是 CO_2 与 O_2 的交换，即是森林固定并减少大气中的 CO_2 和提高并增加大气中的 O_2，这对维持大气中的 CO_2 和 O_2 动态平衡、减少温室效应以及对人类提供生存的基础都有巨大和不可替代的作用。因此，本报告选用固碳、释氧 2 个指标反映森林固碳释氧功能。根据光合作用化学反应式，森林植被每积累 1g 干物质，可以吸收 1.63g CO_2，释放 1.19g O_2。

2.5.3.1 固碳指标

（1）植被和土壤年固碳量

$$G_{碳}=A(1.63R_{碳}B_{年}+F_{土壤碳}) \quad (11)$$

式中：$G_{碳}$——年固碳量，单位：t·a^{-1}；

$B_{年}$——林分净生产力，单位：t·hm^{-2}·a^{-1}；

$F_{土壤碳}$——单位面积林分土壤年固碳量，单位：t·hm^{-2}·a^{-1}；

$R_{碳}$——CO_2 中碳的含量，为 27.27%；

A——林分面积，单位：hm^2。

（2）年固碳价值

森林植被和土壤年固碳价值的计算公式为：

$$U_{碳}=AC_{碳}(1.63R_{碳}B_{年}+F_{土壤碳}) \quad (12)$$

式中：$U_{碳}$——林分年固碳价值，单位：元·a^{-1}；

$B_{年}$——林分净生产力，单位：t·hm^{-2}·a^{-1}；

$F_{土壤碳}$——单位面积森林土壤年固碳量，单位：t·hm^{-2}·a^{-1}；

$C_{碳}$——固碳价格，单位：元·t^{-1}；
$R_{碳}$——CO_2 中碳的含量，为 27.27%；
A——林分面积，单位：hm^2。

2.5.3.1 释氧指标

(1) 年释氧量

公式为：

$$G_{氧气} = 1.19AB_{年} \tag{13}$$

式中：$G_{氧气}$——林分年释氧量，单位：t·a^{-1}；
$B_{年}$——林分净生产力，单位：t·hm^{-2}·a^{-1}；
A——林分面积，单位：hm^2。

(2) 年释氧价值

年释氧价值采用以下公式计算：

$$U_{氧} = 1.19C_{氧}AB_{年} \tag{14}$$

式中：$U_{氧}$——林分年释氧价值，单位：元·a^{-1}；
$B_{年}$——年净生产力，单位：t·hm^{-2}·a^{-1}；
$C_{氧}$——制造氧气的价格，单位：元·t^{-1}；
A——林分面积，单位：hm^2。

2.5.4 积累营养物质功能

森林在生长过程中不断从周围环境吸收营养物质，固定在植物体中，成为全球生物化学循环不可缺少的环节，因此选用林木营养积累指标反映森林积累营养物质功能。

2.5.4.1 林木营养年积累量

$$G_{氮} = AN_{营养}B_{年} \tag{15}$$

$$G_{磷} = AP_{营养}B_{年} \tag{16}$$

$$G_{钾} = AK_{营养}B_{年} \tag{17}$$

式中：$G_{氮}$——植被固氮量，单位：t·a^{-1}；
$G_{磷}$——植被固磷量，单位：t·a^{-1}；
$G_{钾}$——植被固钾量，单位：t·a^{-1}；
$N_{营养}$——林木氮元素含量，单位：%；
$P_{营养}$——林木磷元素含量，单位：%；
$K_{营养}$——林木钾元素含量，单位：%；
$B_{年}$——林分净生产力，单位：t·hm^{-2}·a^{-1}；
A——林分面积，单位：hm^2。

2.5.4.2 林木营养年积累价值

采取把营养物质折合成磷酸二铵化肥和氯化钾化肥方法计算林木营养积累价值，公式为：

$$U_{营养} = AB(N_{营养}C_1/R_1 + P_{营养}C_1/R_2 + K_{营养}C_2/R_3) \tag{18}$$

式中：$U_{营养}$——林分氮、磷、钾年增加价值，单位：元·a^{-1}；

$N_{营养}$——林木含氮量，单位：%；

$P_{营养}$——林木含磷量，单位：%；

$K_{营养}$——林木含钾量，单位：%；

R_1——磷酸二铵含氮量，单位：%；

R_2——磷酸二铵含磷量，单位：%；

R_3——氯化钾含钾量，单位：%；

C_1——磷酸二铵化肥价格，单位：元·t^{-1}；

C_2——氯化钾化肥价格，单位：元·t^{-1}；

B——林分净生产力，单位：t·hm^{-2}·a^{-1}；

A——林分面积，单位：hm^2。

2.5.5 净化大气环境功能

大气中的有害物质主要包括二氧化硫、氟化物、氮氧化物等有害气体和粉尘，这些有害气体在空气中的过量积聚会导致人体呼吸系统疾病、中毒、形成光化学雾和酸雨，损害人体健康与环境。森林能有效吸收这些有害气体和阻滞粉尘，还能释放氧气与萜烯物，从而起到净化大气作用。因此，本报告选取提供负离子、吸收污染物和滞尘3个指标反映森林净化大气环境能力，由于降低噪音指标计算方法尚不成熟，所以本报告中不涉及降低噪音指标。

2.5.5.1 提供负离子

（1）年提供负离子量

$$G_{负离子} = 5.256 \times 10^{15} \times Q_{负离子} AH/L \tag{19}$$

式中：$G_{负离子}$——林分年提供负离子个数，单位：个·a^{-1}；

$Q_{负离子}$——林分负离子浓度，单位：个·cm^{-3}；

H——林分高度，单位：m；

L——负离子寿命，单位：min；

A——林分面积，单位：hm^2。

（2）年提供负离子价值

国内外研究证明，当空气中负离子达到600个·cm^{-3}以上时，才能有益人体健康，所以林分年提供负离子价值采用如下公式计算：

$$U_{负离子} = 5.256 \times 10^{15} \times AHK（Q_{负离子} - 600）/L \tag{20}$$

式中：$U_{负离子}$——林分年提供负离子价值，单位：元·a^{-1}；

$K_{负离子}$——负离子生产费用，单位：元·个$^{-1}$；

$Q_{负离子}$——林分负离子浓度，单位：个·cm^{-3}；

L——负离子寿命，单位：min；

H——林分高度，单位：m；

A——林分面积，单位：hm^2。

空气负离子就是带负电荷的单个气体分子和氢离子团的总称，其分子式为$O_2^-(H_2O)_n$，

或 $OH^-(H_2O)_n$，或 $CO_4^-(H_2O)_2$，由于氧分子比 CO_2 分子等更具有亲电性，因此空气负离子主要是由负氧离子组成。

负离子是一种无色、无味的物质，在不同的环境下存在的“寿命”也不同。在洁净空气中，负离子的寿命有几分钟到 20 多分钟，而在灰尘多的环境中仅有几秒钟。被吸入人体后的负离子能调节神经中枢的兴奋状态，改善肺的换气功能，改善血液循环，促进新陈代谢，增加免疫系统能力，使人精神振奋，提高工作效率等等。它还对高血压、气喘、流感、失眠、关节炎等许多疾病有一定的治疗作用，所以称负离子为“空气中的维生素”。

在有森林和各种绿地的地方，空气负离子浓度会大大提高。这是因为森林多生长在山区，山地岩石中含放射性物质较多，森林的树冠、枝叶的尖端放电以及光合作用过程的光电效应均会促进空气电解，产生大量的空气负离子。

2.5.5.2 吸收污染物指标

二氧化硫、氟化物和氮氧化物是大气污染物中主要物质，因此本报告选取森林吸收二氧化硫、氟化物和氮氧化物 3 个指标评估森林吸收污染物的作用。森林对二氧化硫、氟化物和氮氧化物的吸收，可使用面积－吸收能力法、阈值法、叶干质量估算法。本报告采用面积－吸收能力法评估森林吸收污染物总量和价值。

（1）吸收二氧化硫

① 二氧化硫年吸收量

$$G_{二氧化碳}=Q_{二氧化碳}A \tag{21}$$

式中：$G_{二氧化硫}$——林分年吸收二氧化硫量，单位：$t \cdot a^{-1}$；

$Q_{二氧化硫}$——单位面积林分吸收二氧化硫量，单位：$kg \cdot hm^{-2} \cdot a^{-1}$；

A——林分面积，单位：hm^2。

② 吸收二氧化硫价值

$$U_{二氧化硫}=K_{二氧化硫}Q_{二氧化硫}A \tag{22}$$

式中：$U_{二氧化硫}$——林分年吸收二氧化硫价值，单位：元 $\cdot a^{-1}$；

$K_{二氧化硫}$——二氧化硫的治理费用，单位：元 $\cdot kg^{-1}$；

$Q_{二氧化硫}$——单位面积森林二氧化硫吸收量，单位：$kg \cdot hm^{-2} \cdot a^{-1}$；

A——林分面积，单位：hm^2。

（2）吸收氟化物

① 氟化物年吸收量

$$G_{氟化物}=Q_{氟化物}A \tag{23}$$

式中：$G_{氟化物}$——林分年吸收氟化物量，单位：$t \cdot a^{-1}$；

$Q_{氟化物}$——单位面积林分吸收氟化物量，单位：$kg \cdot hm^{-2} \cdot a^{-1}$；

A——林分面积，单位：hm^2。

② 吸收氟化物价值

$$U_{氟} = K_{氟化物} Q_{氟化物} A \tag{24}$$

式中：$U_{氟}$——林分年吸收氟化物价值，单位：元·a^{-1}；

$Q_{氟化物}$——单位面积林分对氟化物的年吸收量，单位：$kg \cdot hm^{-2} \cdot a^{-1}$；

$K_{氟化物}$——氟化物治理费用，单位：元·kg^{-1}；

A——林分面积，单位：hm^2。

（3）吸收氮氧化物

① 氮氧化物年吸收量

$$G_{氮氧化物} = Q_{氮氧化物} A \tag{25}$$

式中：$G_{氮氧化物}$——林分年吸收氮氧化物量，单位：$t \cdot a^{-1}$；

$Q_{氮氧化物}$——单位面积林分年吸收氮氧化物量，单位：$kg \cdot hm^{-2} \cdot a^{-1}$；

A——林分面积，单位：hm^2。

② 吸收氮氧化物价值

$$U_{氮氧化物} = K_{氮氧化物} Q_{氮氧化物} A \tag{26}$$

式中：$U_{氮氧化物}$——森林年吸收氮氧化物价值，单位：元·a^{-1}；

$K_{氮氧化物}$——氮氧化物治理费用，单位：元·kg^{-1}；

$Q_{氮氧化物}$——单位面积森林对氮氧化物年吸收量，单位：$kg \cdot hm^{-2} \cdot a^{-1}$；

A——林分面积，单位：hm^2。

（4）滞尘

森林有阻挡、过滤和吸附粉尘的作用，可提高空气质量，因此滞尘功能是森林生态系统中重要的服务功能之一。

① 年滞尘量

$$G_{滞尘} = Q_{滞尘} A \tag{27}$$

式中：$G_{滞尘}$——林分年滞尘量，单位：$t \cdot a^{-1}$；

$Q_{滞尘}$——单位面积林分年滞尘量，单位：$kg \cdot hm^{-2} \cdot a^{-1}$；

A——林分面积，单位：hm^2。

② 阻滞降尘价值

$$U_{滞尘} = K_{滞尘} Q_{滞尘} A \tag{28}$$

式中：$U_{滞尘}$——森林年滞尘价值，单位：元·a^{-1}；

$K_{滞尘}$——降尘清理费用，单位：元·kg^{-1}；

$Q_{滞尘}$——单位面积森林年滞尘量，单位：$kg \cdot hm^{-2} \cdot a^{-1}$；

A——林分面积，单位：hm^2。

2.5.6 生物多样性保护功能

人类生存离不开其他生物，繁杂多样的生物及其组合即生物多样性与它们的物理环境共同

构成了人类所依赖的生命支持系统。森林是生物多样性最丰富的区域，是生物多样性生存和发展的最佳场所，在生物多样性保护方面有着不可替代的作用。因此，本报告选用物种保育指标反映森林的生物多样性保护功能。

森林生态系统的物种保育价值采用引入物种濒危系数的 Shannon- Wiener 指数法计算：

$$U_{总}=\left[1+\sum_{i=1}^{n}E_i\times 0.1\right]S_{单}A \tag{29}$$

式中：$U_{总}$——林分年物种保育价值，单位：元 · a^{-1}；

E_i——评估林分（或区域）内物种 i 的濒危分值；

n——物种数量；

$S_{单}$——单位面积年物种损失的机会成本，单位：元 · hm^{-2} · a^{-1}；

A——林分面积，单位：hm^2。

本报告根据 Shannon-Wiener 指数和濒危分值计算生物多样性价值，共划分为 7 级：

当指数< 1 时，$S_{生}$为 3000 元 · hm^{-2} · a^{-1}；

当 1 ≤指数< 2 时，$S_{生}$为 5000 元 · hm^{-2} · a^{-1}；

当 2 ≤指数< 3 时，$S_{生}$为 10000 元 · hm^{-2} · a^{-1}；

当 3 ≤指数< 4 时，$S_{生}$为 20000 元 · hm^{-2} · a^{-1}；

当 4 ≤指数< 5 时，$S_{生}$为 30000 元 · hm^{-2} · a^{-1}；

当 5 ≤指数< 6 时，$S_{生}$为 40000 元 · hm^{-2} · a^{-1}；

当指数≥ 6 时，$S_{生}$为 50000 元 · hm^{-2} · a^{-1}。

濒危分值的取值如下：本报告根据《中国物种红色名录》，将现存野生物种分为极危、濒危、易危、近危和无危 5 个等级，濒危的分值分别取值为 4、3、2、1、0。

2.5.7 森林防护功能

林业是保障农牧业生产的生态屏障，能有效降低田间风速、减少蒸发、增加湿度、调节温度，为农作物生长发育创造良好的生态环境。

$$U_{防护}=AQ_{防护}C_{防护} \tag{30}$$

式中：$U_{防护}$——森林防护价值，单位：元 · a^{-1}；

$Q_{防护}$——由于农田防护林、防风固沙林等森林存在增加的单位面积农作物、牧草等年产量，单位：kg.hm^{-2} · a^{-1}；

$C_{防护}$——农作物、牧草等价格，单位：元 · kg^{-1}；

A——林分面积，单位：hm^2。

2.5.8 森林游憩功能

森林生态系统为人类提供休闲和娱乐场所而产生的价值，包括直接价值和间接价值。

2.5.9 森林生态系统服务功能价值评估总结果

广东省森林生态系统服务功能总价值为上述 13 分项之和，公式为：

$$U=\sum_{i=1}^{15}U_i \tag{31}$$

式中：U ——广东省森林生态系统年服务功能总价值，单位：元 · a^{-1}；

U_i——广东省森林生态系统年服务功能各分项年价值，单位：元 · a^{-1}。

2.5.10 社会公共数据来源

本报告共采用权威部门的 15 个社会公共数据，其主要来源如下：

（1）水库库容造价

根据 1993 ~ 1999 年《中国水利年鉴》平均水库库容造价为 2.17 元 · m^{-3}，2005 年价格指数为 2.816，即得到单位库容造价为 6.1107 元 · t^{-1}。

（2）居民用水价格

采用网格法得到 2007 年全国各大中城市的居民用水价格的平均值，为 2.09 元 · t^{-1}。

（3）磷酸二铵含氮量

磷酸二铵化肥含氮量为 14%，来自化肥说明。

（4）磷酸二铵含磷量

磷酸二铵化肥含磷量为 15.01%，来自化肥说明。

（5）氯化钾含钾量

氯化钾化肥含钾量为 50%，来自化肥说明。

（6）磷酸二铵价格

采用农业部《中国农业信息网》(http://www.agri.gov.cn/)2007 年春季平均价格，为 2400 元·t^{-1}。

（7）氯化钾价格

采用农业部《中国农业信息网》(http://www.agri.gov.cn/)2007 年春季平均价格，为 2200 元·t^{-1}。

（8）有机质价格

采用农业部《中国农业信息网》（http：//www.agri.gov.cn）2007 年草炭土春季平均价格为 200 元 · t^{-1}，草炭土中含有机质 62.5%，折合有机质价格为 320 元 · t^{-1}。

（9）固碳价格

欧美发达国家正在实施温室气体排放税收制度，对 CO_2 的排放征税。环境经济学家们多使用瑞典的碳税率 150 美元 · t^{-1}（折合人民币为 1200 元 · t^{-1}），因此本报告也采用这个价格。

（10）氧气价格

采用中华人民共和国卫生部网站（http：//www.moh.gov.cn）中 2007 年春季氧气平均价格，为 1000 元 · t^{-1}。

（11）负离子价格

负离子价格根据台州科利达电子有限公司生产的适用范围 30m²(房间高 3m)、功率为 6W、负离子浓度 1000000 个 · cm^{-3}、使用寿命为 10 年、价格 65 元 / 个的 KLD-2000 型负离子发生器而推断获得，其中负离子寿命为 10min，电费为 0.4 元 /kW^{-1} · h^{-1}。

（12）二氧化硫治理费用

采用国家发展与改革委员会等四部委 2003 年第 31 号令《排污费征收标准及计算方法》中北京市高硫煤二氧化硫排污费收费标准，为 1.20 元 · kg^{-1}。

（13）氟化物治理标准

采用国家发展与改革委员会等四部委2003年第31号令《排污费征收标准及计算方法》中氟化物排污费收费标准，为0.69元·kg^{-1}。

(14) 氮氧化物治理标准

采用国家发展与改革委员会等四部委2003年第31号令《排污费征收标准及计算方法》中氮氧化物排污费收费标准，为0.63元·kg^{-1}。

(15) 降尘清理费用

采用国家发展与改革委员会等四部委2003年第31号令《排污费征收标准及计算方法》中一般性粉尘排污费收费标准，为0.15元·kg^{-1}。

广东省概况及林业政策

3.1 自然概况

3.1.1 地理位置

广东省地处中国大陆最南部。东邻福建，北接江西、湖南，西连广西，南临南海，珠江口东西两侧分别与香港、澳门特别行政区接壤，西南部雷州半岛隔琼州海峡与海南省相望。全境位于北纬 20° 13′ ～ 25° 31′ 和东经 109° 39′ ～ 117° 19′ 之间。东起南澳县南澎列岛的赤仔屿，西至雷州市纪家镇的良坡村，东西跨度约 800km；北自乐昌县白石乡上坳村，南至徐闻县角尾乡灯楼角，跨度约 600km。北回归线从南澳－从化－封开一线横贯广东。全省陆地面积为 17.98 万 km^2，约占全国陆地面积的 1.87%；其中岛屿面积 1592.7km^2，约占全省陆地面积的 0.89%。全省沿海共有面积 500m^2 以上的岛屿 759 个，数量仅次于浙江、福建两省，居全国第三位。另有明礁和干出礁 1631 个。全省大陆岸线长 3368.1km，居全国第一位。按照《联合国海洋公约》关于领海、大陆架及专属经济区归沿岸国家管辖的规定，全省海域总面积 41.9 万 km^2。

3.1.2 地形地貌

广东受地壳运动、岩性、褶皱和断裂构造以及外力作用的综合影响，地貌类型复杂多样，有山地、丘陵、台地和平原，其面积分别占全省土地总面积的 33.7%、24.9%、14.2% 和 21.7%，河流和湖泊等只占全省土地总面积的 5.5%。地势总体北高南低，北部多为山地和高丘陵，最高峰石坑崆海拔 1902 m，位于阳山、乳源与湖南省的交界处；南部则为平原和台地。全省山脉大多与地质构造的走向一致，以北东—南西走向占优势，如斜贯粤西、粤中和粤东北的罗平山脉和粤东的莲花山脉；粤北的山脉则多为向南拱出的弧形山脉，此外粤东和粤西有少量北西—南东走向的山脉；山脉之间有大小谷地和盆地分布。平原以珠江三角洲平原最大，潮汕平原次之，此外还有高要、清远、杨村和惠阳等冲积平原。台地以雷州半岛－电白－阳江一带和海丰－潮阳一带分布较多。构成各类地貌的基岩岩石以花岗岩最为普遍，砂岩和变质岩也较多，粤西北还有较大片的石灰岩分布，此外局部还有景色奇特的红色岩系地貌，如著名的丹霞山和金鸡岭等；丹霞山和粤西的湖光岩先后被评为世界地质公园；沿海数量众多的优质沙滩以及雷州半岛西南岸的珊瑚礁，也是十分重要的地貌旅游资源。沿海沿河地区多为第四纪沉积层，是构成耕地资源的物质基础。

广东是国内人多地少的省份之一。2008 年全省土地利用的实际情况为农用地 1 489.12 万 hm^2，其中耕地 284.39 万 hm^2，园地 99.73 万 hm^2，林地 1 012.78 万 hm^2，牧草地 2.72 万 hm^2，其他农用地 89.50 万 hm^2。建设用地 178.96 万 hm^2，其中居民点及独立工矿用地 145.70 万 hm^2，交通运输用地 12.15 万 hm^2，水利水工建筑用地 21.11 万 hm^2。全省未利用地 130.05 万 hm^2，其中未利用土地 69.79 万 hm^2，其他土地 60.26 万 hm^2。

3.1.3 气候条件

广东属于东亚季风区，从北向南分别为中亚热带、南亚热带和热带气候，是全国光、热和水资源最丰富的地区之一。从北向南，年平均日照时数由不足 1 500 h 增加到 2 300 h 以上，年太阳总辐射量在 4 200 ～ 5 400 MJ/m^{-2} 之间，年平均气温约为 19 ～ 24 ℃。

全省平均日照时数为 1 745.8 h、年平均气温 22.3 ℃。1 月平均气温约为 16 ～ 19 ℃，7 月平均气温约为 28 ～ 29 ℃。广东降水充沛，年平均降水量在 1 300 ～ 2 500 mm 之间，全省平均为 1 777 mm。降雨的空间分布基本上也呈南高北低的趋势。受地形的影响，在有利于水汽抬升形成降水的山地迎风坡有恩平、海丰和清远 3 个多雨中心，年平均降水量均大于 2 200 mm；在背风坡的罗定盆地、兴梅盆地和沿海的雷州半岛、潮汕平原少雨区，年平均降水量小于 1 400 mm。降水的年内分配不均，4 ～ 9 月的汛期降水占全年的 80% 以上；年际变化也较大，多雨年降水量为少雨年的 2 倍以上。

洪涝和干旱灾害经常发生，台风的影响也较为频繁。春季的低温阴雨、秋季的寒露风和秋末至春初的寒潮和霜冻，也是广东多发的灾害性天气。

3.1.4 水资源

广东降水充沛，水系发达，水资源丰富。主要河系为珠江的西江、东江、北江和三角洲水系以及韩江水系，其次为粤东的榕江、练江、螺河和黄岗河以及粤西的漠阳江、鉴江、九洲江和南渡河等独流入海河流。年均降水量 1 777 mm，年降水总量 3 194 亿 m^3；年均径流深 1 012 mm，河川径流总量 1 819 亿 m^3；加上邻省从西江和韩江等流入广东的客水量 2 330 亿 m^3，深层地下水 60 亿 m^3，可供开采的人均水资源占有量达 4 700 m^3，高于全国平均水平。水力资源理论蕴藏量 1 072.8 万 kM，可开发装机容量 665.5 万 kM。此外，广东还有温泉 300 多处，日总流量 9 万 t；饮用矿泉水 110 处，探明储量全国第一。但是，广东的水资源时空分布不均，夏秋易洪涝，冬春常干旱。沿海台地和低丘陵区不利蓄水，缺水现象突出，尤以粤西的雷州半岛最为典型。而且不少河流中下游河段还由于城市污水排入，污染严重，水质性缺水的威胁加剧。

3.1.5 生物资源

广东省生物资源类型较多。广东光、热、水资源丰富，四季常青，动植物种类繁多。全省共有野生维管束植物 280 科、1645 属、7055 种，分别占全国总数的 76.9%、51.7% 和 26.0%。另有栽培植物 633 种，分隶于 111 科、361 属。此外，还有真菌 1 959 种；其中食用菌 185 种，药用真菌 97 种。植物种类中，属于国家一级保护植物的有桫椤和银杉 2 种，属于二级和三级保护的有白豆杉、水杉、野荔枝和观光木等 24 种及广东松、长苞铁杉、野龙眼和见血封喉等 41 种，还有省级保护的红豆杉和三尖杉等 12 种。在植被类型中，有属于地带性植被的北热带季雨林、南亚热带季风常绿阔叶林、中亚热带典型常绿阔叶林和沿海的热带红树林，还有非纬度地带性的常绿—落叶阔叶混交林、常绿针—阔叶混交林、常绿针叶林、竹林、灌丛和草坡，以及水稻、甘蔗和茶园等栽培植被。香蕉、荔枝、龙眼和菠萝是岭南四大名果，经济价值可观。

广东的动物种类多。陆生脊椎动物就有829种；其中兽类124种、鸟类510种、爬行类145种、两栖类50种，分别占全国的30%、43.4%、46%和25.5%。此外，还有淡水水生动物的鱼类281种、底栖动物181种和浮游动物256种，以及种类更多的昆虫类动物。动物种类中，被列入国家一级保护的有华南虎、云豹、熊猴和中华白海豚等22种，被列入国家二级保护的有金猫、水鹿、穿山甲、猕猴和白鹇（省鸟）等95种。

广东开展对动植物资源的开发利用，重视对自然资源和环境的保护。全省建立了344个自然保护区、415处森林公园。广东重视绿化荒山，提高森林覆盖率，改善生态环境。

3.1.6 海洋资源

广东省广东海岸线长，海域辽阔，海洋资源丰富。海洋生物包括海洋动物和植物，共有浮游植物406种、浮游动物416种、底栖生物828种、游泳生物1 297种。远洋和近海捕捞，以及海洋网箱养鱼和沿海养殖的牡蛎、虾类等海洋水产品年产量约400万t；可供海水养殖面积77.57万hm^2，实际海水养殖面积20.82万hm^2，是全国著名的海洋水产大省。雷州半岛的养殖海水珍珠产量居全国首位。沿海还拥有众多的优良港口资源。广州港、深圳港、汕头港和湛江港已成为国内对外交通和贸易的重要通道；大亚湾、大鹏湾、碣石湾、博贺湾及南澳岛等地还有可建大型深水良港的港址。珠江口外海域和北部湾的油气田已打出多口出油井。沿海的风能、潮汐能和波浪能都有一定的开发潜力。

广东沿海沙滩众多，气候温暖，红树林分布广、面积大，在祖国大陆的最南端灯楼角又有全国惟一的大陆缘型珊瑚礁，旅游资源开发潜力很大。

3.1.7 旅游资源

广东旅游资源丰富。海岸线绵长，多温泉，地貌形体复杂；从鸦片战争起，历次革命斗争中的名故居、重要遗址、陵园等不胜枚举；近年来各开放城市的建设和发展也成为旅游吸引力之一。全省已开发成旅游点的省级以上森林公园40个，自然保护区30个。广州、深圳、珠海、肇庆、中山、佛山、江门、汕头、惠州成为“中国优秀旅游城市”。粤港澳大三角旅游区建设取得突破性进展。广州白云山和香江野生动物世界、深圳华侨城和观澜高尔夫球会、珠海圆明新园、中山孙中山故居、肇庆星湖、佛山西樵山、韶关丹霞山、清远清新温矿泉、阳江海陵岛大角湾等11家景区（点）被评为全国首批最高级别的4A级旅游区。

3.2 近二十年来广东省的林业政策

1985年11月19日，中共广东省委、省政府作出了《关于加快造林步伐，尽快绿化广东的决定》，提出5年种上树、10年内绿化广东的战略部署。实现这一目标，广东省有林地面积将扩大到1 000万hm^2，蓄积量增加到3.6亿m^3。计划从1987年起，每年保质保量营造速生丰产林、工程林、基地林500万亩*，每年飞播造林500万亩，封山育林1 000万亩，要采取

*$1hm^2$=15亩。

工程设计的办法，选择每亩有80株以上幼树的山地，连续封育5年，保证成林。

全国人民代表大会《关于开展全民义务植树运动》颁布后的1985年，广东省委、省政府作出了“五年消灭宜林荒山，十年绿化广东大地”的决定，全面推进国土绿化和生态建设工作。采取了党政领导造林绿化任期目标责任制、检查验收和奖惩制、推广改燃节柴、增加林业投入等一系列行之有效的措施，经过全省军民的艰苦奋斗，到1990年全省完成荒山造林5800万亩，基本消灭宜林荒山，1991年被党中央、国务院授予“全国荒山造林绿化第一省”的称号。1993年全省基本实现绿化达标，扭转了森林消耗量大于生长量的局面。以点带面，整体推进。“十年绿化广东”期间，省委、省政府创建了领导办绿化点的制度，全省县级党政领导都选择一个困难大、荒山多、任务重的村作为造林点，进行示范带动。各级政府实行了领导干部任期绿化目标责任制，签订责任状，连续10年召开山区工作会议，连续10年组织全省林业大检查，动员全社会植树造林。同时采取了一系列综合措施，吸引更多群众自发投入到开发荒山、绿化广东的伟大工程中，形成了以点带面、全民参与、整体推进的良好局面。“十年绿化广东”后，广东省认真总结实践经验，实事求是地调整林业工作的指导思想，确立了以分类经营为指针，培育资源为基础，提高效益为中心，实现以木材利用为主的传统林业向三大效益兼顾、生态效益优先的现代林业转变，提出了“增资源、增效益，优化环境，基本实现林业现代化”的奋斗目标，并明确要以保护和改善生态环境为重点，强化林业分类经营改革，实施分区突破战略，实行分类指导办法，调整林业产业结构，加快生态公益林和商品林基地建设；在发展思路上，提出建设相对稳定的生态公益林体系和一、二、三产业协调发展的林业产业体系，以及有效的林业社会化服务体系。因此，从指导思想的确立，到发展思路的调整，都把分类经营改革的思想贯穿于其中，摆在突出的位置，并在实践中更有针对性地调整和明确了实施分类经营改革的工作思路。

1993年广东省在全国率先实施森林分类经营改革，并建立了生态公益林效益补偿制度，林业分类经营是根据社会对林业的需求和森林主体功能的不同，按照社会主义市场经济体制的要求，对森林实行分类区划、分类管理、分类经营的一种林业经营管理体制。通过生态公益林和商品林两大体系的划分和建设，从根本上改变传统林业建设中那种认为不重经济效益，就无法兼顾社会效益和生态效益的看法，和只重生态效益，就无法兼顾经济效益的看法及被动做法，要着力于实现林业的生态效益、社会效益和经济效益的有机结合，为充分发挥林业在生态建设中的主体作用而建立新机制，为林业第二次创业创造新经验。实行林业分类经营不仅是林业建设的自身特点所决定的，是林业实现两个根本性转变的重要举措，也是发展社会经济、改善人们生产生活环境的迫切要求，是广东省林业战线落实江泽民同志“三个代表”重要思想的一项具体行动。建设生态公益林体系和林业产业体系是广东省林业第二次创业的核心工作。实行分类经营的好处主要在于：一是对公益林就可以按照取得最大的生态效益为目标来进行经营管理，有利于国家生态建设和环境保护；二是对商品林就可以按最大的经济效益为目标，放宽放活政策，使其有更大的活力，有利于林业经济发展；三是可以将林业明确地分为公益事业和产业两大块，有利于按市场经济规律要求，理顺林业发展的政策和机制。

1994年1月，省委、省政府作出《关于巩固绿化成果，加快林业现代化建设的决定》，提出了全省建设5 000万亩生态公益林体系的目标；同年4月省人大通过《广东省森林保护管理条例》，正式以立法形式决定对全省森林实行生态公益林、商品林两类经营管理，同年12月，省林业厅起草并经省政府同意发布了《广东省生态公益林体系建设规划纲要》。1998年11月，省政府颁布了《广东省生态公益林建设管理和效益补偿办法》，提出了生态公益林建设实行统一规划、分级管理、科学经营、严格管理的方针；确立了由政府对生态公益林经营者的经济损失给予补偿的制度；明确了生态公益林建设、保护和管理资金的来源渠道。与此同时，为了促进、保障分类经营改革的顺利进行，省人大、省政府先后颁布了《广东省林地保护管理条例》、《广东省外商投资造林管理办法》等地方法规、规章；省人大还作出《关于加快营造生物防火林带工程建设议案的决议》和《关于加快自然保护区建设的决议》，从而加快了广东省生态公益林体系的建设步伐。1994 年，全省结合开展的森林资源二类调查，按照分类经营、固定小班的指导思想，以县为单位开展森林分类区划界定工作，把山地中的江河两岸、公路两旁、水库周围、水源源头、水土流失地区、边远山地、城镇周围等影响当地环境的林业用地和原已划定的特种用途林以及沿海防护林、农田防护林划入生态公益林范畴，初步完成了生态公益林的划定工作，并将生态公益林的面积具体落实到地籍小班。在全省森林资源调查和经营规划的同时，对二类调查技术方法进行改革优化，实行森林分类经营，将森林区划为以发挥生态效益和社会效益为重要经营目的的生态公益林和以获得经济效益为主要经营目的的商品林，并将林业用地划定固定边界的地籍小班确定下来，全省区划固定小班 83 万个，平均每个小班面积 12.87 hm²。

全面启动生态公益林体系建设。全省已规划落实生态公益林小班 245 179 个，面积为 340.13 万 hm²，占全省林业用地面积的 32.71%，占全省国土面积的 19.51%，全省有 15 个市、2 个省属国有林场与省林业厅签订了生态公益林管护合同，落实封育管护面积 277.8 万 hm²，并选择了有一定代表性的新会、始兴、惠来、兴宁、连平和电白等 6 个县（市），进行生态公益林体系建设示范试点工作，以摸索不同地区、不同类型生态公益林经营管理机制。全省完成沿海防护林造林 3.46 万 hm²，海岸基干林带造林 177.7 km，农田林网造林 6 133.3 hm²。

1997 年，组织编制了《东江流域林业发展规划建议》和东江、西江、北江、韩江流域生态公益林体系总体规划，并组织了论证和评审。编制了沿海防护林、平原绿化和珠江流域防护林“九五”实施规划，并正式启动珠江流域防护林建设。完成沿海防护林、治沙、珠江流域防护林工程造林共 15 840 hm²，抚育 2.99 万 hm²，封山育林 2 226.67 hm²。

在此基础上，1999 年又对全省生态公益林面积、小班进行规划核定，并按功能等级划定一、二、三类林分。据核定：全省生态公益林面积 5 101.9 万亩，占全省土地总面积的 19.5%，占全省林业用地面积的 31.7%。核定生态公益林小班 328 577 个。其中：水源涵养林 2 698.5 万亩；水土保持林 1 392.1 万亩；沿海防护林 121.0 万亩；其它防护林 84.2 万亩；自然保护区 285.6 万亩；自然保护小区 393.5 万亩；风景林 114.0 万亩；其他特用林 13.0 万亩。

建立生态公益林效益补偿制度，是实施林业分类经营改革的突破口。《广东省生态公益林建设管理和效益补偿办法》出台后，1999 年经省政府核定，生态公益林效益补偿标准为每亩 2.5 元，省财政拨款 1.28 亿元；2000 年补偿标准提高到每亩 4 元，省财政拨款 2.04 亿元，今年的补偿标准保持与去年相同。广东省是全国第一个实施生态公益林效益补偿的省份，尽管这一补偿标准还比较低，但为确保生态公益林效益补偿资金落实到位，为今后林业分类经营改革奠定了坚实的基础。2000 年，省相继出台了《广东省生态公益林建设管理和效益补偿办法实施意见》和《广东省生态公益林建设及效益补偿资金管理办法》，进一步强化了对全省生态公益林建设和效益补偿的管理。全省大部分县（市、区），也相应制定了当地生态公益林效益补偿办法和补偿标准，并由县（市、区）人民政府颁布。在落实效益补偿制度的同时，省财政加大了对重点林业生态工程建设的投入，从 1999 年开始，连续 10 年，每年投资营造生物防火林带专项资金 2 754 万元；从 2000 年开始，连续 10 年，每年投资用于自然保护区建设资金 1 643 万元；从 1999 年开始，每年投资东江水源涵养林建设专项资金 1 000 万元；2001 ～ 2005 年，每年投资韩江流域水源涵养林建设专项资金 1 000 万元。以上资金的投入，确保了生态公益林体系建设的顺利进行。

确立和启动了生态公益林体系的重点建设工程。1999 年起先后启动实施了东江、韩江、西江、北江流域水源涵养林重点建设工程和绿色通道建设工程，2006 年启动了沿海防护林及红树林体系建设工程和西江、北江、韩江流域林分改造工程。

一是全线启动了深汕高速公路绿色通道工程。深汕高速公路沿线的深圳、惠州、汕尾、揭阳、汕头 5 个市，把深汕高速公路绿色通道工程作为当地的“示范工程”、“民心工程”、“窗口工程”来抓，将其列入各级党委和政府的重要议事日程，进一步加强了对工程建设的领导，采取行之有效的措施，取得了显著成效。1999 年落实省级专项经费 200 万元，沿线五市共造林 1.91 万亩，占省下达任务的 111.5%，造林成活率普遍达 85%以上；2000 年落实省级专项经费 300 万元，下达造林任务 3 万亩，目前正备耕造林。同时，加快了京九绿色长廊工程建设步伐。

二是东江流域水源涵养林建设稳步推进。东江流域的河源、惠州、韶关、梅州 4 市各级林业部门把水源林建设作为保护东江水资源，促进东江流域国民经济和社会可持续发展的一项重要生态工程来抓。采取承包造林，加强检查、指导，规范育苗和造林技术等有效措施，提高了造林质量。1999 年，省财政拨出东江水源涵养林建设专项资金 1 000 万元，共完成造林任务 4.8 万亩；2000 年省继续安排专项资金 1 000 万元，下达造林任务 6.42 万亩，目前备耕造林工作正在进行。同时，省林业局为了探索尽快恢复南亚热带森林的方法，还积极与华南农业大学林学院合作，在东源县东江一级支流流域开展生态公益林培育技术及其效益研究，建立科技试验基地 300 亩，种下各种阔叶树种 27 个，苗木目前长势良好。

三是沿海基干林带和红树林逐步得到恢复。全省沿海地区继续把沿海基干林带恢复和红树林造林作为生态公益林的重点工程，2000 年共营造沿海基干林带 5.77 万亩，营造红树林 0.65 万亩。汕头市在抓好沿海基干林带建设的同时，大力发展红树林，去年造林 0.4 万亩；湛江市去年完成沿海基干林带营造任务 2.3 万亩，营造红树林 0.2 万亩，取得了较好效果。通过抓好重点工程建设，有力地推进了全省生态公益林体系建设。

对生态公益林效益的补偿，各地采取了各种不同的方法，主要有：一是直接补偿给经营者；二是由党委或政府作出决定，由林业主管部门与村委会或农户签订租赁、转让、承包等合同，实行统一经营；三是林业部门直接与农村集体或林农签订租赁合同；四是林业部门与乡镇、村委会合作经营或与经营者联合经营；五是补偿资金给予有林地经营者直接补偿，对无林地暂不补偿，剩余资金用于生态公益林管护、人工造林、补植套种等间接补偿；六是补偿资金全部用于生态公益林的管护、人工造林、补植套种等间接补偿。广东省已核定的生态公益林大部分是群众承包的山林，主要由林农来经营管理，这种千家万户分散经营管理模式，不利于生态公益林的保护和建设。

1998 年，省委、省政府作出《关于组织林业第二次创业，优化生态环境，加快林业产业化进程的决定》，突出了林业在生态建设中的主体作用，提出了增资源、增效益、优化环境、基本实现林业现代化的目标，有力地促进了广东省森林资源培育和林业产业化的发展；2000 年，省政府又作出《关于巩固造林绿化成果提高林业三大效益的决定》，既指明了新世纪广东省林业的发展方向，又制定出切实可行的政策措施。在全省各级党委、政府的高度重视，林业行政主管部门和全省人民的共同努力下，广东省林业事业不断发展，取得了辉煌的成就。到2000年，全省有林地面积已从1985年的6957万亩增加到1.387亿亩；活立木蓄积量从1.70亿m^3增加到3.16亿m^3；森林覆盖率从27.7%上升到56.9%，实现了森林资源生长量大于消耗量的良性循环。林业的发展，为促进山区经济建设和农民脱贫致富，优化生态环境，促进全省经济社会可持续发展作出了重要贡献。

广东林业生态省建设规划（2005～2020）

2004年，省委、省政府高度重视生态建设和林业工作，召开了全省林业工作会议，省政府批准实施《广东林业生态省建设规划(2005～2020)》。

广东"林业生态省"建设期为16年，即：2005～2020年，分前、中、后三期。

其中：前期6年，即2005～2010年；

中期5年，即2011～2015年；

后期5年，即2016～2020年。

建设规模：

(1) 建设生态公益林3 449 833.4hm^2。

(2) 建设重点商品林基地4 100 000.0 hm^2。

(3) 建设沿海防护林411 200.0 hm^2。

(4) 完成绿色通道绿化47 952.9km。

(5) 建立和完善森林公园526个，总面积958 026.0 hm^2。

(6) 建立和完善自然保护区500个以上，总面积达到1 797 565.0 hm^2。建立和完善各类自然保护小区48 300个，总面积550 000.0 hm^2。

(7) 发展城市林业，构建全省城市森林体系。

(8) 建设社区林业，改善全省乡村生态状况。

主要目标值：

(1) 森林覆盖率≥60.0%；

(2) 森林活立木蓄积量≥5.5亿m^3；

(3) 生态公益林占林业用地面积比例≥32.0%；

(4) 生态公益林一、二类林比例≥90.0%；

(5) 自然保护区占国土面积比例≥10.0%；

(6) 珍稀濒危动植物物种保护率达100.0%；

(7) 森林公园占国土面积比例≥5.3%；

(8) 绿色通道绿化率≥95.0%；

(9) 城镇绿化覆盖率≥40.0%；

(10) 城镇人均公共绿地面积≥15.0 m^2；

(11) 村庄绿化覆盖率≥35.0%；

(12) 森林资源综合效益总值≥18 800亿元。

广东省森林资源状况

4.1 森林资源现状

根据广东省林业局提供的 2009 年森林资源二类清查数据，全省林业用地面积 1 099.1 万 hm^2。其中有林地面积 939.4 万 hm^2。森林覆盖率 56.7%，森林绿化率为 60.6%，活立木总蓄积量 4.18 亿 m^3。

4.1.1 林业用地面积

根据国家有关技术分类标准，将林业用地划分为有林地、疏林地、灌木林地、未成林地、苗圃地、无立木林地、宜林地、林业辅助用地（表 4-1，表 4-2）。

表4–1　2009年林业用地各地类面积及比例统计表　（单位：万 hm^2、%）

项目	林地面积合计	有林地		疏林地	灌木林地		未成林地	无立木林地	其他
		林分	其他		特规灌木林	其他灌木林			
面积	1 099.1	892.7	46.69	7.8	47.41	20.99	36.6	46.4	0.5
比例	100.00	81.22	4.25	0.71	4.31	1.91	3.33	4.22	0.05

表4–2　2009年林分面积和蓄积统计表　（单位：万 hm^2、亿 m^3）

项目	合计	乔 木 林		
		针叶林	阔叶林	针阔混交林
面积	892.71	375.43	436.78	80.5
蓄积	3.98	1.90	1.70	0.39

4.1.2 活立木蓄积量

按照林木类型不同，活立木蓄积包括林分蓄积、疏林蓄积、四旁树蓄积和散生木蓄积（表 4-3）。

表4-3 2009年活立木蓄积及比例统计表 （单位：万 m³、%）

项目	合计	活立木				
		林分	疏林	散生木	四旁树	其他
蓄积	41 812.0	39 845.47	122.78	476.07	1 061.18	306.5
比例	100.00	95.30	0.29	1.14	2.54	0.73

4.1.3 森林资源结构

森林资源结构通常用林种、树种、龄组和起源等结构从不同的角度反映森林系统功能、质量和经营状况。

4.1.3.1 林种结构

根据森林主导利用功能，按照《中华人民共和国森林法》规定，将林地划分为防护林、特用林、用材林、薪炭林、经济林五大林种。在全省有林地中，2009 年广东省防护林面积 292.3 万 hm^2，蓄积 10 809.8 万 m^3；特用林面积 73.6 万 hm^2，蓄积 3 996.6 万 m^3；用材林面积 629.2 万 hm^2，蓄积 25 226.8 万 m^3；薪炭林面积 19.8 万 hm^2，蓄积 138.5 万 m^3；经济林面积 84.2 万 hm^2，蓄积量为 203.0 万 m^3。

在全省 892.71 hm^2 林分中：防护林面积 218.94 万 hm^2，蓄积 10 692.23 万 m^3；特用林面积 61.26 万 hm^2，蓄积 3 985.13 万 m^3；用材林面积 533.70 万 hm^2，蓄积 24 774.67 万 m^3；薪炭林面积 7.60 万 hm^2，蓄积 138.03 万 m^3；经济林面积 71.21 万 hm^2，蓄积量为 255.41 万 m^3。各林种面积、蓄积及所占比例详见表 4-4。

表4-4 各林种面积和蓄积及比例统计表 （单位：万 hm²、万 m³、%）

项 目	合计	防护林	特用林	用材林	薪炭林	经济林
面 积	892.71	218.94	61.26	533.70	7.60	71.21
比 例	100.00	24.53	6.86	59.78	0.85	7.98
蓄 积	39 845.46	10 692.23	3 985.13	24 774.67	138.03	255.41
比 例	100.00	26.83	10.00	62.18	0.35	0.64

4.1.3.2 树种结构

本报告根据树木的生态学和生物学特性，将全省组成林分的树种划分为 14 个树种组。各树种面积和蓄积详见表 4-5。

表4-5 林分各树种面积蓄积及比例统计表 （单位：hm²、m³、%）

树种组	面积	所占比例	蓄积	所占比例
马尾松	20 98780.9	23.51	93 629 033	23.50
湿地松	447 838.6	5.02	24 802 121	6.22
其他松类	43 123.1	0.48	1 139 123	0.29

（续）

树种组	面积	所占比例	蓄积	所占比例
杉木	799 856.6	8.96	50 246 578	12.61
木荷	39 034	0.44	1 111 118	0.28
其他硬阔类	641 449.2	7.19	32 696 533	8.21
桉树	1 141 379.5	12.79	45 932 783	11.53
相思	124 920.9	1.40	7 137 204	1.79
木麻黄	24 605.9	0.28	1 278 574	0.32
其他软阔类	1 057 033.6	11.84	49 274 400	12.37
针叶混	364 650.7	4.08	20 199 579	5.07
阔叶混	627 334.2	7.03	29 622 294	7.43
针阔混	805 025.5	9.02	38 831 241	9.75
经济林	712 067.9	7.98	2 554 090	0.64

4.1.3.3 龄组结构

根据树木的生物学特性及经营利用目的不同，将森林生长过程划分为幼龄林、中龄林、近熟林、成熟林和过熟林五个龄组。全省林分中，中、幼龄林面积占林分面积的48.01%，蓄积占林分蓄积的40.60%；近、成、过熟林面积占林分面积的37.85%，蓄积占林分蓄积的48.95%。各龄组面积、蓄积及比例见表4-6。

表4-6　各龄组面积蓄积及比例统计表　（单位：万 hm^2、万 m^3、%）

项目	合　计	幼龄林	中龄林	近熟林	成熟林	过熟林
面　　积	892.71	182.54	245.99	200.09	136.97	55.18
面积比例	100.00	20.45	27.56	22.51	15.34	6.18
蓄　　积	39 845.47	4 491.92	11 686.88	10 923.67	85 979.01	3 908.58
蓄积比例	100.00	11.27	29.33	27.42	21.53	9.81

4.1.3.4 起源结构

根据森林形成的方式不同，将森林划分为人工林和天然林。全省林分中，人工林面积395.92万 hm^2、蓄积16 066.50万 m^3；全省天然林面积496.79万 hm^2、蓄积23 778.97万 m^3。

4.1.4 森林资源分布

4.1.4.1 森林资源按行政区分布

全省森林资源主要分布在韶关市、河源市、梅州市、清远市，各市森林资源分布情况详见表4-7。

广东省委、省政府于1985年作出“十年绿化广东”的决定，经过全省人民8年持续不断的艰苦努力，于1993年提前2年完成了全省的宜林荒地造林绿化任务，实现了绿化广东大地的宏伟目标，成为全国消灭宜林荒山第一省，林业建设取得了可喜的阶段性成果。这一成果的取得，不仅为全国林业建设的推进起到示范和促进作用，也为广东林业的进一步深入发展打下了坚实的基础。

1993年广东省在全国率先实施森林分类经营改革，并建立了生态公益林效益补偿制度，1999年起先后启动实施了东江、韩江、西江、北江流域水源涵养林重点建设工程和绿色通道建设工程，2006年启动了沿海防护林及红树林体系建设工程和西江、北江、韩江流域林分改

表4–7 各市森林资源统计表

（单位：万 hm^2、%）

市	有林地面积	林分面积	灌木林面积	森林覆盖率
广州	28.10	27.43	0.39	41.2
深圳	7.32	7.31	0.22	39.7
珠海	3.30	3.24	1.41	28.6
汕头	6.01	5.97	0.01	30
韶关	113.43	104.83	9.64	66.8
河源	107.85	105.08	3.11	70.8
梅州	107.03	103.69	3.58	69
惠州	64.18	63.39	2.01	59.4
汕尾	21.07	20.83	1.72	46
东莞	5.26	5.25	0.07	35.1
中山	2.99	2.97	0.01	18.9
江门	36.41	35.90	4.78	42
佛山	6.23	6.02	0.08	18.3
阳江	40.15	39.83	1.27	54.5
湛江	24.86	23.72	0.32	28.1
茂名	53.74	52.81	1.12	56.4
肇庆	97.12	86.45	2.43	67.4
清远	104.24	101.17	28.39	67.4
潮州	16.64	16.19	1.19	60.7
揭阳	25.19	24.64	1.82	51.9
云浮	44.47	44.02	3.86	66.2
省属林场	12.02	11.98	0.68	87.1
合计	1 855.23	892.71	68.13	41.2

造工程。全省现有生态公益林 5 345.3 万亩，其中省级生态公益林 5 174.8 万亩，占 96.8%；市级生态公益林 170.5 万亩，占 3.2%。省级生态公益林主要分布在江河干流及其一二级支流两岸、大中型水库周围、沿海海岸线、主要道路两侧、自然保护区、自然保护小区、森林公园、风景名胜区、红树林湿地等区域。全省省级生态公益林状况见表 4-8、表 4-9、表 4-10。

表4–8　省级生态公益林桉树种组统计表　　（单位：万亩、%）

树种	合计	马尾松	国外松	杉木	针阔混	阔叶树	桉树	相思	竹林	其他
面积	5 174.8	1 186.5	230.5	282.7	476.8	1 551.1	113.0	109.3	143.1	1081.8
比例	100	22.9	4.5	5.5	9.2	30.0	2.2	2.1	2.8	20.9

表4–9　省级生态公益林按功能等级统计表　　（单位：万亩、%）

功能等级	合计	一类	二类	三类	四类
面积	5 174.8	509.4	3 154.1	1 156.7	354.6
比例	100	9.8	61.0	22.3	6.9

表4–10　省级生态公益林按林种统计表　　（单位：万亩、%）

林种	合计	特用林				防护林			
		保护小区林	风景林	自然保护区	其他特用林	水源涵养林	水土保持林	沿海防护林	其他防护林
面积	5 174.8	239.5	167.4	635.3	6.2	2 661.9	1 249.7	105.0	109.8
比例	100	4.6	3.2	12.3	0.1	51.5	24.2	2.0	2.1

1993 年，广东省实行森林分类经营，确定了商品林建设的目标和方向，使商品林的建设得到迅速发展。到 2005 年，全省商品林（地）10 964.7 万亩，占林业用地面积的 67.2%，其中一般用材林 8 287.2 万亩，占商品林面积的 75.6%；集约程度较高的速生丰产林和短周期工业原料林只有 1 154.6 万亩，占商品林面积的 10.6%，可见，建设商品林基地，促进林业产业化，还有很大的潜力。全省商品林按林种统计情况见表 4-11。

表4–11　全省商品林按林种统计表　　（单位：万亩、%）

单 位	合 计	短周期工业林	速生丰产林	一般用材林	薪炭林	经济林
面积	10 964.7	631.9	522.7	8 287.2	360.9	1 162.0
比例	100	5.8	4.8	75.6	3.3	10.5

4.2 森林资源动态变化

4.2.1 1994 ~ 2009 年广东省森林变化

4.2.1.1 森林面积

依据 1994 ~ 2009 年广东省森林资源调查数据，对这期间广东省森林的面积和蓄积进行比较。由其中数据可以看出，广东省林地面积在 2009 年期间最大为 1 099.1 万公顷，1994 ~ 2009 年间，林地面积增加了 2.76%；有林地面积增加了 6.98%；疏林地面积减少了 58.06%；未成林地面积减少了 37.54%（表 4-12）。

自 1994 年后，广东省的林地面积变化比较平缓，在各项林业政策的支持下，有林地面积有所增加，其中 1999 年林地面积比 1994 年增加了 1.16%；2004 年林地比 1999 年减少了 1.11%，2009 年比 2004 年增加了 1.69%（图 4-1）。

表4－12　1994～2009年广东省林地面积　（单位：万 hm^2）

时期	林地	有林地	疏林地	灌木林	未成林地
1994年	1 069.6	878.1	18.6	62.6	58.6
1999年	1 082.0	924.4	14.8	57.8	26.8
2004年	1 080.8	932.2	12.6	57.1	33.4
2009年	1 099.1	939.4	7.8	68.4	36.6

灌木林地的面积自 1994 ~ 2004 年期间持续减小，由 1994 年的 62.6 万 hm^2 减少到 2004 年的 57.1 万 hm^2；但在 2009 年期间迅速增加到 68.4 万 hm^2，比 1994 年增加了 9.3%（图 4-2）。

4.2.1.2 森林蓄积

自 1994 ~ 2009 年期间，广东省林分蓄积量一直处于增长阶段。1994 ~ 1999 年期间全省林分蓄积量增加了 21.30%；1999 ~ 2004 年期间全省林分面积增加了 18.72%；2004 ~ 2009 年期间增加了 15.68%（图 4-3）。

在 2004 年期间，针叶林、落叶林和针阔混交林的蓄积量逐年增长，且增加的幅度以及所占比重基本保持了一致。其中在 1994 年期间，广东省林分蓄积量为 2.39 亿 m^3，其中针叶林蓄积量占 64.18%；阔叶林占 24.79%，针阔混交林占 11.02%；1999 年期间，广东省林分蓄积量为 2.90 亿 m^3，其中针叶林蓄积量占 65.03%；阔叶林占 24.58%，针阔混交林占 10.39%；2004 年期间，广东省林分蓄积量为 3.44 亿 m^3，其中针叶林蓄积量占 64.56%；阔叶林占 25.90%，针阔混交林占 9.54%；2009 年期间，广东省林分蓄积量为 3.98 亿 m^3，其中针叶林蓄积量占 47.69%；阔叶林占 42.57%，针阔混交林占 9.75%，阔叶林的蓄积量所占比重在 2009 年有了明显的增加（图 4-4）。

4.2.2 1994 ~ 2009 年广东省各林种林地变化

4.2.2.1 森林面积

1994 年期间，广东省各林种林地面积中，防护林的面积占林地总面积的 22.23%；特用

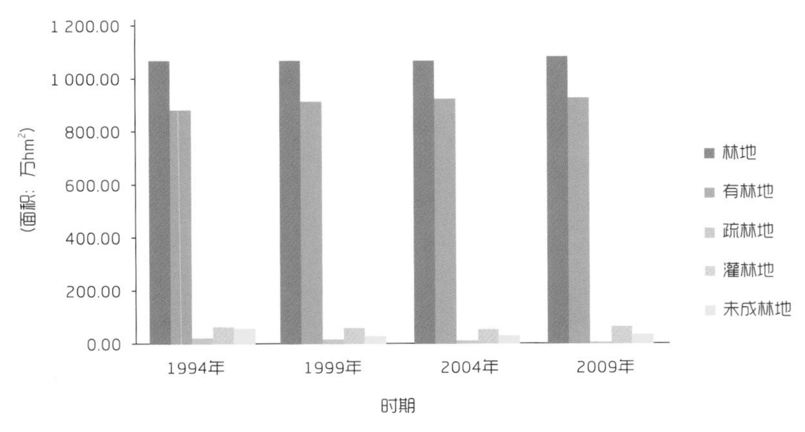

图4-1　1994—2009年期间广东省林地面积变化

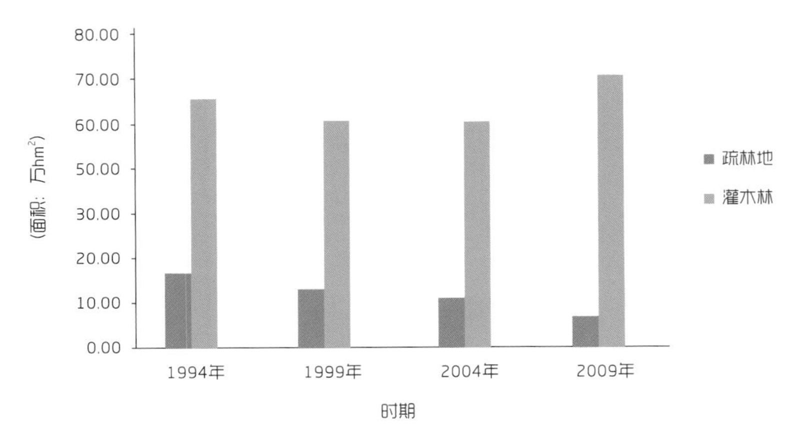

图4-2　1994～2009年期间广东省疏林地和灌木林面积变化

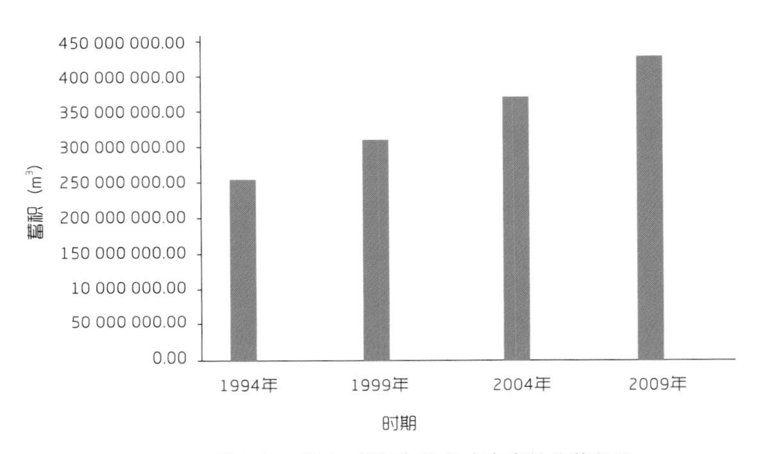

图4-3　1994～2009年期间广东省林分蓄积量

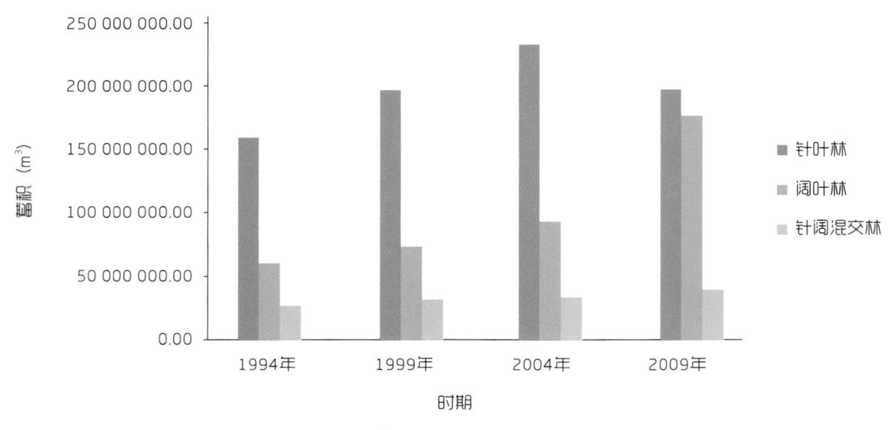

图4-4　1994～2009年期间广东省各林分类型林分蓄积量

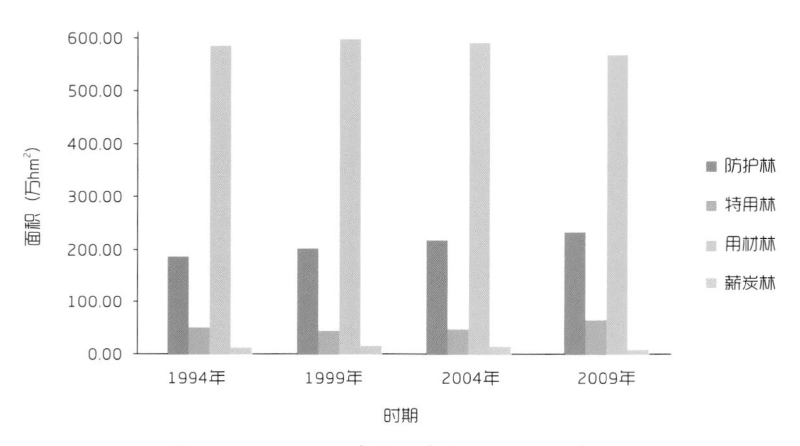

图4-5　1994～2009年期间广东省各林种林地面积

林的面积占林地总面积的 6.13%；用材林的面积占林地总面积的 69.80%；薪材林的面积占林地总面积的 1.74%；1999 年期间，广东省各林种林地面积中，防护林的面积占林地总面积的 23.69%；特用林的面积占林地总面积的 5.18%；用材林的面积占林地总面积的 69.31%；薪材林的面积占林地总面积的 1.83%；2004 年期间，广东省各林种林地面积中，防护林的面积占林地总面积的 24.91%；特用林的面积占林地总面积的 5.42%；用材林的面积占林地总面积的 68.08%；薪材林的面积占林地总面积的 1.59%；2009 年期间，广东省各林种林地面积中，防护林的面积占林地总面积的 26.65%；特用林的面积占林地总面积的 7.46%；用材林的面积占林地总面积的 64.97%；薪材林的面积占林地总面积的 0.93%（图 4-5）；由此可以看出，用材林的面积占总林地的比重最大，而且有逐年减少的趋势，相反防护林的面积比重有逐年增加的趋势。

4.2.2.2 森林蓄积

1994 年期间，广东省各林种蓄积量中，防护林的蓄积量占总蓄积量的 19.17%；特用林的蓄积量占总蓄积量的 6.54%；用材林的蓄积量占总蓄积量的 73.52%；薪材林的蓄积量占总蓄积

量的 0.78%；1999 年期间，广东省各林种蓄积量中，防护林的蓄积量占总蓄积量的 20.78%；特用林的蓄积量占总蓄积量的 5.92%；用材林的蓄积量占总蓄积量的 72.38%；薪材林的蓄积量占总蓄积量的 0.92%；2004 年期间，广东省各林种蓄积量中，防护林的蓄积量占总蓄积量的 23.01%；特用林的蓄积量占总蓄积量的 6.32%；用材林的蓄积量占总蓄积量的 69.82%；薪材林的蓄积量占总蓄积量的 0.85%；2009 年期间，广东省各林种蓄积量中，防护林的蓄积量占总蓄积量的 27.01%；特用林的蓄积量占总蓄积量的 10.07%；用材林的蓄积量占总蓄积量的 62.58%；薪材林的蓄积量占总蓄积量的 0.35%（图 4-6）。

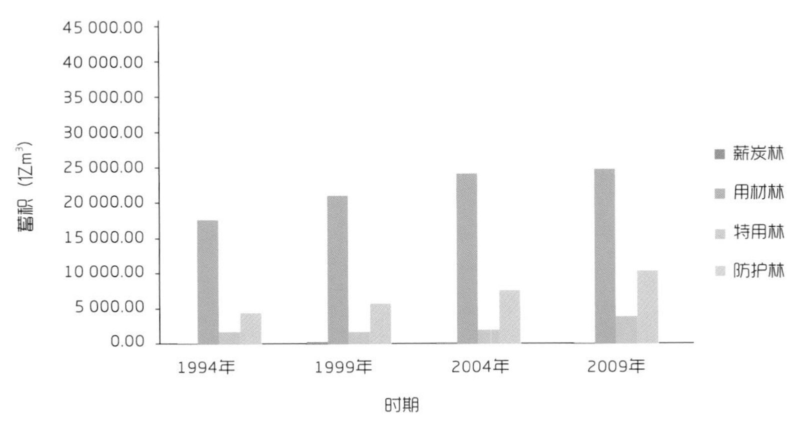

图4-6　1994～2009年期间广东省各林种蓄积量

4.2.3 1994 ～ 2009 年广东省各林龄组林地变化

4.2.3.1 森林面积

自 1994 ～ 2009 年期间，广东省林分面积一直处于增长状态。由 1994 年的 7 916 830.0 hm^2，增加到 2009 年的 8 927 100.6 hm^2。其中增长幅度最大的时期是 2009 年期间，此期间比 2004 年期间增长了 9.45%（图 4-7）。

广东省森林在 1994 ～ 2009 年期间的在林龄结构上有了明显的变化，中幼龄林分面积逐年

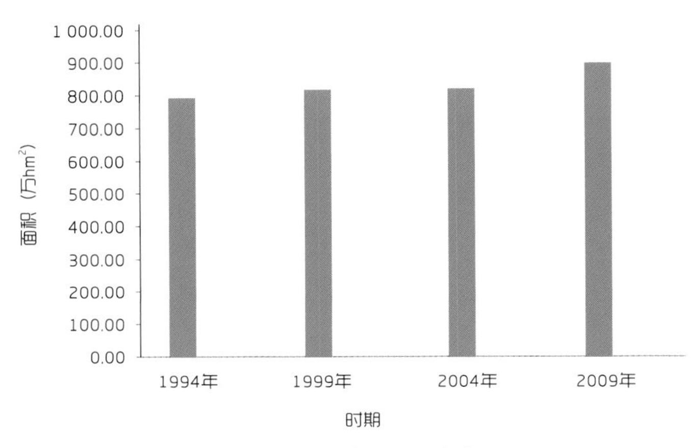

图4-7　1994～2009年期间广东省林分面积

减少,近熟林、成熟林和过熟林面积逐年增加(图 4-8 至图 4-12)。由于前期的各项造林政策实施，广东省的林分面积在 1994 年间的以幼龄林和中龄林为主的林分结构，占总林分面积的 85.68%，而近熟林、成熟林和过熟林只占到总林分面积的 14.32%，逐渐成长为 2009 年期间的以中龄林、近熟林和成熟林为主的林分，占总林分面积的 71.07%，而幼龄林只占总林分面积的 22.22%。

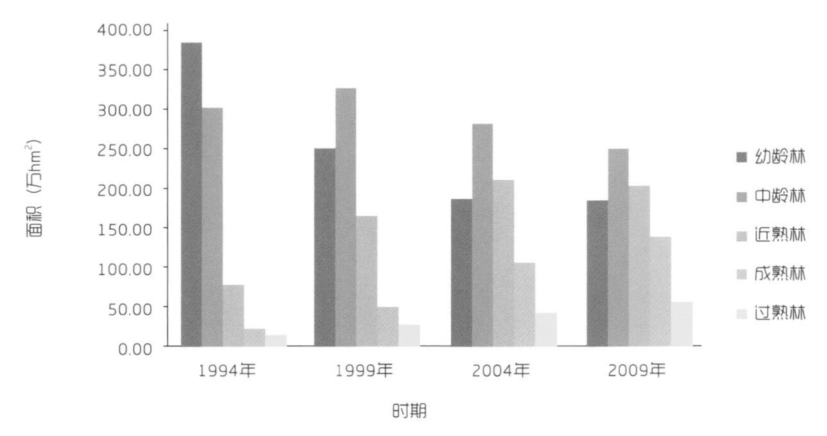

图4-8　1994～2009年期间广东省各林龄林分面积

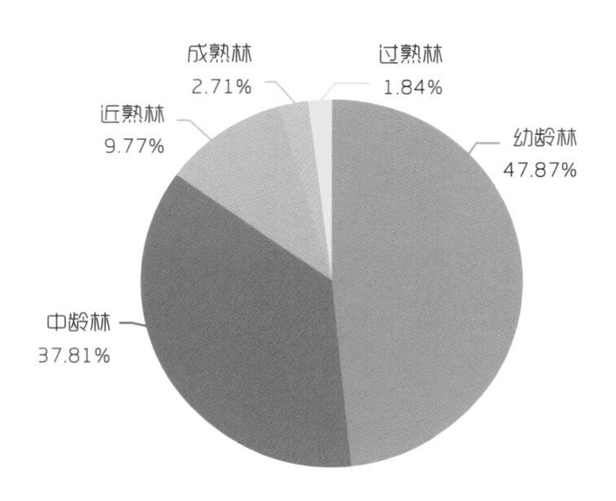

图4-9　1994年期间广东省各林龄林分面积组成

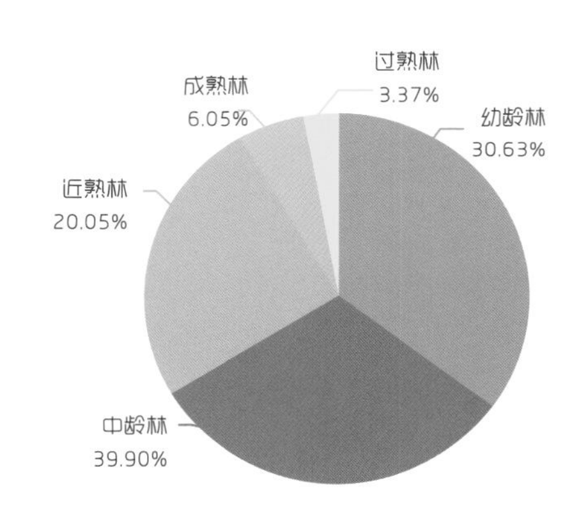

图4-10　1999年期间广东省各林龄林分面积组成

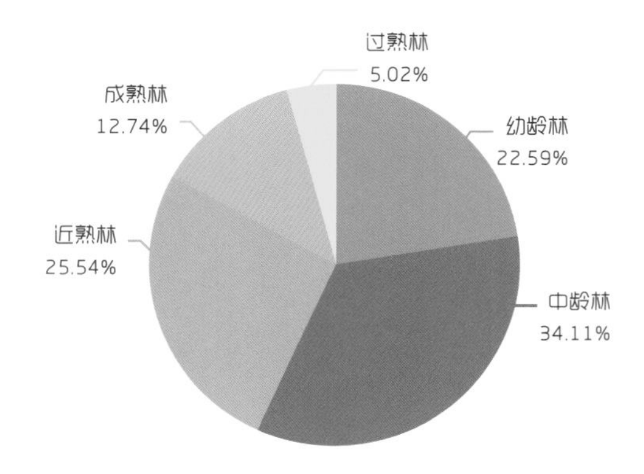

图4-11　2004年期间广东省各林龄林分面积组成

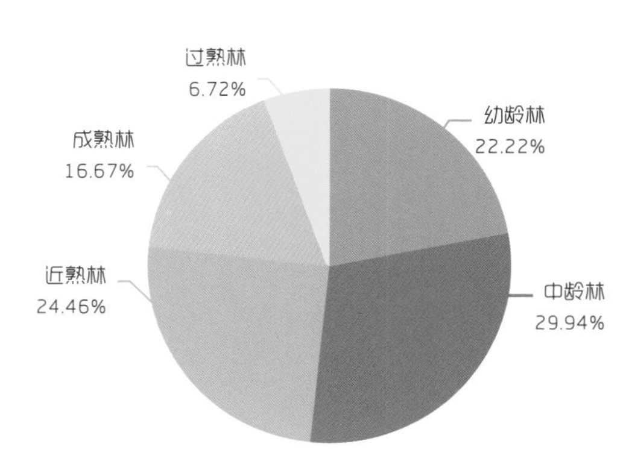

图4-12　2009年期间广东省各林龄林分面积组成

4.2.3.2 森林蓄积

自 1994 ～ 2009 年广东省森林蓄积量组成上有了明显的变化，中幼龄林分蓄积量逐年减少，近熟林、成熟林和过熟林面积逐年增加（图 4-13 至图 4-17）。1994 年期间，幼龄林、中林龄、近熟林、成熟林和过熟林所占总林分蓄积的比例分别是：26.35%、47.81%、16.54%、5.86% 和 3.44%；到 1999 年期间，幼龄林、中林龄、近熟林、成熟林和过熟林所占总林分蓄积的比例分别变化为：16.46%、41.09%、27.28%、10.12% 和 5.06%。2004 年期间，幼龄林、中林龄、近熟林、

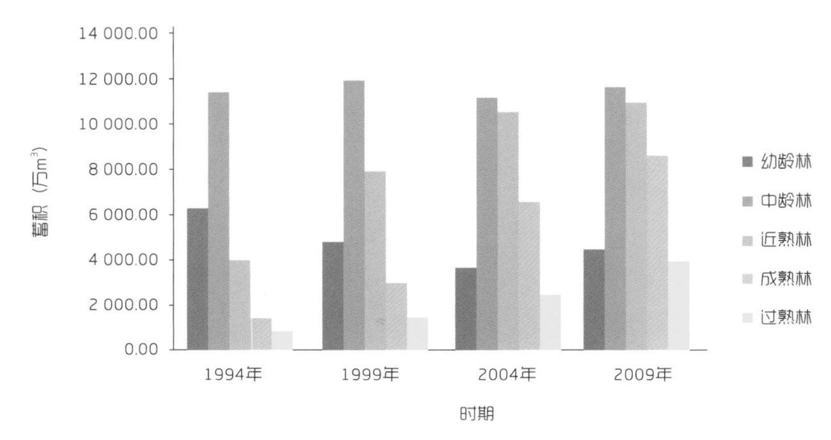

图4-13　1994～2009年期间广东省各林龄林分蓄积变化

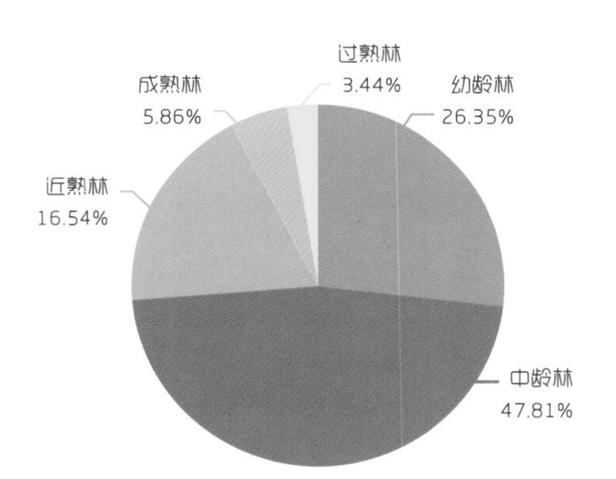

图4-14　1994年期间广东省各林龄林分蓄积组成

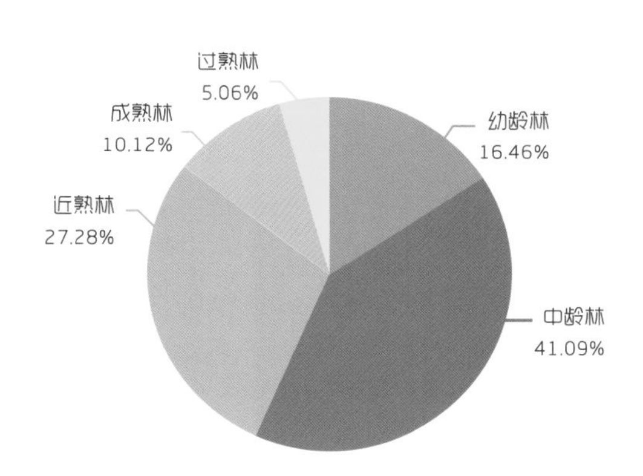

图4-15　1999年期间广东省各林龄林分蓄积组成

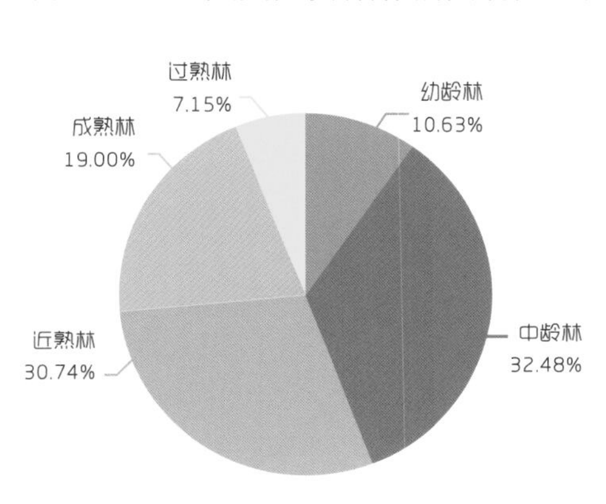

图4-16　2004年期间广东省各林龄林分蓄积组成

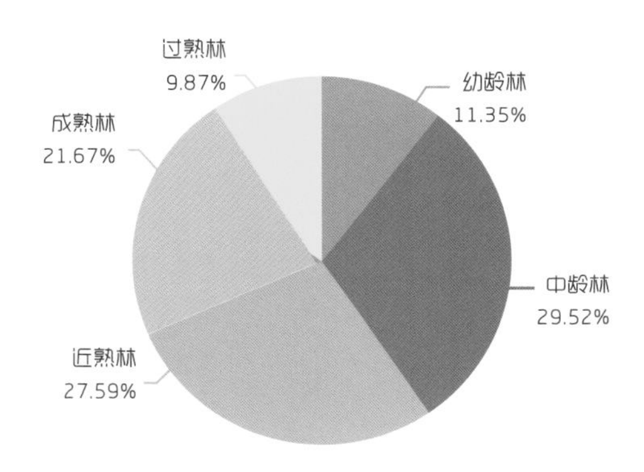

图4-17　2009年期间广东省各林龄林分蓄积组成

成熟林和过熟林所占总林分蓄积的比例分别变化为：10.63%、32.48%、30.74%、19.00% 和 7.15%。2009 年期间，幼龄林、中林龄、近熟林、成熟林和过熟林所占总林分蓄积的比例分别变化为：11.35%、29.52%、27.59%、21.67% 和 9.87%。

4.2.4 1994 ~ 2009 年广东省各树种组林地变化

为了对比 1994 ~ 2009 年广东省各树种的林地面积和蓄积量的变化趋势，按照树种的生物学特性将广东省树种分为：马尾松组、其他松类组、杉木组、硬阔类组、桉树组、相思组、木麻黄组、其他软阔类组、针叶混组、阔叶混组、针阔混组、竹林组、灌木林组 13 个树种组。

4.2.4.1 森林面积

自 1994 ~ 2009 年间，广东省各树种组森林面积占全省森林面积的比例有这较大的变化(图 4-18)。但在广东省的森林面积上比重较大的树种组主要是马尾松组和阔叶混组，两树种组的森林面积基本上占到广东省总面积的 60% 左右。1994 年间各树种组面积比例由大到小的顺序如下：马尾松组为 39.00%：、阔叶混组为 15.89%、杉木组为 10.42%、针阔混组为 8.53%、灌木林组为 7.11%、其他松类组为 6.83%、针叶混组为 3.50%、竹林组为 3.27%、桉树组为 3.14%、硬阔类组为 1.42%、木麻黄组为 0.45%、相思组为 0.38%、其他软阔类组为 0.06%。1999 年间各树种组面积比例由大到小的顺序如下：马尾松组为 36.81%、阔叶混组为 16.85%、杉木组为 10.39%、针阔混组为 8.58%、其他松类组为 8.23%、灌木林组为 6.40%、竹林组为 3.44%、桉树组为 3.39%、针叶混组为 3.38%、硬阔类组为 1.34%、相思组为 0.71%、木麻黄组为 0.40%、其他软阔类组为 0.09%。2004 年间各树种组面积比例由大到小的顺序如下：马尾松组为 35.37%、阔叶混组为 17.66%、杉木组为 10.27%、针阔混组为 8.31%、其他松类组为 7.49%、灌木林组为 6.30%、桉树组为 4.86%、竹林组为 3.44%、针叶混组为 3.28%、硬阔类组为 1.30%、相思组为 0.99%、木麻黄组为 0.42%、其他软阔类组为 0.31%。2009 年间各树种组面积比例由大到小的顺序如下：马尾松组为 22.73%、桉树组为 12.36%、其他软阔类组为 11.45%、针阔混组为 8.72%、杉木组为 8.66%、灌木林组为 7.38%、硬阔类组为 7.37%、阔叶混组为 6.80%、其他松类组为 5.32%、针叶混组为 3.95%、竹林组为 3.63%、相思组为 1.35%、木麻黄组为 0.27%。

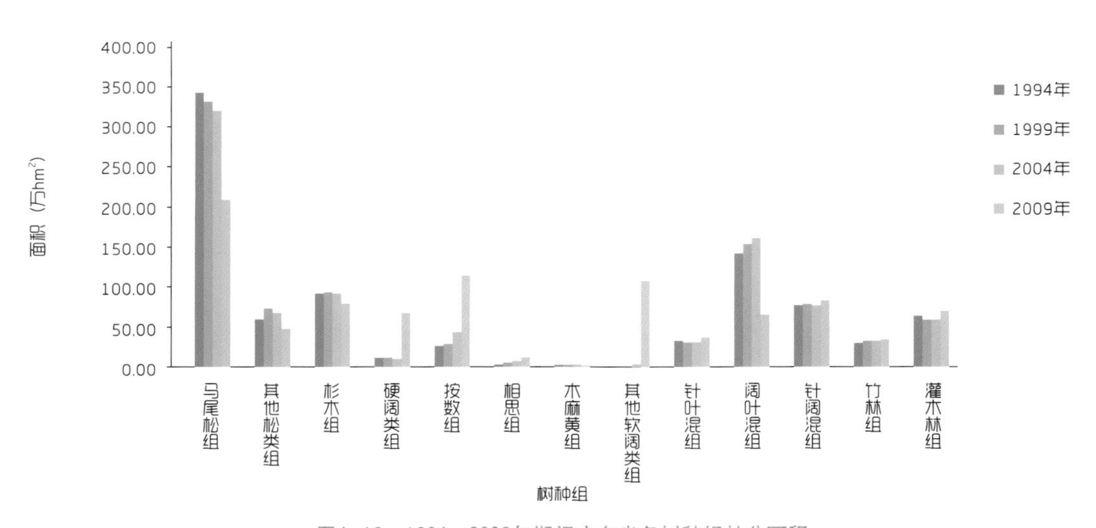

图4-18　1994～2009年期间广东省各树种组林分面积

4.2.4.2森林蓄积

自 1994 ～ 2009 年,广东省的各树种组森林蓄积占全省森林蓄积的比例有所变化(表 4-11)。但在广东省的森林蓄积上比重较大的树种组主要是马尾松组。

由表 4-11 可以看出，2009 年期间的各树种组蓄积量有了明显的变化。其中增加幅度最大的是其他软阔叶树种组、桉树组和硬阔类组；而蓄积量减少的树种组有马尾松组、其他松类组和杉木组。这说明广东省林业政策的实施，导致了广东省森林林种类型发生了根本的变化。马尾松组的蓄积量由占 2004 年广东森林总蓄积量的 40.83% 降低到占 2009 年的 23.65%；阔叶混组的蓄积量由占 2004 年广东森林总蓄积量的 20.31% 降低到占 2009 年的 7.48%；与之相反的桉树组的蓄积量由占 2004 年广东森林总蓄积量的 2.88% 降低到占 2009 年的 11.60%；硬阔类组蓄积量由占 2004 年广东森林总蓄积量的 1.30% 降低到占 2009 年的 8.54%。

表4–11　1994～2009年期间广东省各树种组林分蓄积量比例

树种组	1994年	1999年	2004年	2009年
马尾松组	40.83	38.91	37.35	23.65
其他松类组	2.84	6.29	8.25	6.55
杉木组	15.80	15.28	14.62	12.69
硬阔类组	1.30	1.76	1.88	8.54
桉树组	2.88	3.18	4.06	11.60
相思组	0.28	0.50	0.96	1.80
木麻黄组	0.62	0.52	0.53	0.32
其他软阔类组	0.02	0.09	0.16	12.45
针叶混组	4.09	4.03	3.81	5.10
阔叶混组	20.31	19.04	18.84	7.48
针阔混组	11.02	10.39	9.54	9.81

广东省森林生态系统服务功能评估

5.1 现状评估

5.1.1 广东省森林生态系统服务物质量评估

5.1.1.1 森林生态系统服务功能总物质量

根据中华人民共和国林业行业标准《森林生态系统服务功能评估规范》（LY/ T 1721-2008）的评价指标体系，得出广东省涵养水源、保育土壤、固碳释氧、积累营养物质、净化大气环境5个方面16个指标的森林生态系统服务功能物质量。2009年广东省森林生态系统服务功能物质量评估结果见表5-1。

生态系统每年涵养水源量为370.31亿m^3；固土32 458.65万t，减少N损失38.40万t，减少P损失17.75万t，减少K损失578.21万t，减少有机质损失614.26万t；固碳3 418.27万t（折算成吸收二氧化碳12 533.66万t），释氧8 499.73万t；林木积累N 45.12万t，积累P 5.23万t，积累K 23.81万t；提供负离子7.86×10^{25}个，吸收二氧化硫121 438.56万kg，吸收氟化物10 414.31万kg，吸收氮氧化物9 217.74万kg，滞尘3 763.43亿kg。

表5-1　广东省森林生态系统生态服务功能物质量

功能项	功能分项	物质量
涵养水源	调节水量（亿$m^3 \cdot a^{-1}$）	370.31
保育土壤	固　土（万$t \cdot a^{-1}$）	32 458.65
	N（万$t \cdot a^{-1}$）	38.40
	P（万$t \cdot a^{-1}$）	17.75
	K（万$t \cdot a^{-1}$）	578.21
	有机质(万$t \cdot a^{-1}$）	614.26
固碳释氧	固　碳(万$t \cdot a^{-1}$）	3 418.27
	释　氧(万$t \cdot a^{-1}$）	8 499.73

（续）

功能项	功能分项	物质量
积累营养物质	N（万t·a^{-1}）	45.12
	P（万t·a^{-1}）	5.23
	K（万t·a^{-1}）	23.81
净化大气环境	提供负离子（1 025个·a^{-1}）	7.86
	吸收SO_2（万kg·a^{-1}）	121 438.56
	吸收HF（万kg·a^{-1}）	10 414.31
	吸收NO_X（万kg·a^{-1}）	9 217.74
	滞 尘（亿kg·a^{-1}）	3 763.43

固碳量与吸收 CO_2 量的换算关系：由光合作用方程式可知，林木生长每产生 162 g 干物质，需吸收（固定）264 g CO_2，并释放 192 g O_2，即森林植被每积累 1 g 干物质，可以固定 1.63 g CO_2，释放 1.19 g O_2。再通过分子量（1.63 × 12 ÷ 44=0.4445）进行转换，得到森林植被每积累 1 g 干物质，就可以固定 0.4445 g C。

5.1.1.2 分市森林生态系统服务功能物质量分布格局

（1）总物质量

各市森林生态服务功能物质量的计算结果表明（图 5-1 至图 5-5、表 5-2），各市森林生态服务功能物质量分布格局见功能图 5-6 至图 5-21。

各市涵养水源功能位于 1.48 亿～ 80.40 亿 $m^3 \cdot a^{-1}$，其排序为清远市＞河源市＞韶关市＞梅州市＞肇庆市＞惠州市＞茂名市＞云浮市＞汕尾市＞阳江市＞江门市＞广州市＞揭阳市＞潮州市＞湛江市＞省属林场＞珠海市＞深圳市＞中山市＞汕头市＞佛山市＞东莞市。

固土功能位于 100.27 万～ 4407.07 万 t · a^{-1}，其排序为清远市＞韶关市＞梅州市＞河源市

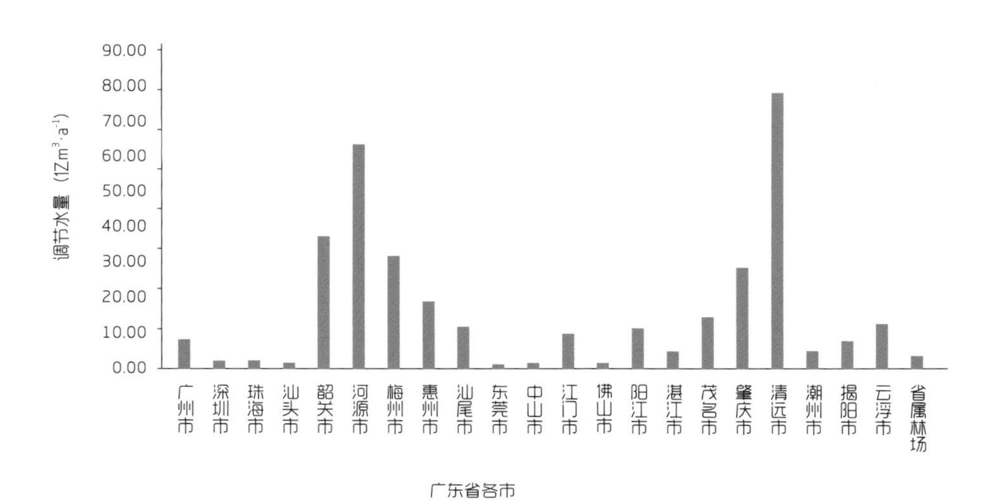

图5-1 广东省各市森林调节水量功能物质量

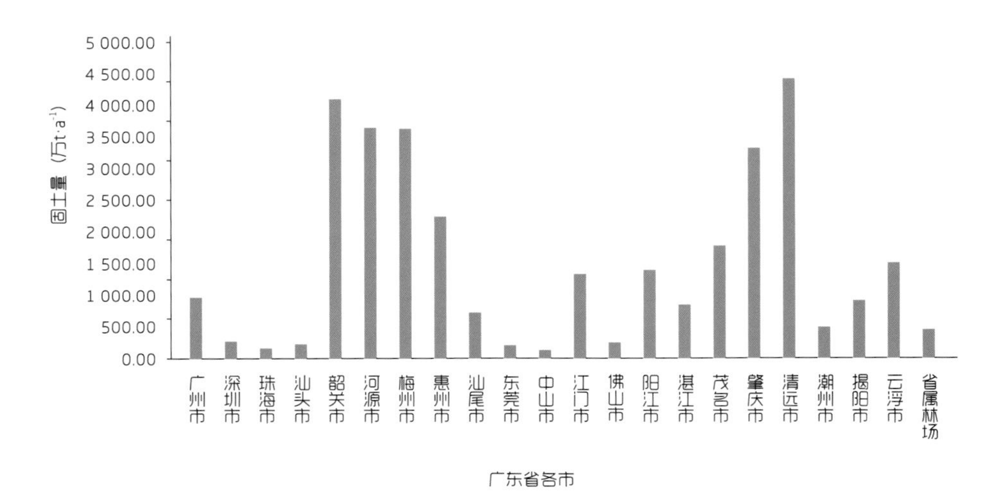

图5-2 广东省各市森林固土功能物质量

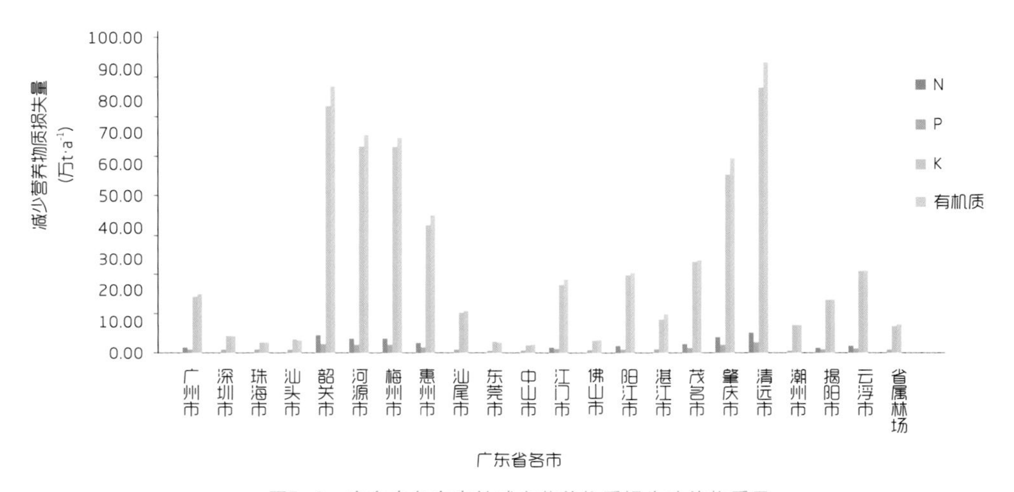

图5-3 广东省各市森林减少营养物质损失功能物质量

>肇庆市>惠州市>茂名市>云浮市>阳江市>江门市>广州市>揭阳市>湛江市>汕尾市>潮州市>省属林场>深圳市>佛山市>汕头市>东莞市>珠海市>中山市。

保肥功能中减少N损失位于0.12万～5.62万$t\cdot a^{-1}$，其排序为清远市>韶关市>肇庆市>河源市>梅州市>惠州市>茂名市>阳江市>云浮市>江门市>广州市>揭阳市>汕尾市>湛江市>潮州市>省属林场>深圳市>东莞市>汕头市>珠海市>佛山市>中山市。

减少P损失位于0.06万～2.47万$t\cdot a^{-1}$，其排序为清远市>韶关市>河源市>梅州市>肇庆市>惠州市>茂名市>云浮市>阳江市>江门市>广州市>揭阳市>湛江市>汕尾市>潮州省属林场>深圳市>汕头市>佛山市>东莞市>珠海市>中山市。

减少K损失位于1.93万～83.15万$t\cdot a^{-1}$，其排序为清远市>韶关市>梅州市>河源市>肇庆市>惠州市>茂名市>云浮市>阳江市>江门市>广州市>揭阳市>汕尾市>湛江市>潮州市>省属林场>深圳市>汕头市>佛山市>东莞市>珠海市>中山市。

减少有机质损失位于 1.89 万～91.21 万 $t \cdot a^{-1}$，其排序为清远市＞韶关市＞河源市＞梅州市＞肇庆市＞惠州市＞茂名市＞云浮市＞阳江市＞江门市＞广州市＞揭阳市＞汕尾市＞湛江市＞潮州市＞省属林场＞深圳市＞佛山市＞汕头市＞东莞市＞珠海市＞中山市。

固碳功能位于 11.05 万～451.37 万 $t \cdot a^{-1}$（折算成吸收二氧化碳 40.52 万～1655.03 万 $t \cdot a^{-1}$ 之间），其排序为韶关市＞清远市＞河源市＞梅州市＞肇庆市＞惠州市＞茂名市＞阳江市＞云浮市＞江门市＞广州市＞湛江市＞揭阳市＞汕尾市＞潮州市＞省属林场＞深圳市＞佛山市＞汕头市＞东莞市＞珠海市＞中山市。

释氧功能位于 27.58 万～1126.63 万 $t \cdot a^{-1}$，其排序为韶关市＞清远市＞河源市＞梅州市＞肇庆市＞惠州市＞茂名市＞阳江市＞云浮市＞江门市＞广州市＞湛江市＞揭阳市＞汕尾市＞潮州市＞省属林场＞深圳市＞佛山市＞汕头市＞东莞市＞珠海市＞中山市。

从林木营养积累指标来看，积累 N 位于 0.17 万～6.66 万 $t \cdot a^{-1}$，其排序为韶关市＞清远市

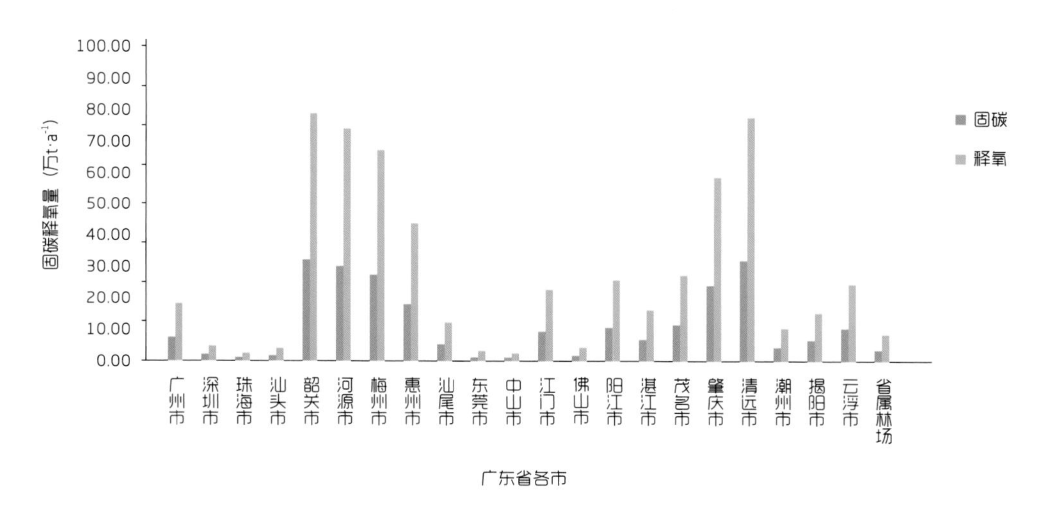

图5-4　广东省各市森林固碳释氧功能物质量

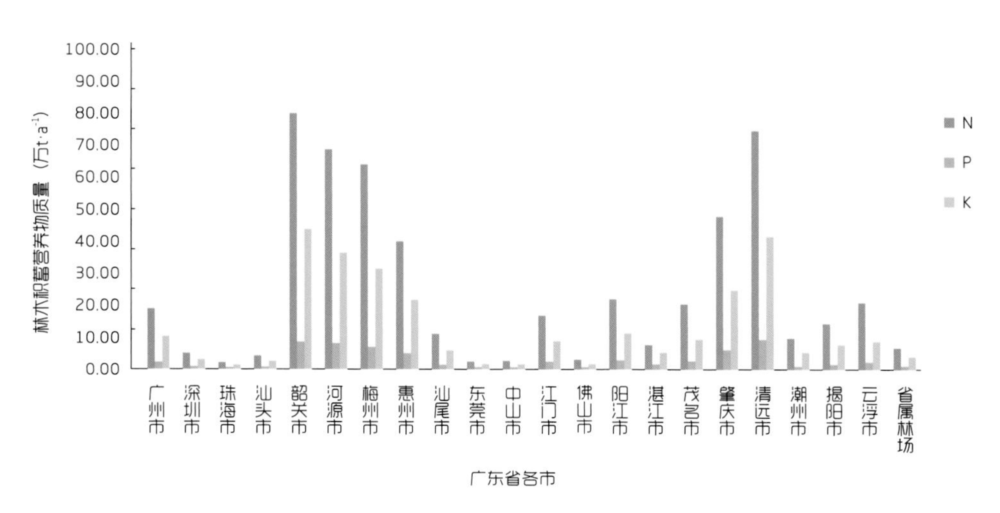

图5-5　广东省各市森林积累营养物质功能物质量

表5-2 广东省各市净化大气环境功能物质量

	净化大气环境（万t · a^{-1}）				
各市	生产负离子量（1022个 · a^{-1}）	吸收二氧化硫量	吸收氟化物量	吸收氮氧化物量	滞尘量
广州市	216.07	2917.41	337.88	260.35	1 176 898.83
深圳市	48.50	675.42	94.77	69.50	331 065.42
珠海市	24.18	389.72	50.56	43.94	179 842.80
汕头市	46.76	589.18	76.73	52.88	249 386.75
韶关市	1 089.15	17 248.40	1 396.82	1 217.71	4 933 803.67
河源市	942.89	14 357.27	1 136.33	1 017.72	4 125 706.26
梅州市	981.52	13 225.57	1 168.16	980.08	4 098 528.59
惠州市	532.26	7 118.92	713.56	618.57	2 510 266.71
汕尾市	148.52	2 189.79	218.23	186.78	786 098.53
东莞市	28.12	487.95	62.76	47.80	227 497.13
中山市	25.61	302.58	39.38	25.03	133 179.80
江门市	262.66	4 227.92	356.47	353.07	1 373 237.51
佛山市	53.09	916.11	57.88	57.16	223 277.73
阳江市	323.46	5 524.93	415.58	400.83	1 570 603.31
湛江市	112.82	2 115.10	142.98	186.24	682 316.12
茂名市	378.52	6 211.43	535.78	472.75	1 988 456.22
肇庆市	894.14	11 978.15	1 076.98	946.82	3 877 841.97
清远市	926.25	18 053.38	1 450.26	1 341.32	5 322 439.24
潮州市	142.63	2 051.91	204.31	162.73	692 682.00
揭阳市	205.35	3 031.37	310.78	246.98	1 070 146.23
云浮市	381.54	5 865.19	449.80	400.42	1 639 600.84
省属林场	97.86	1 960.86	118.32	129.06	441 448.40

＞河源市＞梅州市＞肇庆市＞惠州市＞阳江市＞云浮市＞茂名市＞广州市＞江门市＞揭阳市＞汕尾市＞潮州市＞湛江市＞省属林场＞深圳市＞汕头市＞佛山市＞中山市＞东莞市＞珠海市。

积累P位于0.02万～0.76万t · a^{-1}，其排序为清远市＞韶关市＞河源市＞梅州市＞肇庆市＞惠州市＞阳江市＞茂名市＞江门市＞云浮市＞广州市＞揭阳市＞湛江市＞汕尾市＞潮州市＞省属林场＞深圳市＞汕头市＞佛山市＞东莞市＞珠海市＞中山市。

积累K位于0.10万～3.63万t · a^{-1}，其排序为韶关市＞清远市＞河源市＞梅州市＞肇庆市

>惠州市>阳江市>广州市>茂名市>云浮市>江门市>揭阳市>汕尾市>湛江市>潮州市>省属林场>深圳市>汕头市>中山市>佛山市>东莞市>珠海市。

提供负离子个数位于 24.18×10^{22} ~ 1089.15×10^{22} 个 · a^{-1}，其排序为韶关市>梅州市>河源市>清远市>肇庆市>惠州市>云浮市>茂名市>阳江市>江门市>广州市>揭阳市>汕尾市>潮州市>湛江市>省属林场>佛山市>深圳市>汕头市>东莞市>中山市>珠海市。

吸收二氧化硫功能位于 302.58 万 ~ 18 053.38 万 kg · a^{-1}，其排序为清远市>韶关市>河源市>梅州市>肇庆市>惠州市>茂名市>云浮市>阳江市>江门市>揭阳市>广州市>汕尾市>湛江市>潮州市>省属林场>佛山市>深圳市>汕头市>东莞市>珠海市>中山市。

吸收氟化物功能位于 39.38 万 ~ 1 450.26 万 kg · a^{-1}，其排序为清远市>韶关市>梅州市>河源市>肇庆市>惠州市>茂名市>云浮市>阳江市>江门市>广州市>揭阳市>汕尾市>潮州市>湛江市>省属林场>深圳市>汕头市>东莞市>佛山市>珠海市>中山市。

吸收氮氧化物功能位于 25.03 万 ~ 1 341.32 万 kg · a^{-1}，其排序为清远市>韶关市>河源市>梅州市>肇庆市>惠州市>茂名市>阳江市>云浮市>江门市>广州市>揭阳市>汕尾市>湛江市>潮州市>省属林场>深圳市>佛山市>汕头市>东莞市>珠海市>中山市。

滞尘功能位于 13.32 亿 ~ 532.24 亿 kg · a^{-1}，其排序为清远市>韶关市>河源市>梅州市>肇庆市>惠州市>茂名市>云浮市>阳江市>江门市>广州市>揭阳市>汕尾市>潮州市>湛江市>省属林场>深圳市>汕头市>东莞市>佛山市>珠海市>中山市。

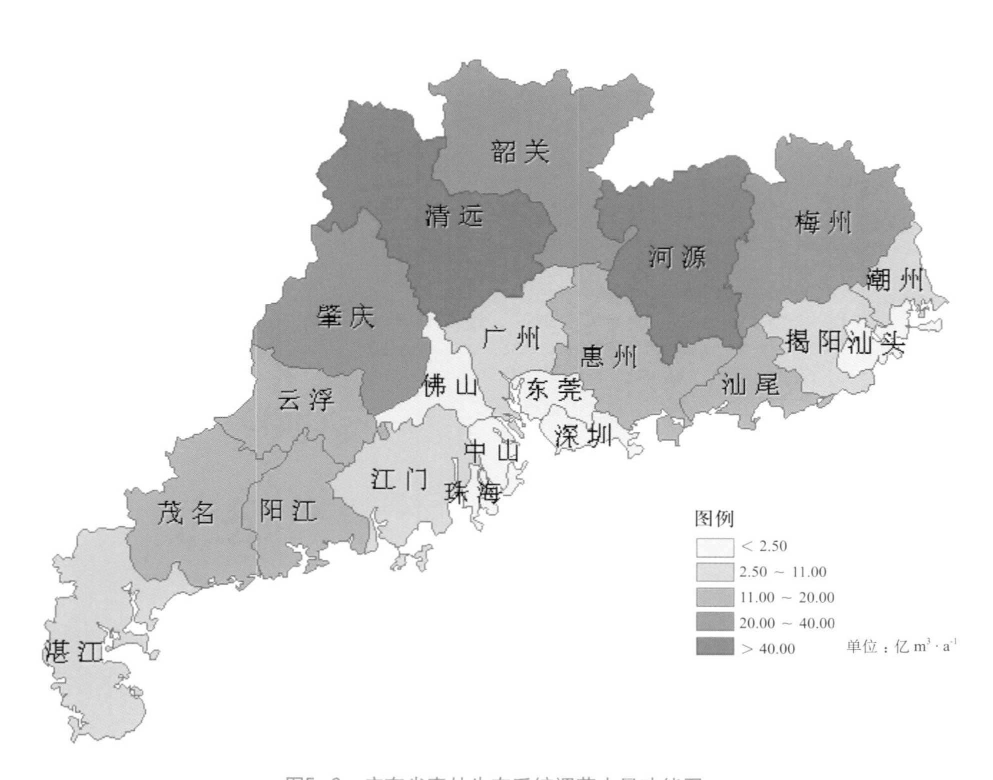

图5-6　广东省森林生态系统调节水量功能图

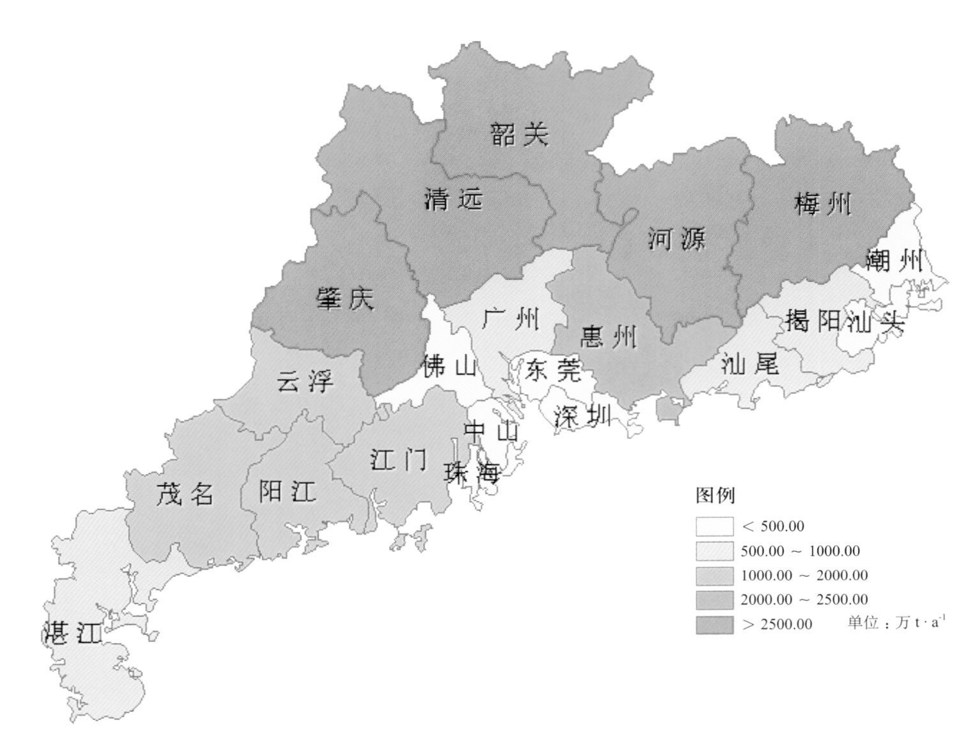

图5-7　广东省森林生态系统固土功能图

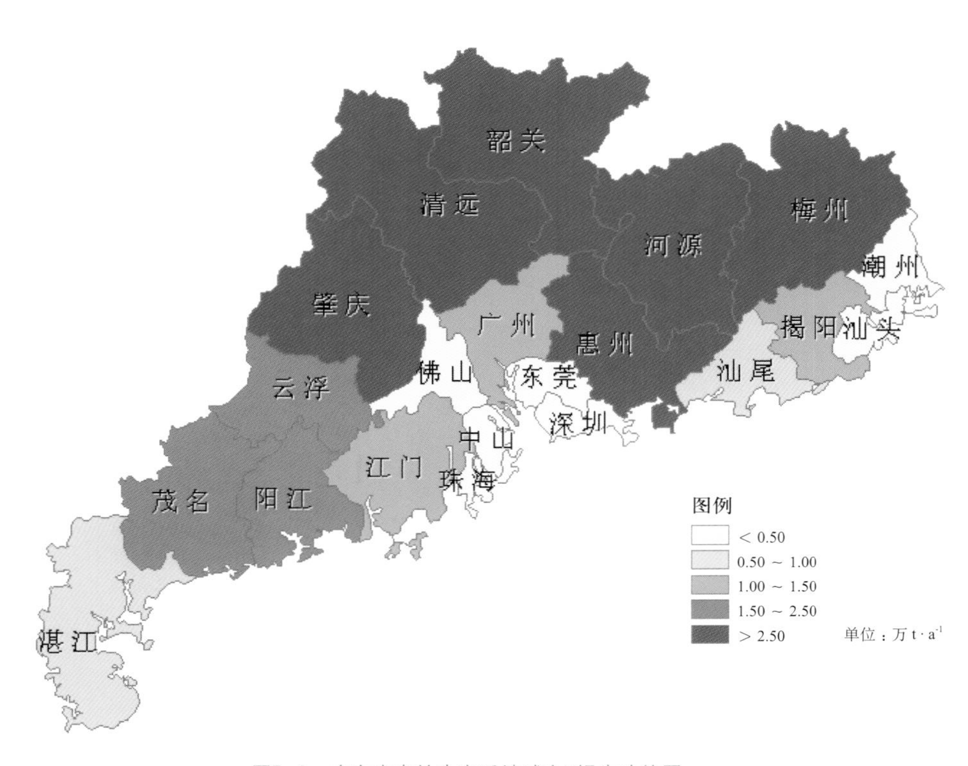

图5-8　广东省森林生态系统减少N损失功能图

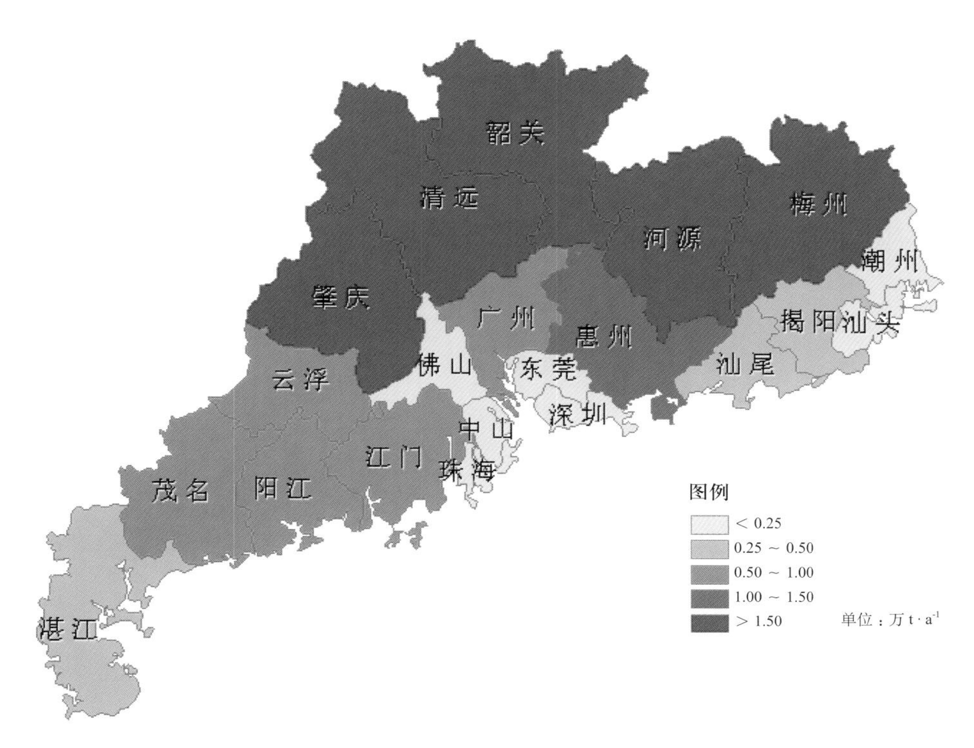

图5-9　广东省森林生态系统减少P损失功能图

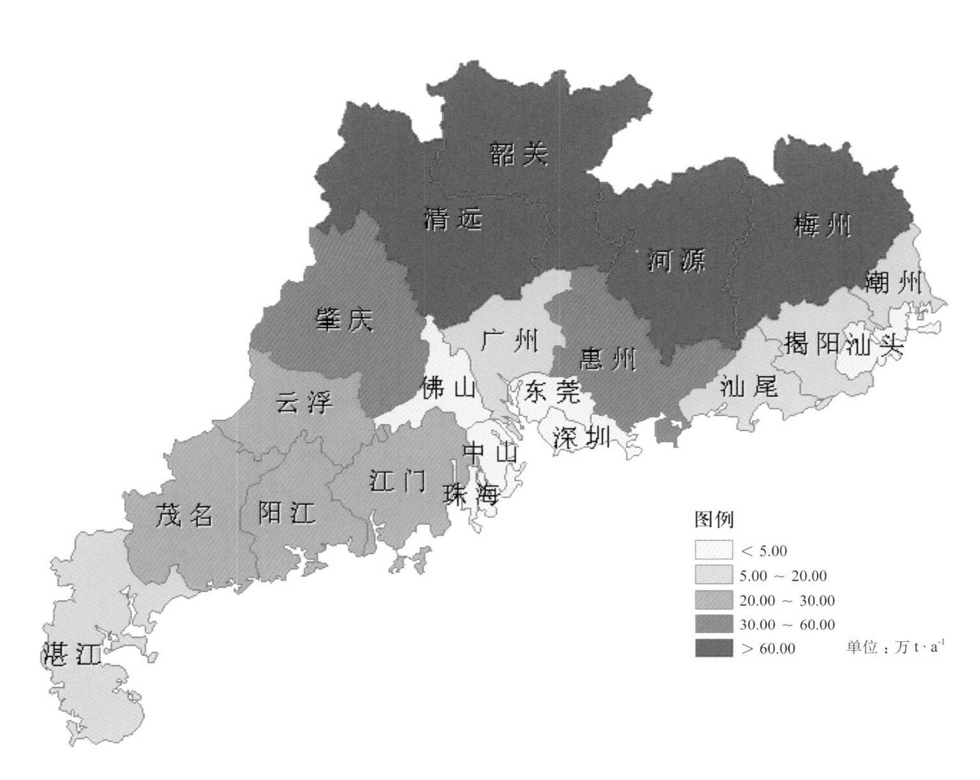

图5-10　广东省森林生态系统减少K损失功能图

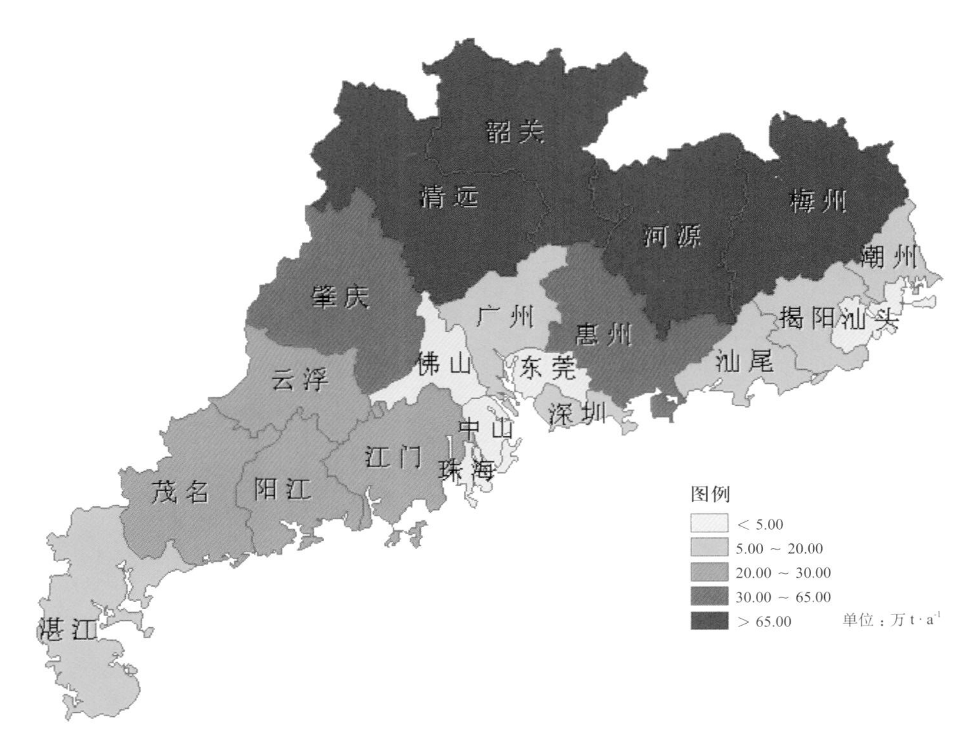

图5-11 广东省森林生态系统减少有机质损失功能图

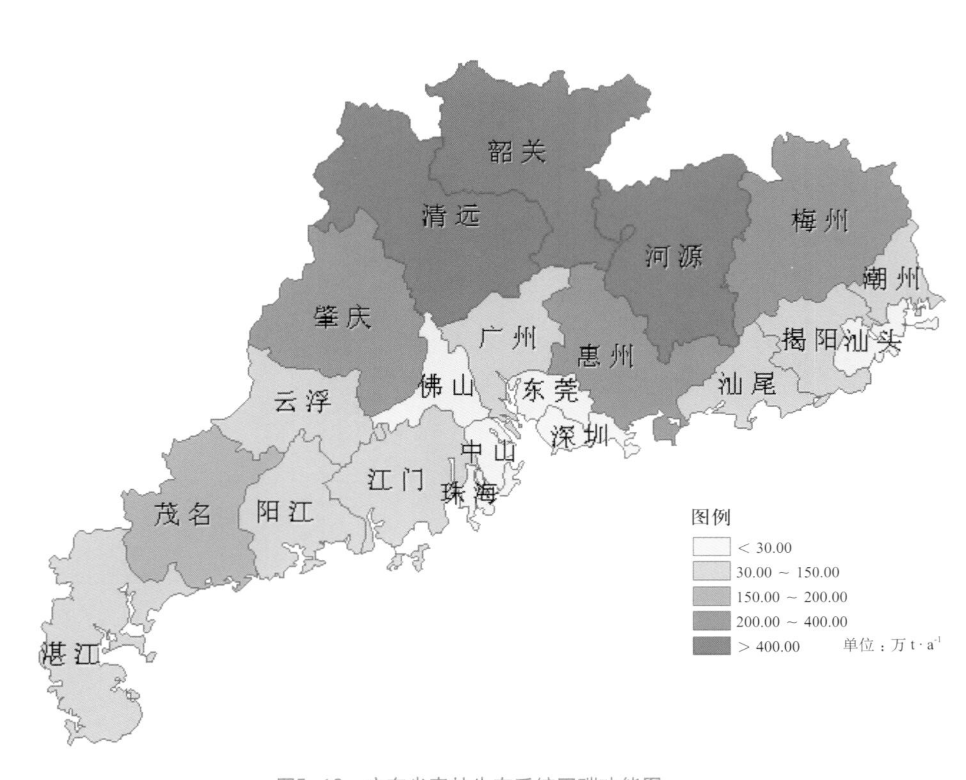

图5-12 广东省森林生态系统固碳功能图

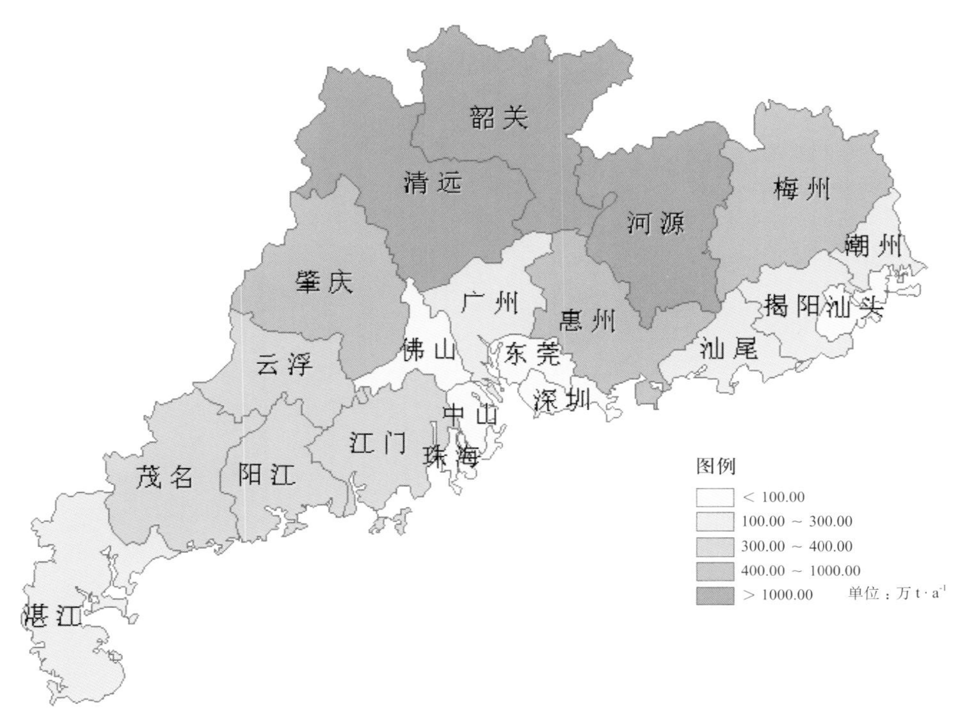

图5-13　广东省森林生态系统释氧功能图

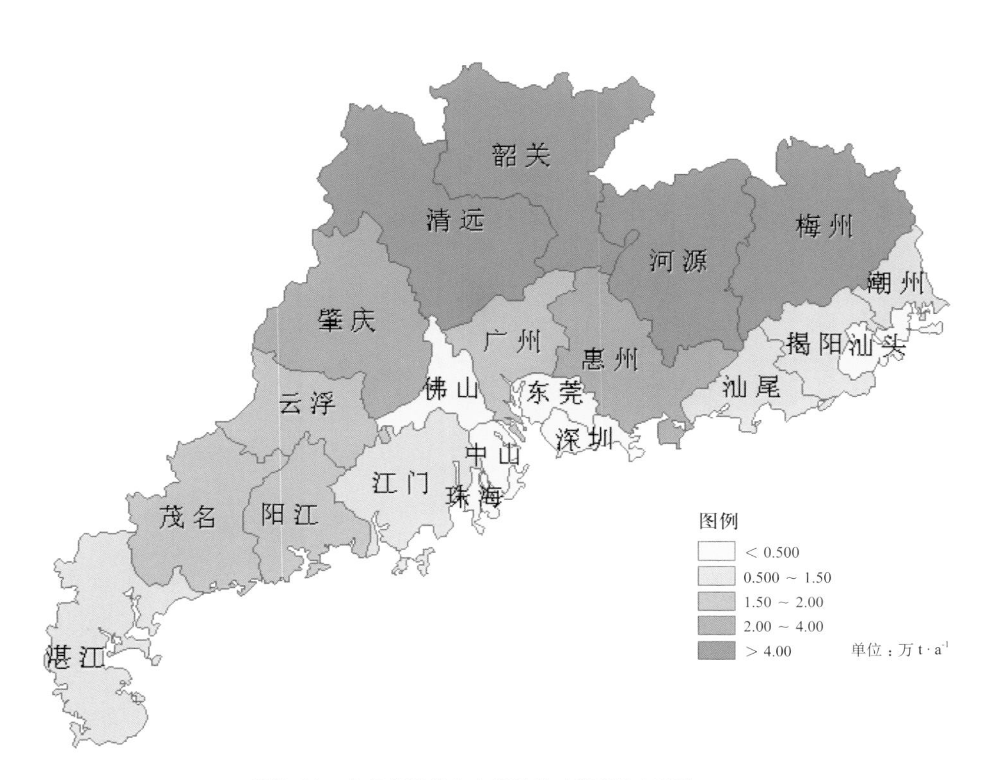

图5-14　广东省森林生态系统林木积累N功能图

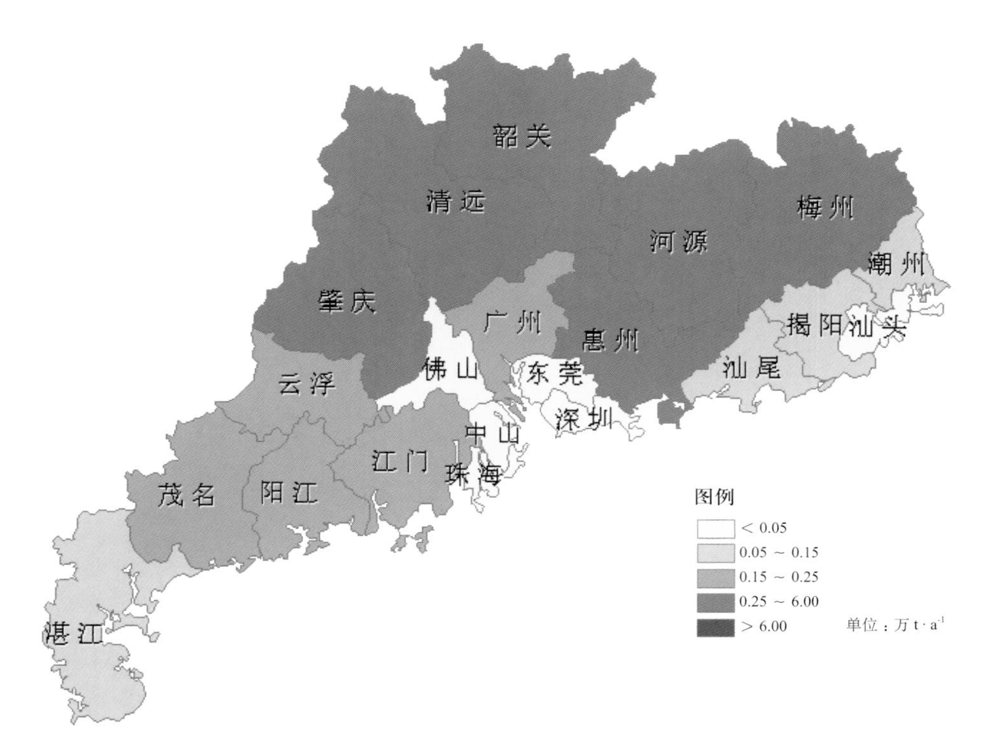

图5-15　广东省森林生态系统林木积累P功能图

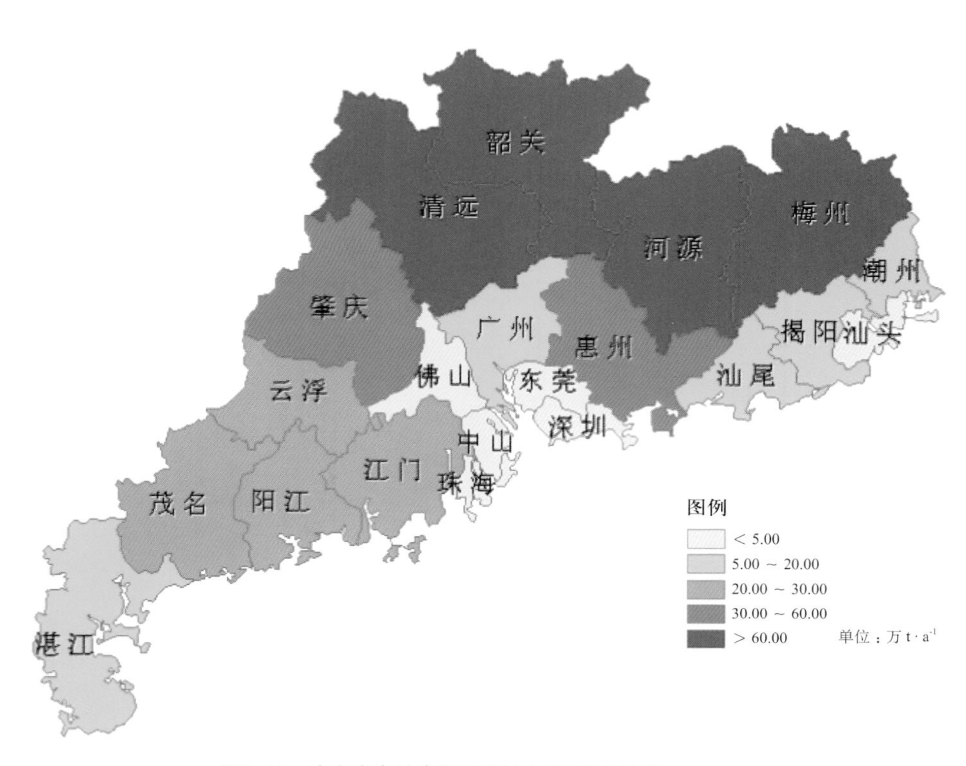

图5-16　广东省森林生态系统林木积累K功能图

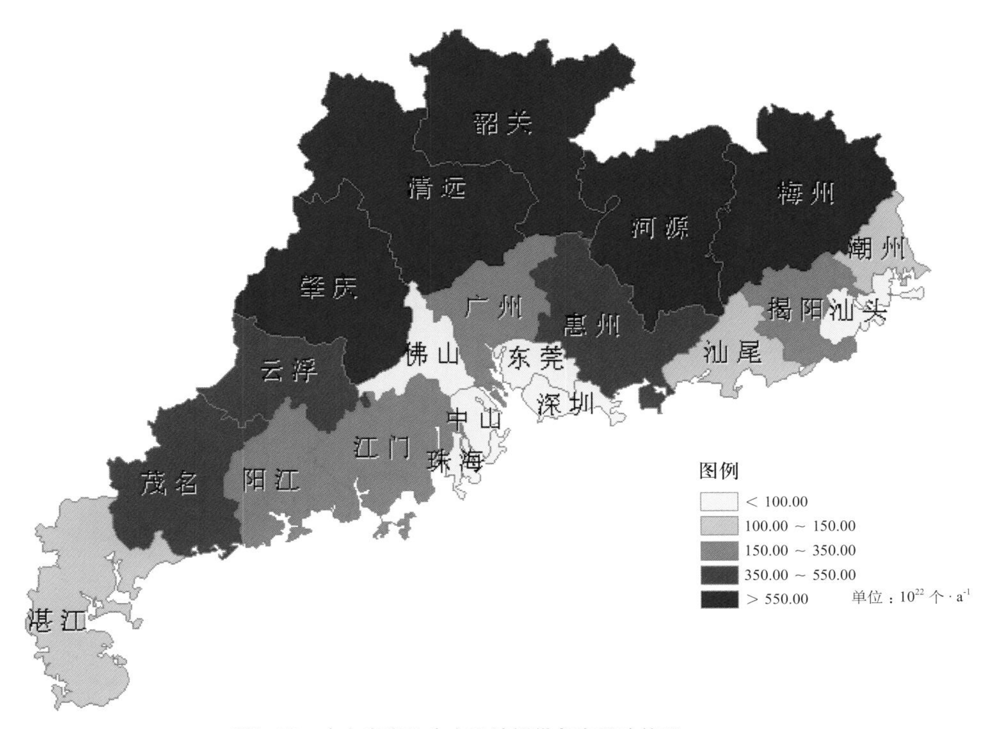

图5-17 广东省森林生态系统提供负离子功能图

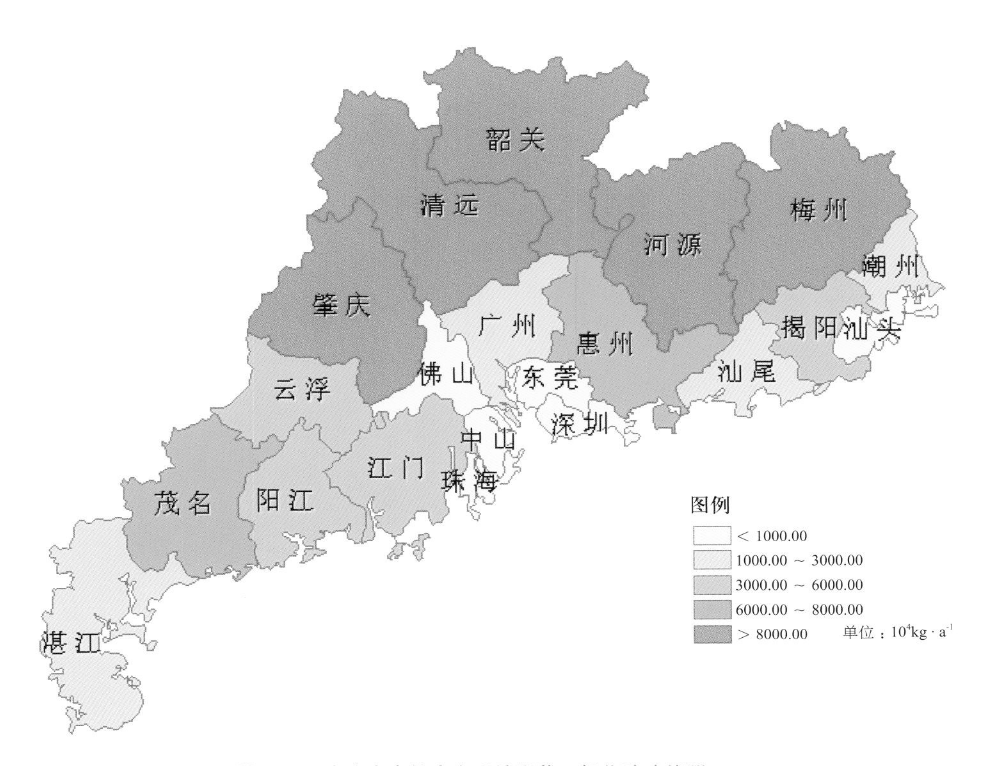

图5-18 广东省森林生态系统吸收二氧化硫功能图

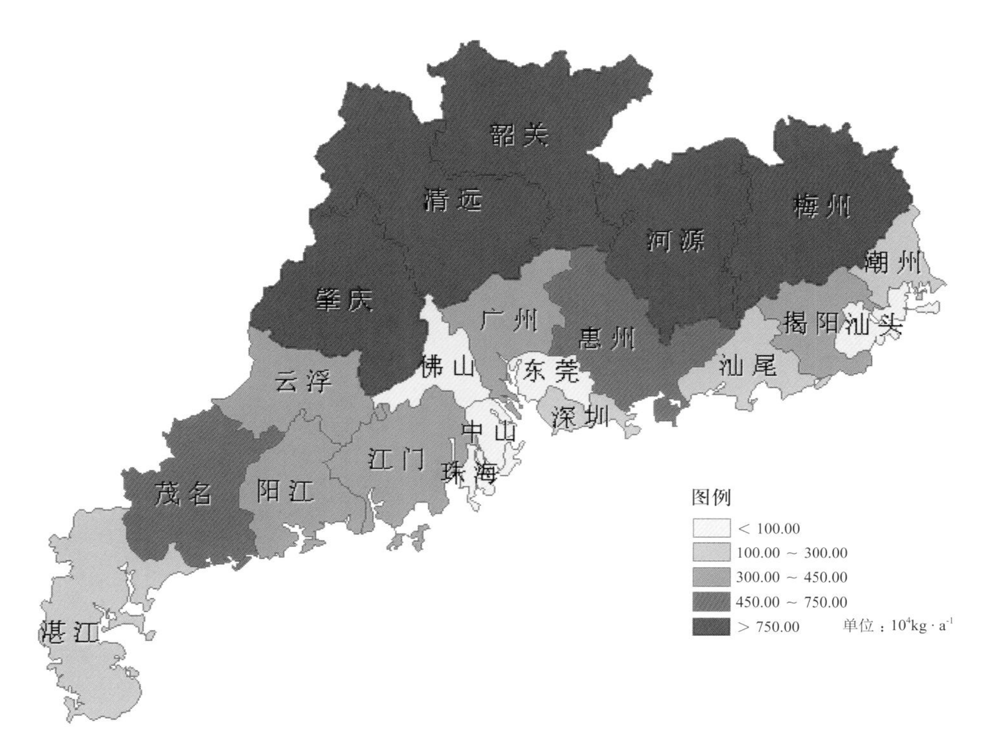

图5-19　广东省森林生态系统吸收氟化物功能图

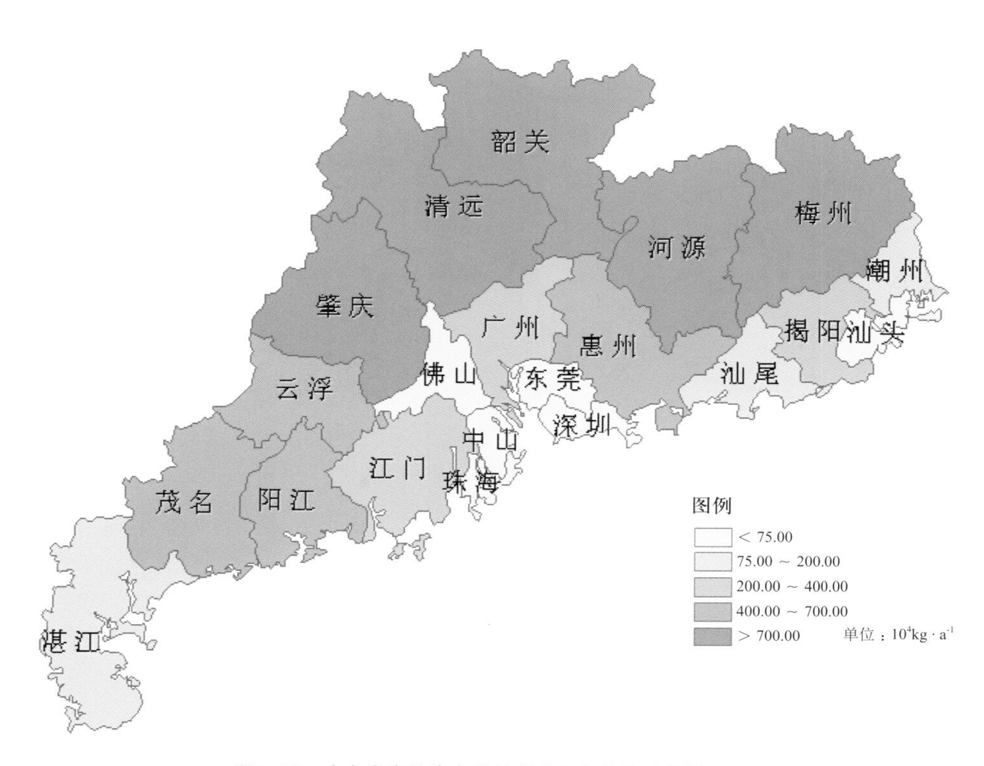

图5-20　广东省森林生态系统吸收氮氧化物功能图

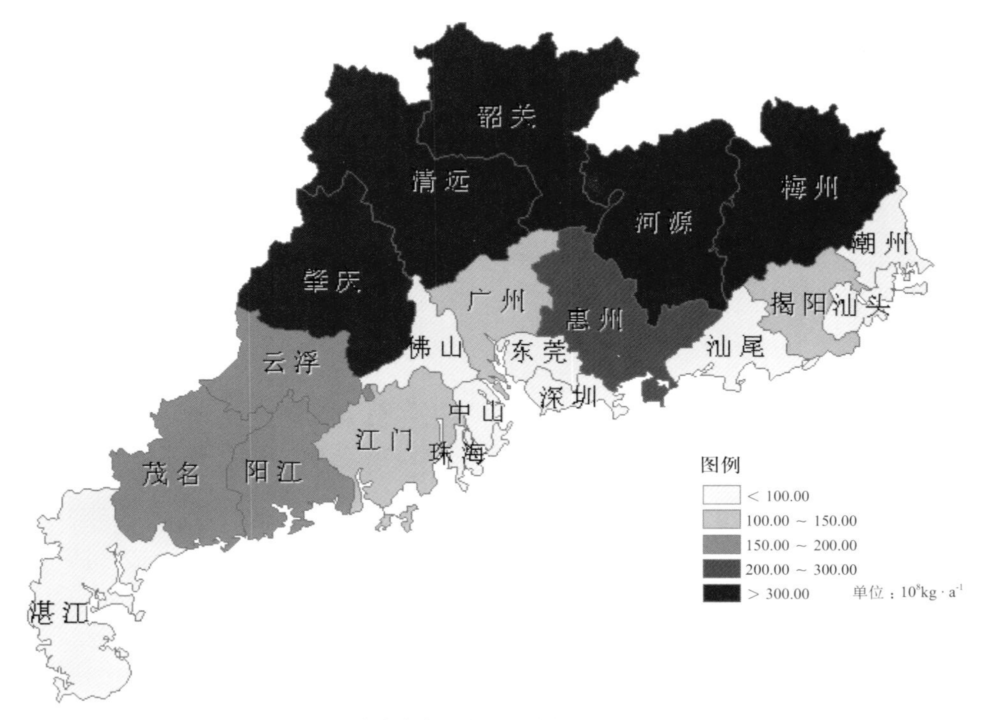

图5-21 广东省森林生态系统滞尘功能图

从以上结果与各市森林面积比较也可以看出，各市的森林生态系统服务功能总物质量与其森林面积密切相关，如森林面积排在最前的清远市、韶关市、河源市均处于各指标物质量的前几位，而面积较少的珠海市和中山市的各指标物质量几乎都排在最后。

（2）*单位面积物质量*

广东省各市森林生态系统主要服务功能单位面积物质量在全省分布情况见功能图 5-22 至图 5-37：

单位面积森林涵养水源量位于 2 100.91 ～ 6 062.39 $m^3 \cdot hm^{-2} \cdot a^{-1}$，各市由大到小的顺序为清远市＞中山市＞河源市＞汕尾市＞珠海市＞深圳市＞韶关市＞省属林场＞潮州市＞惠州市＞梅州市＞汕头市＞广州市＞揭阳市＞云浮市＞肇庆市＞阳江市＞佛山市＞茂名市＞东莞市＞江门市＞湛江市。

单位面积固土量位于 19.33 ～ 50.46 $t \cdot hm^{-2} \cdot a^{-1}$，各市由大到小的顺序为珠海市 > 省属林场 > 惠州市 > 湛江市 > 江门市 > 中山市 > 梅州市 > 汕尾市 > 河源市 > 清远市 > 韶关市 > 肇庆市 > 佛山市 > 阳江市 > 广州市 > 揭阳市 > 云浮市 > 汕头市 > 茂名市 > 潮州市 > 深圳市。

保肥指标中减少土壤中 N 损失量位于 0.023 ～ 0.080 $t \cdot hm^{-2} \cdot a^{-1}$，各市从大到小的顺序为：珠海市 > 东莞市 > 汕头市 > 广州市 > 揭阳市 > 茂名市 > 肇庆市 > 清远市 > 中山市 > 阳江市 > 汕尾市 > 惠州市 > 韶关市 > 江门市 > 云浮市 > 河源市 > 梅州市＞省属林场 > 佛山市 > 湛江市 > 深圳市 > 潮州市。

减少土壤中 P 损失量位于 0.011 ～ 0.029 $t \cdot hm^{-2} \cdot a^{-1}$，各市从大到小的顺序为：珠海市 > 省属林场 > 中山市 > 惠州市 > 汕头市 > 清远市 > 东莞市 > 广州市 > 韶关市 > 揭阳市 > 汕尾市

> 阳江市 > 河源市 > 梅州市 > 茂名市 > 江门市 > 云浮市 > 肇庆市 > 佛山市 > 湛江市 > 潮州市 > 深圳市。

减少土壤中 K 损失量位于 0.37 ~ 0.96$t \cdot hm^{-2} \cdot a^{-1}$，各市从大到小的顺序为：珠海市 > 省属林场 > 中山市 > 韶关市 > 清远市 > 惠州市 > 汕头市 > 广州市 > 揭阳市 > 梅州市 > 河源市 > 阳江市 > 汕尾市 > 云浮市 > 肇庆市 > 东莞市 > 佛山市 > 江门市 > 茂名市 > 潮州市 > 湛江市 > 深圳市。

减少土壤中有机质损失量位于 0.38 ~ 0.97 $t \cdot hm^{-2} \cdot a^{-1}$，各市从大到小的顺序为：珠海市 > 省属林场 > 清远市 > 韶关市 > 惠州市 > 广州市 > 中山市 > 河源市 > 梅州市 > 肇庆市 > 汕尾市 > 阳江市 > 揭阳市 > 江门市 > 汕头市 > 佛山市 > 云浮市 > 茂名市 > 东莞市 > 湛江市 > 潮州市 > 深圳市。

单位面积固碳量位于 1.67 ~ 5.09 $t \cdot hm^{-2} \cdot a^{-1}$，各市从大到小的顺序为：珠海市 > 省属林场 > 河源市 > 惠州市 > 湛江市 > 中山市 > 韶关市 > 广州市 > 梅州市 > 阳江市 > 肇庆市 > 汕尾市 > 清远市 > 汕头市 > 江门市 > 佛山市 > 潮州市 > 揭阳市 > 云浮市 > 茂名市 > 东莞市 > 深圳市。

单位面积释氧量位于 4.09 ~ 12.61 $t \cdot hm^{-2} \cdot a^{-1}$，各市从大到小的顺序为：珠海市 > 省属林场 > 河源市 > 惠州市 > 湛江市 > 中山市 > 韶关市 > 广州市 > 梅州市 > 阳江市 > 肇庆市 > 汕尾市 > 清远市 > 汕头市 > 江门市 > 佛山市 > 潮州市 > 揭阳市 > 云浮市 > 茂名市 > 东莞市 > 深圳市。

林木营养积累指标中单位面积林木积累 N 量位于 22.85 ~ 84.25 $kg \cdot hm^{-2} \cdot a^{-1}$，各市从大到小的顺序为：珠海市 > 中山市 > 汕头市 > 广州市 > 韶关市 > 河源市 > 惠州市 > 梅州市 > 清远市 > 省属林场 > 潮州市 > 汕尾市 > 阳江市 > 揭阳市 > 肇庆市 > 佛山市 > 云浮市 > 东莞市 > 江门市 > 茂名市 > 湛江市 > 深圳市。

林木营养积累指标中单位面积林木积累 P 量位于 2.64 ~ 8.55 $kg \cdot hm^{-2} \cdot a^{-1}$，各市从大到小的顺序为：珠海市 > 惠州市 > 河源市 > 中山市 > 广州市 > 韶关市 > 清远市 > 省属林场 > 阳江市 > 梅州市 > 汕尾市 > 汕头市 > 肇庆市 > 江门市 > 潮州市 > 揭阳市 > 湛江市 > 佛山市 > 云浮市 > 东莞市 > 茂名市 > 深圳市。

林木营养积累指标中单位面积林木积累 K 量位于 12.99 ~ 47.29 $kg \cdot hm^{-2} \cdot a^{-1}$，各市从大到小的顺序为：珠海市 > 中山市 > 汕头市 > 广州市 > 韶关市 > 惠州市 > 河源市 > 清远市 > 省属林场 > 梅州市 > 潮州市 > 揭阳市 > 汕尾市 > 阳江市 > 东莞市 > 肇庆市 > 佛山市 > 江门市 > 湛江市 > 云浮市 > 茂名市 > 深圳市。

单位面积提供负离子个数位于 3.21 × 1018 ~ 9.89 × 1018 个 $\cdot hm^{-2} \cdot a^{-1}$，各市从大到小的顺序为：珠海市 > 梅州市 > 肇庆市 > 韶关市 > 河源市 > 云浮市 > 中山市 > 佛山市 > 惠州市 > 省属林场 > 潮州市 > 阳江市 > 汕头市 > 揭阳市 > 广州市 > 汕尾市 > 茂名市 > 清远市 > 江门市 > 东莞市 > 湛江市 > 深圳市。

单位面积吸收二氧化硫量位于 51.69 ~ 163.66 $kg \cdot hm^{-2} \cdot a^{-1}$，各市从大到小的顺序为：省属林场 > 佛山市 > 韶关市 > 珠海市 > 清远市 > 阳江市 > 河源市 > 云浮市 > 梅州市 > 肇庆市 > 茂名市 > 潮州市 > 揭阳市 > 惠州市 > 江门市 > 汕尾市 > 广州市 > 中山市 > 汕头市 > 东莞市 > 湛江市 > 深圳市。

单位面积吸收氟化物量位于 5.82 ~ 19.33 $kg \cdot hm^{-2} \cdot a^{-1}$，各市从大到小的顺序为：珠海市 > 中山市 > 汕头市 > 广州市 > 东莞市 > 揭阳市 > 潮州市 > 韶关市 > 惠州市 > 清远市 > 肇庆市 > 梅州市 > 汕尾市 > 河源市 > 云浮市 > 阳江市 > 茂名市 > 省属林场 > 江门市 > 佛山市

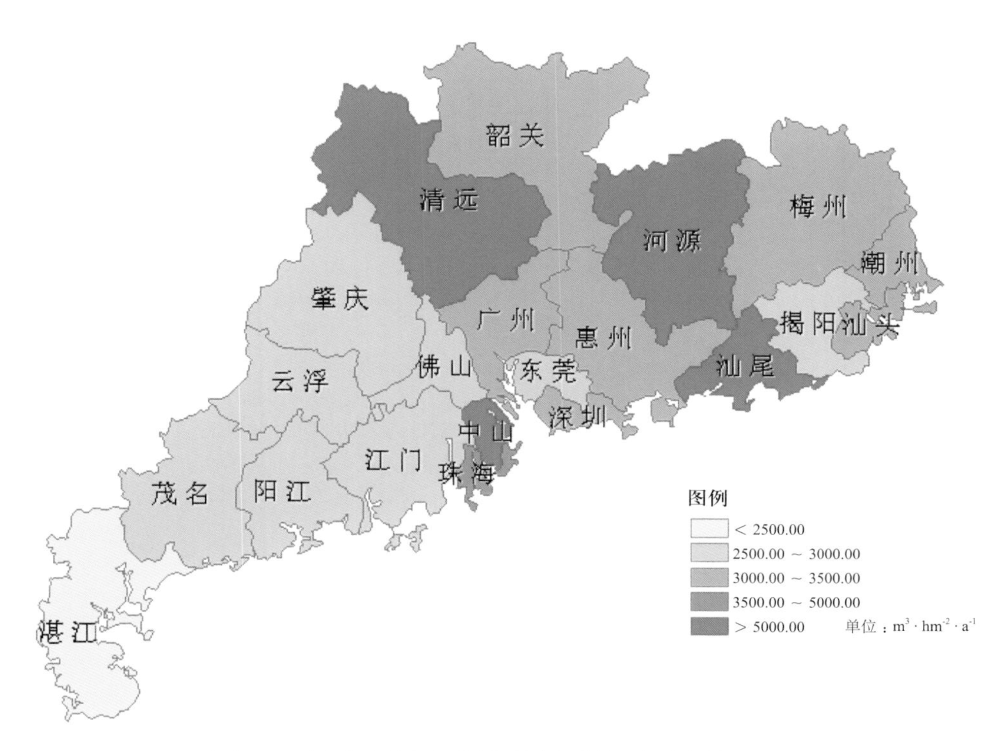

图5-22　广东省森林生态系统调节水量单位面积功能图

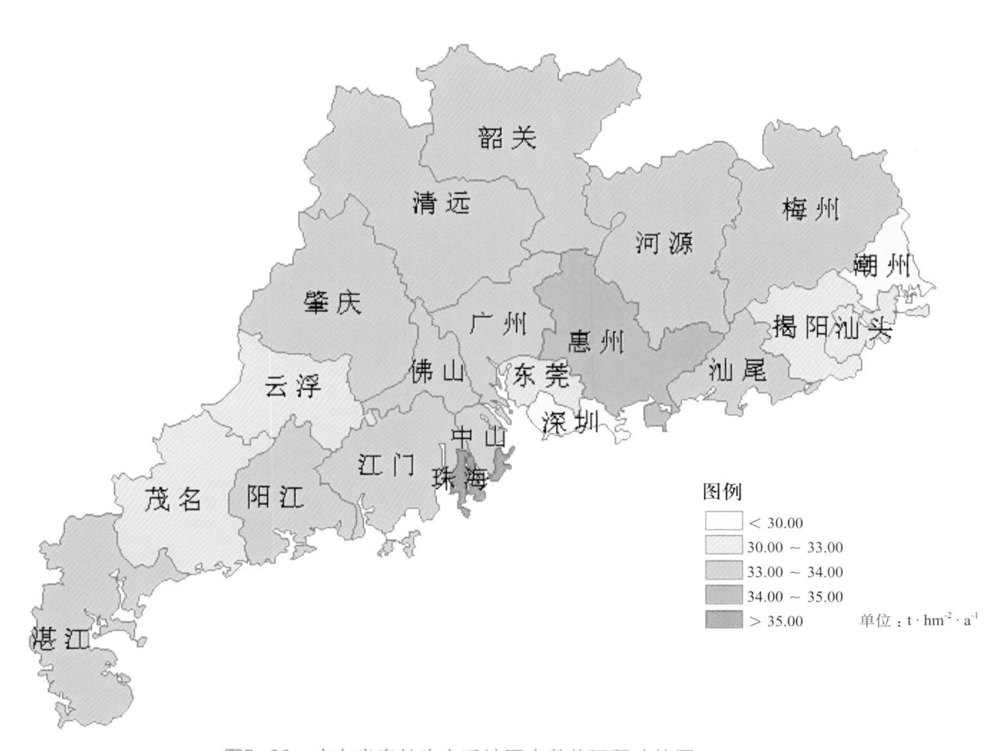

图5-23　广东省森林生态系统固土单位面积功能图

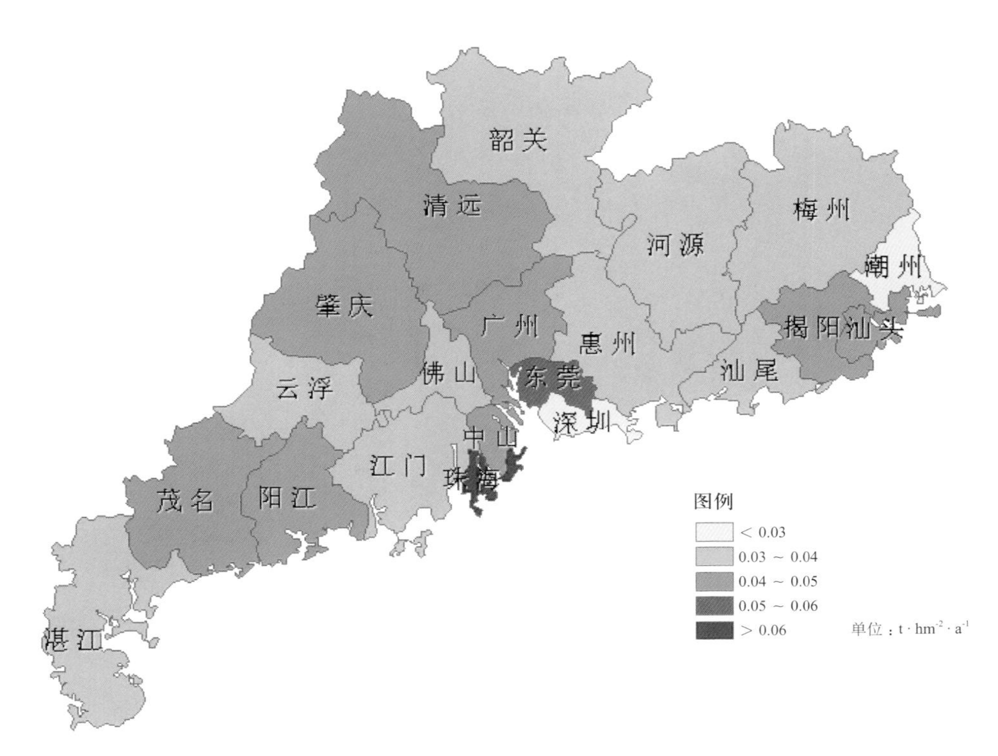

图5-24　广东省森林生态系统减少N损失单位面积功能图

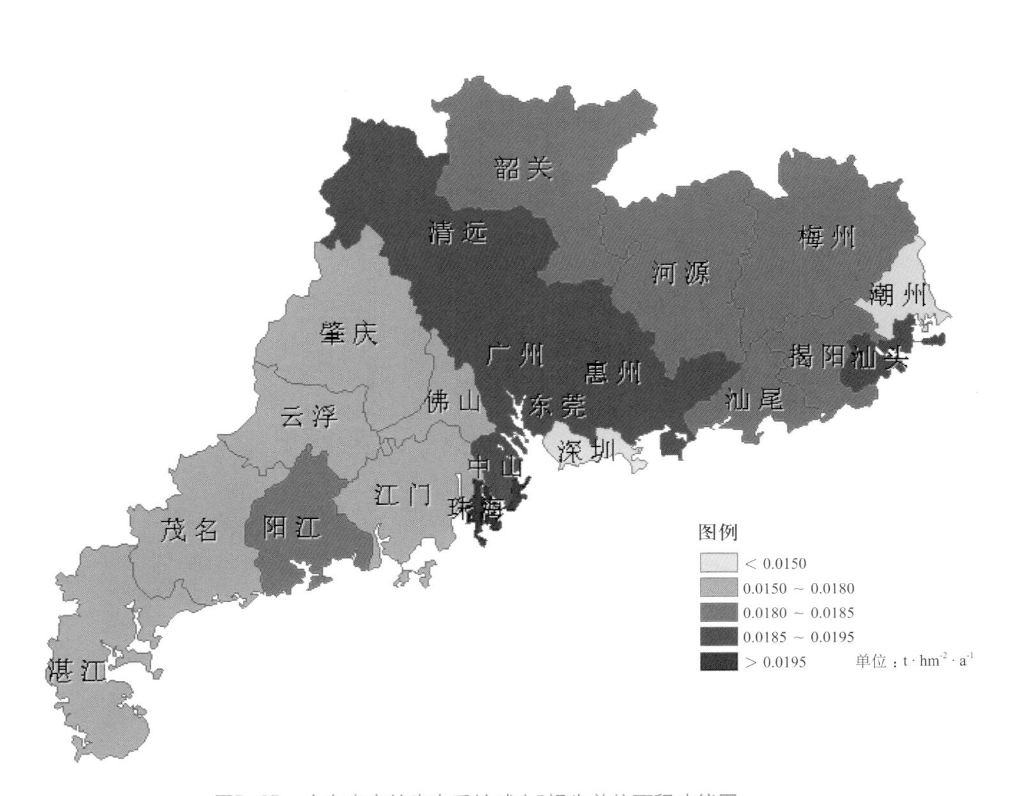

图5-25　广东省森林生态系统减少P损失单位面积功能图

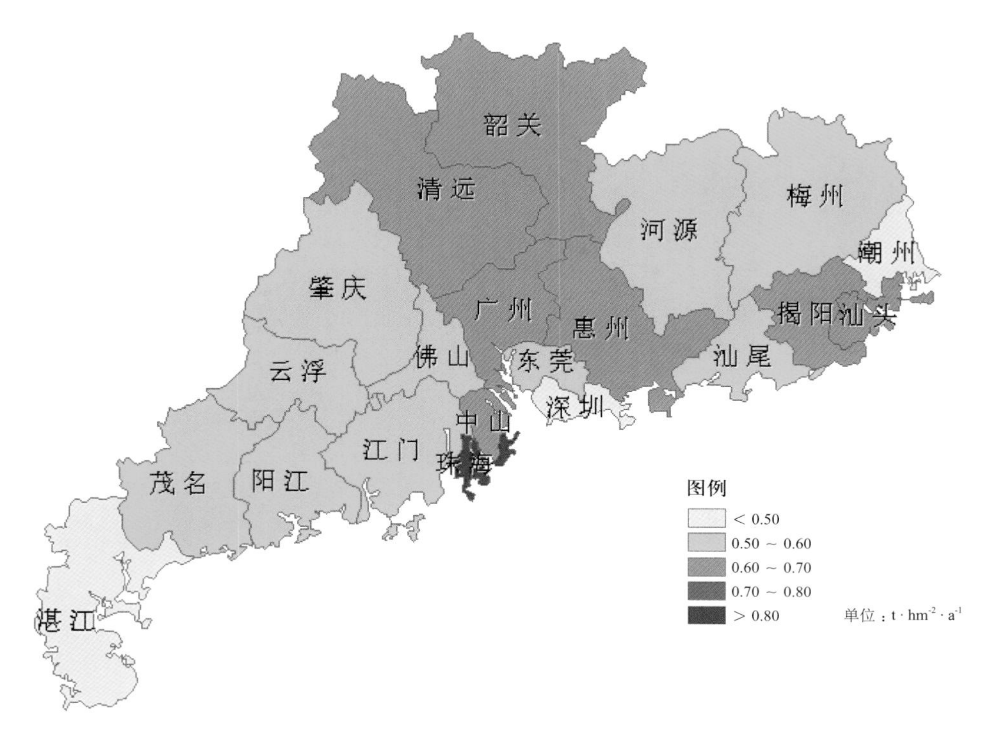

图5-26 广东省森林生态系统减少K损失单位面积功能图

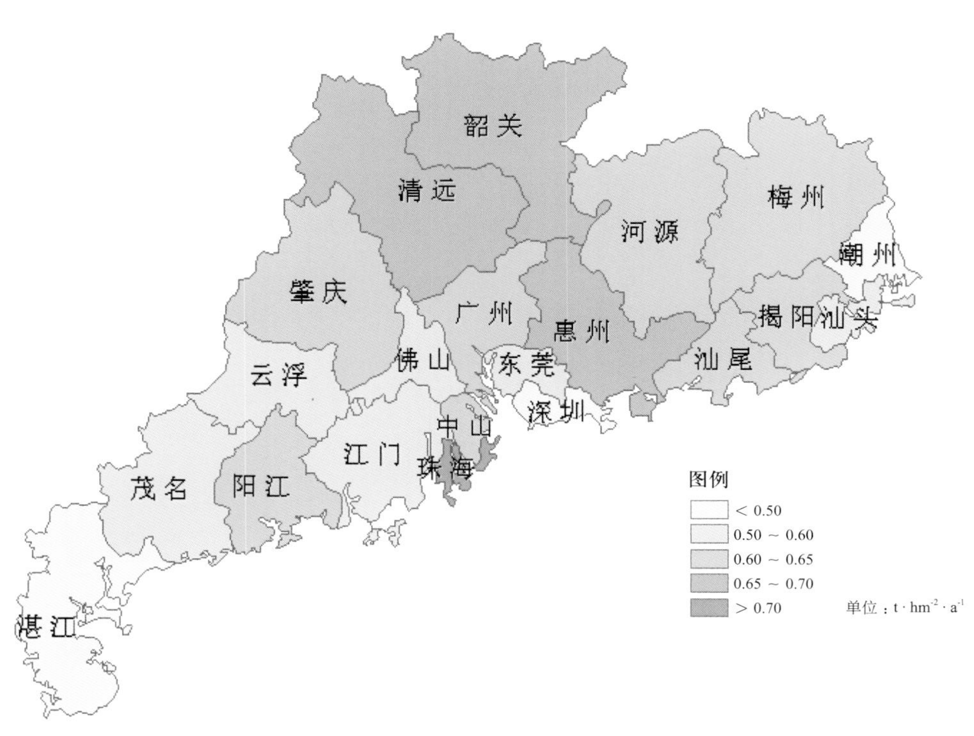

图5-27 广东省森林生态系统减少有机质损失单位面积功能图

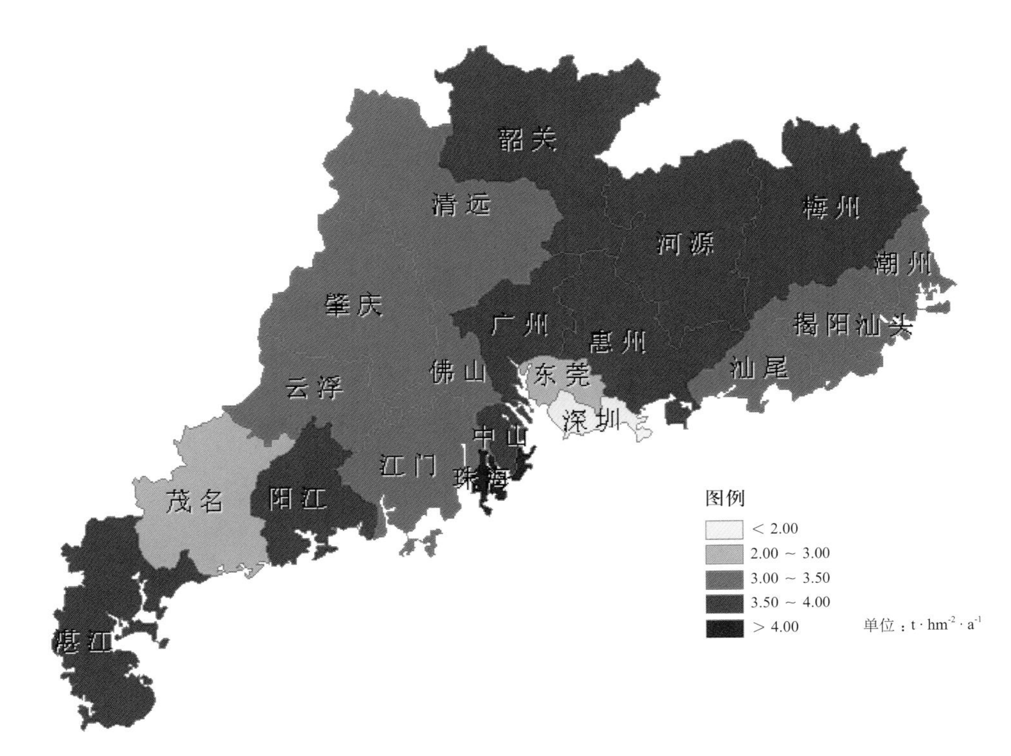

图5-28 广东省森林生态系统固碳单位面积功能图

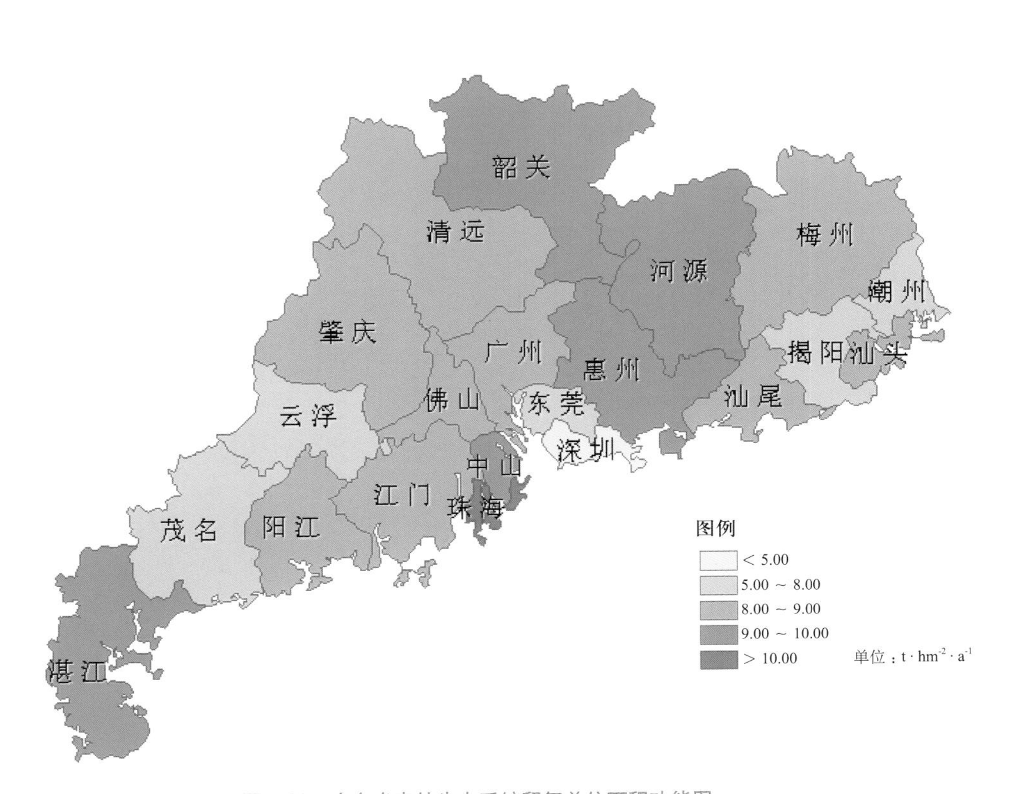

图5-29 广东省森林生态系统释氧单位面积功能图

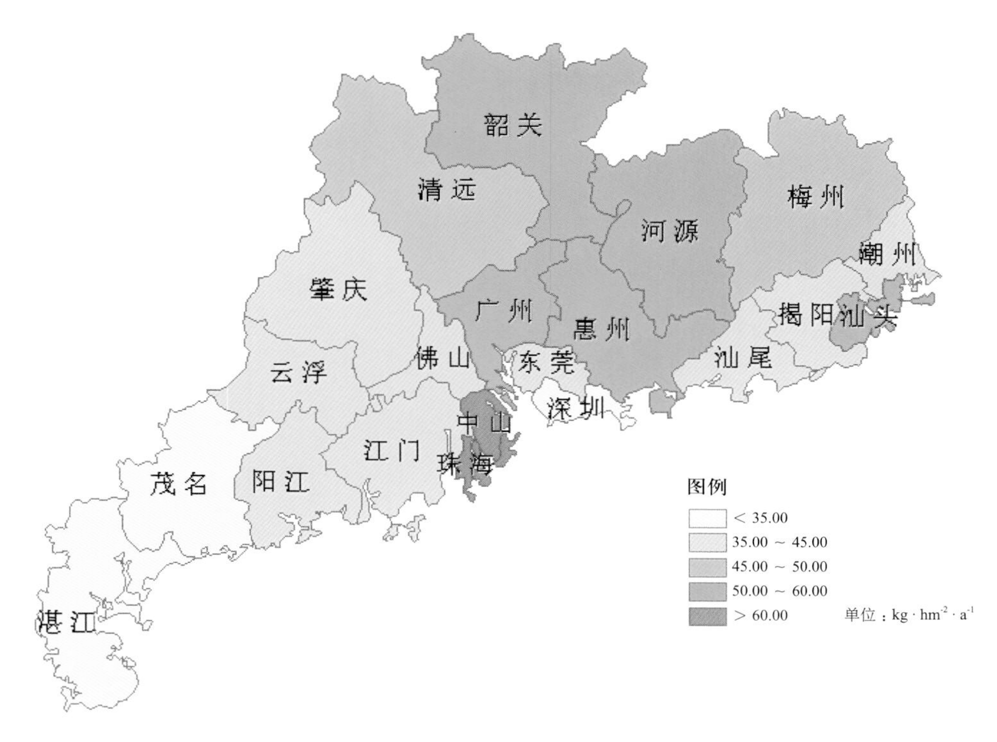

图5-30 广东省森林生态系统林木积累N单位面积功能图

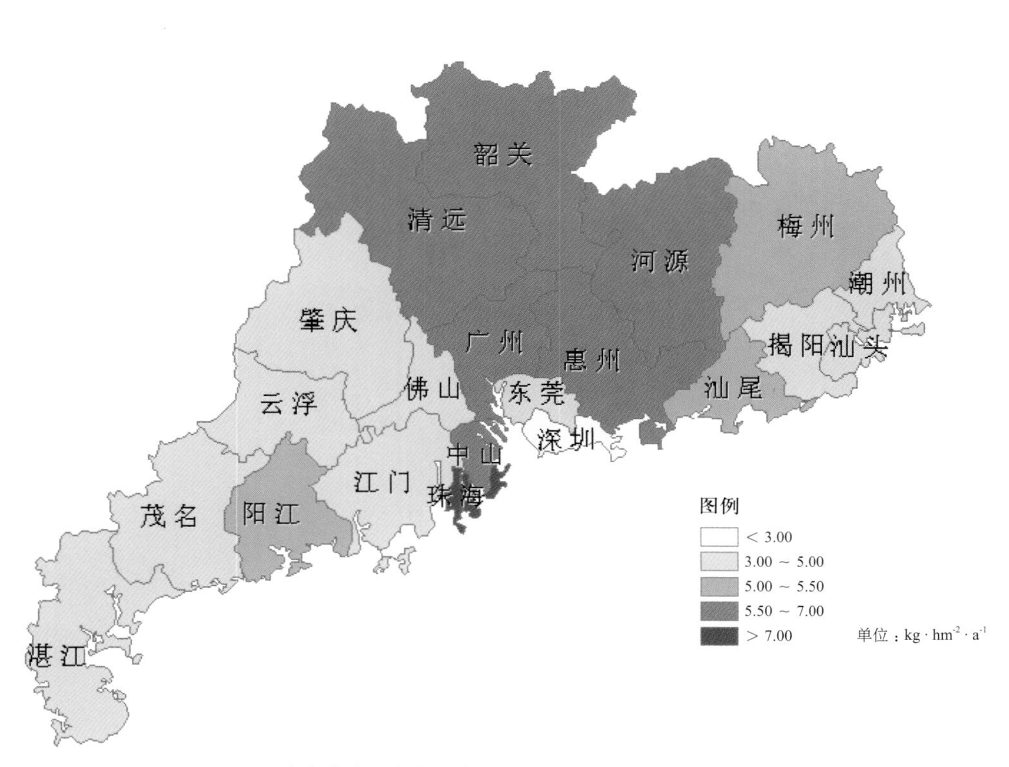

图5-31 广东省森林生态系统林木积累P单位面积功能图

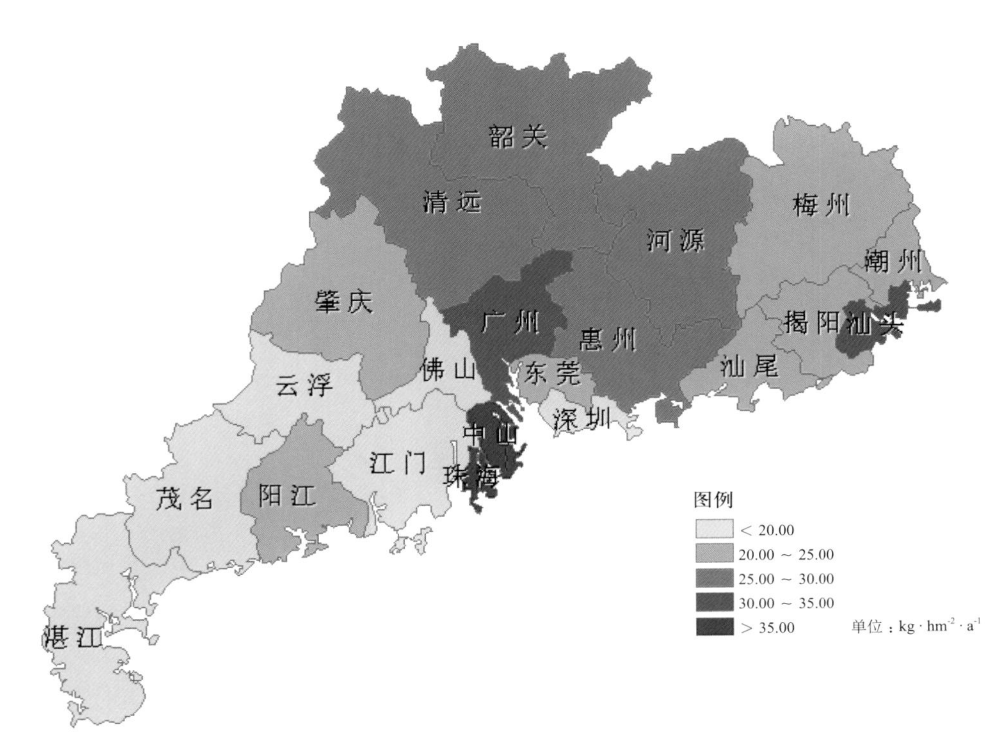

图5-32　广东省森林生态系统林木积累K单位面积功能图

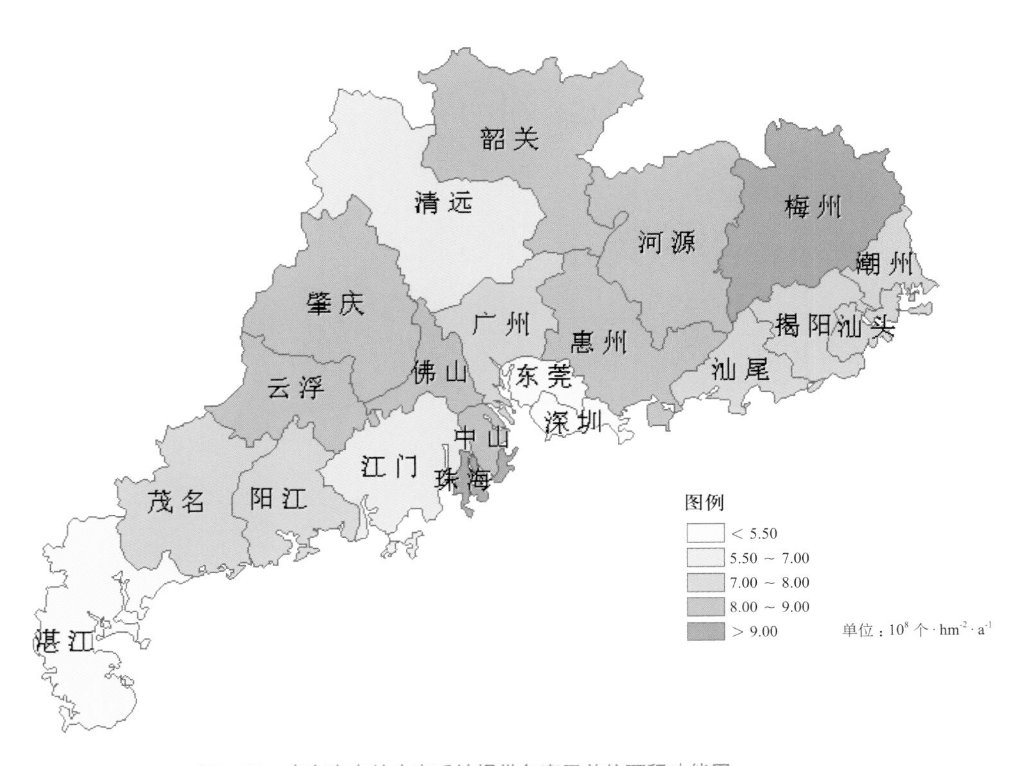

图5-33　广东省森林生态系统提供负离子单位面积功能图

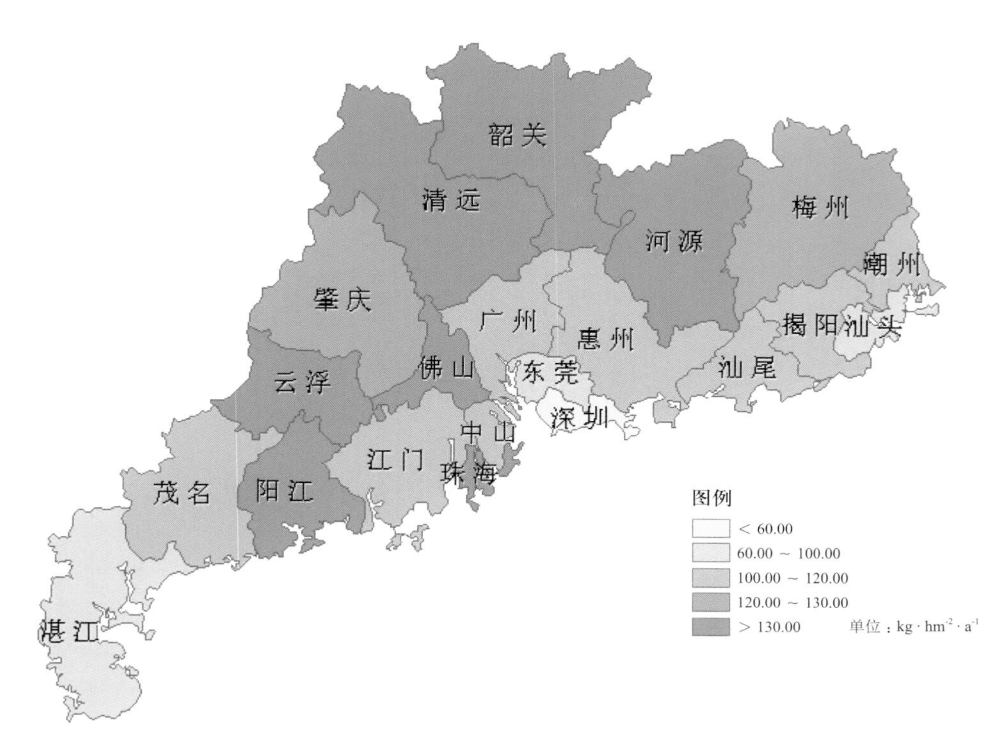

图5-34 广东省森林生态系统吸收二氧化硫单位面积功能图

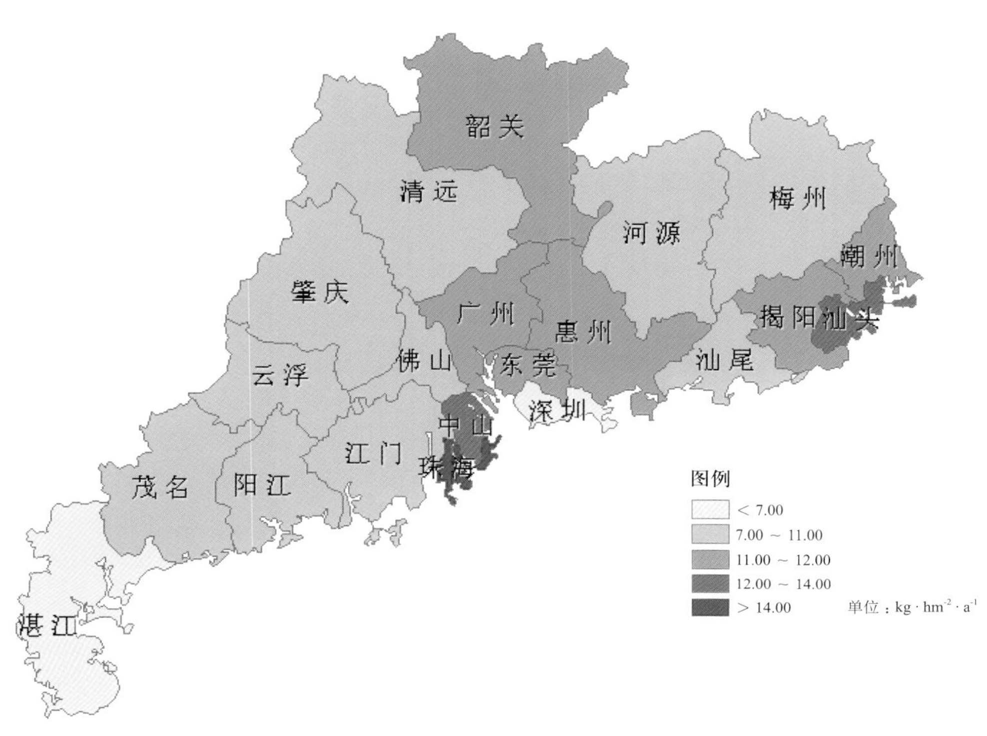

图5-35 广东省森林生态系统吸收氟化物单位面积功能图

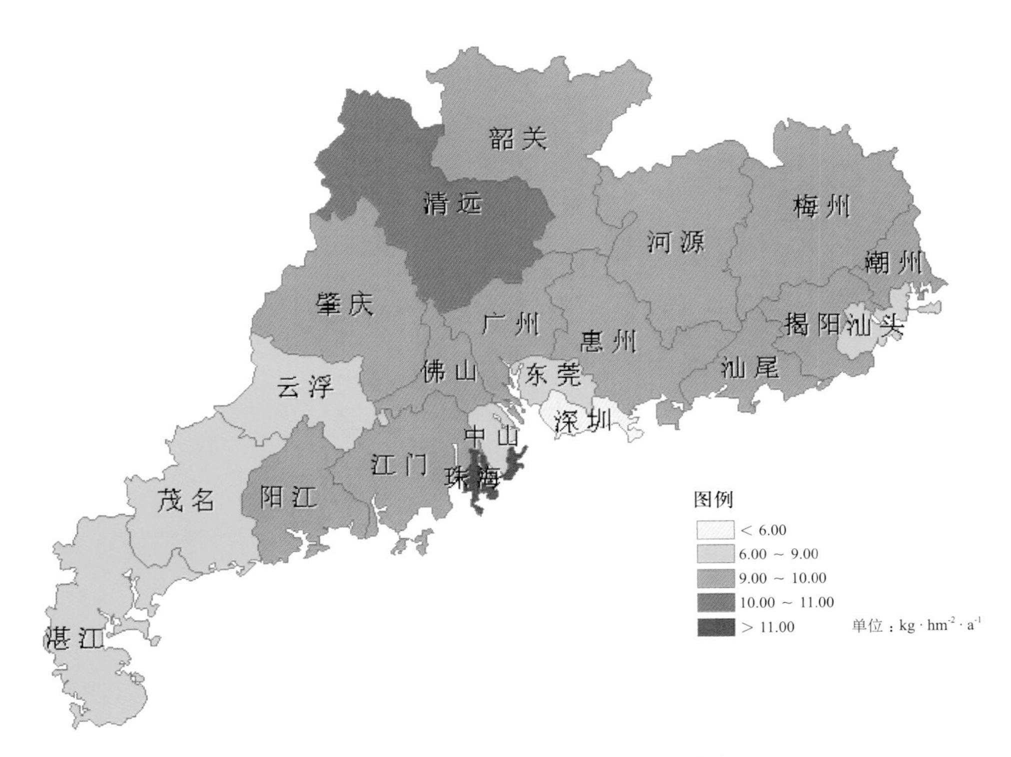

图5-36　广东省森林生态系统吸收氮氧化物单位面积功能图

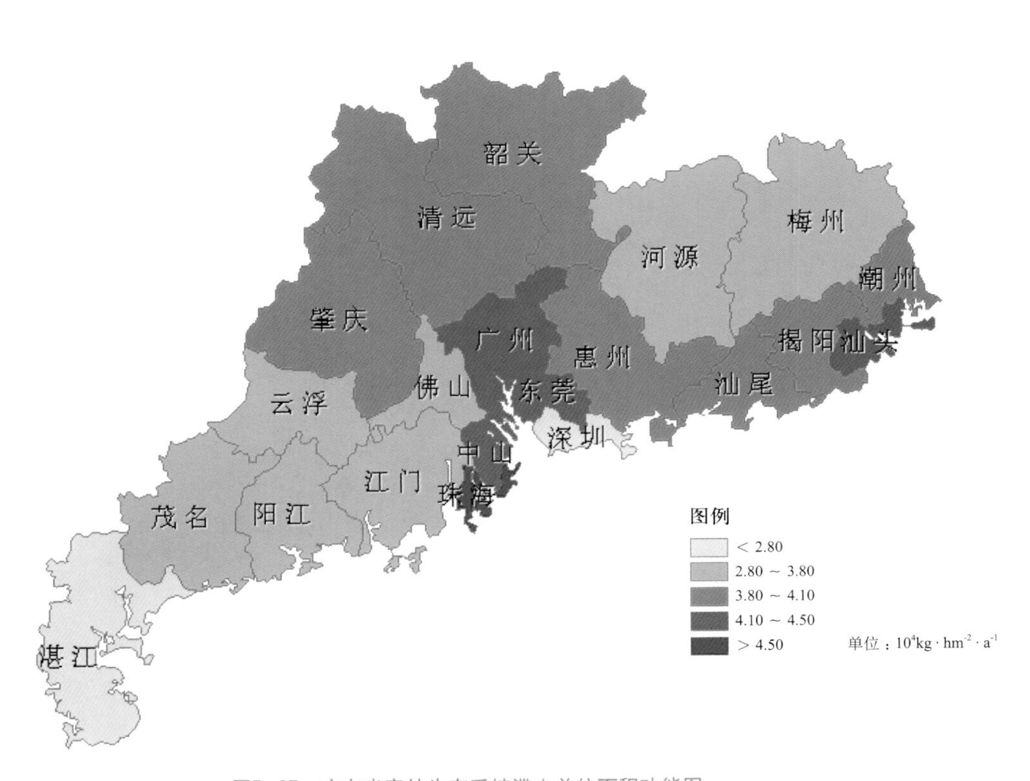

图5-37　广东省森林生态系统滞尘单位面积功能图

> 深圳市 > 湛江市。

单位面积吸收氮氧化物量位于 5.82 ～ 14.17 $kg \cdot hm^{-2} \cdot a^{-1}$，各市从大到小的顺序为：珠海市 > 清远市 > 韶关市 > 阳江市 > 惠州市 > 肇庆市 > 河源市 > 揭阳市 > 广州市 > 潮州市 > 江门市 > 佛山市 > 汕尾市 > 梅州市 > 东莞市 > 云浮市 > 茂名市 > 汕头市 > 中山市 > 湛江市 > 深圳市。

单位面积滞尘量位于 1.06 万～ 3.34 万 $kg \cdot hm^{-2} \cdot a^{-1}$，各市从大到小的顺序为：珠海市 > 中山市 > 东莞市 > 汕头市 > 广州市 > 清远市 > 韶关市 > 揭阳市 > 惠州市 > 肇庆市 > 潮州市 > 汕尾市 > 阳江市 > 河源市 > 梅州市 > 茂名市 > 省属林场 > 云浮市 > 江门市 > 佛山市 > 湛江市 > 深圳市。

单位面积涵养水源量主要与林外降水量、蒸散量和快速径流量三个因素有关，基本上与广东省降水量分布趋势一致。总体趋势为：东北部＞西南部。单位面积固土量受无林地土壤侵蚀模数和林地土壤侵蚀模数两个因子影响，主要与土壤类型有关，森林的作用则排在第 2 位。拥有抗蚀能力强土壤的地市都排在前列，反之则在后面。总体趋势是：中部＞西部＞东部。单位面积保肥量与土壤中的有机质含量，即土壤类型关系密切。土壤肥沃，肥力好的土壤类型，保肥能力强。总体趋势为：中部＞西部和东部。从单位面积固碳量上看，影响其大小的指标主要是林分净生产力，主要在于树木的生长速度，树木生长速度快地区固碳量也较高。总体趋势是：东部＞西部。单位面积释氧量的变化趋势与固碳量一致。单位面积林木营养积累量与树木中营养元素 N、P、K 含量相关，但影响最大是净生产力。林木生长速度越快，积累营养物质越多。总体趋势为：东部＞西部。单位面积森林提供负离子量与优势树种林分类型密切相关外，还和空气湿度相关。因此，单位面积森林提供负离子量总体趋势为：中部＞东部和西部，其中处于中部沿海的深圳市的单位面积森林提供负离子量最高。

5.1.1.3 不同林分类型森林生态系统服务功能物质量分布格局

（1）总物质量

本报告中各优势树种林分类型的固碳量和固碳价值按照《森林生态系统服务功能评估规范》（LY/T1721-2008）林业行业标准计算出各林分类型潜在固碳量，未减去由于森林采伐消耗造成的碳损失量。

在本报告中将经济林和灌木林桉树种组对待，本报告共评估了 16 种树种组林分的生态服务功能。

不同优势树种林分类型的涵养水源功能位于 4 462.83 万 ～ 773 279.41 万 $m^3 \cdot a^{-1}$，其中马尾松组（20.88%）最大、其他软阔类（11.82%）、针阔混（9.28%）、杉木组（8.96%）、灌木林（8.19%）、阔叶混（8.16%）、桉树组（7.41%）、经济林（6.50%）、其他硬阔类（11.63%）、其他松类（3.80%）、针叶混（3.74%）、竹林组（3.32%）、相思组（0.75%）、木荷组（0.39%）、木麻黄组（0.28%）、红树林（0.12%）最小。

不同优势树种林分类型的固土功能位于 46.59 万～ 7 083.81 万 $t \cdot a^{-1}$，其中马尾松（21.82%）、桉树（12.00%）、其他软阔类（10.94%）、针阔混（8.31%）、杉木（7.18%）、其他硬阔类（6.74%）、灌木林（6.72%）、阔叶混（6.49%）、经济林（6.39%）、其他松类（4.18%）、针叶混（3.64%）、竹林（3.43%）、相思（1.32%）、木荷（0.41%）、木麻黄（0.27%）、红树林（0.14%）最小。

不同优势树种林分类型的土壤减少 N 损失量位于 0.08 万 ～ 5.97 万 $t \cdot a^{-1}$，其中其他软阔类（15.54%）、马尾松（14.39%）、经济林（14.24%）、灌木林（9.54%）、竹林（8.11%）、针阔混（6.96%）、桉树（6.39%）、阔叶混（6.04%）、杉木（5.83%）、其他硬阔类（5.13%）、其他

松类（2.76%）、针叶混（2.31%）、相思（1.88%）、木麻黄（0.38%）、木荷（0.31%）、红树林（0.20%）最小。

不同优势树种林分类型的土壤减少P损失量位于0.03万～3.61万$t\cdot a^{-1}$之间，其中马尾松(20.36%)、其他软阔类(11.21%)、桉树(10.75%)、针阔混(8.36%)、杉木(8.27%)、阔叶混(7.36%)、经济林（7.17%）、灌木林（6.88%）、其他硬阔类（6.78%）、其他松类（3.90%）、针叶混（3.86%）、竹林（2.89%）、相思（1.36%）、木荷（0.41%）、木麻黄（0.27%）、红树林（0.15%）最小。

不同优势树种林分类型的土壤减少K损失量位于0.91万～118.30万$t\cdot a^{-1}$，其中马尾松(20.46%)、其他软阔类（11.97%）、针阔混（9.33%）、其他硬阔类（8.53%）、阔叶混（8.35%）、杉木（8.24%）、灌木林（7.35%）、桉树（6.78%）、经济林（5.96%）、针叶混（3.98%）、其他松类（3.92%）、竹林（2.72%）、相思（1.45%）、木荷（0.52%）、木麻黄（0.29%）、红树林（0.41%）最小。

不同优势树种林分类型的土壤减少有机质损失量位于1.11万～113.06万$t\cdot a^{-1}$，其中马尾松（18.41%）、其他软阔类（13.72%）、针阔混（8.73%）、其他硬阔类（8.23%）、灌木林（8.42%）、桉树（8.23%）、阔叶混（8.13%）、杉木（7.83%）、经济林（5.23%）、竹林（4.26%）、其他松类(3.53%)、针叶混（3.20%）、相思（0.97%）、木荷（0.51%）、木麻黄（0.20%）、红树林（0.18%）最小。

不同优势树种林分类型的固碳功能位于2.20万～537.55万$t\cdot a^{-1}$之间（折算成吸收二氧化碳8.07万～1971.94万$t\cdot a^{-1}$之间），其中马尾松（15.73%）、其他软阔类（15.10%）、桉树(13.74%)、针阔混（10.42%）、杉木（9.37%）、其他硬阔类（8.01%）、阔叶混（7.43%）、针叶混(5.89%)、经济林(3.39%)、灌木林(3.07%)、其他松类(3.01%)、竹林(2.63%)、相思(1.38%)、木荷（0.49%）、木麻黄（0.28%）、红树林（0.06%）最小。

不同优势树种林分类型的释氧功能位于4.99万～1 311.33万$t\cdot a^{-1}$，其中其他软阔类(15.43%)、马尾松（15.29%）、桉树（13.90%）、针阔混（10.59%）、杉木（9.48%）、其他硬阔类（8.13%）、阔叶混（7.51%）、针叶混（6.05%）、经济林（3.09%）、其他松类（2.93%）、灌木林（2.80%）、竹林（2.57%）、相思（1.39%）、木荷（0.49%）、木麻黄（0.28%）、红树林（0.06%）最小。

不同优势树种林分类型的林木营养积累N位于0.03万～9.01万$t\cdot a^{-1}$之间，其中阔叶混(19.97%)、其他软阔类（15.63%）、马尾松（14.94%）、针阔混（12.27%）、杉木（7.99%）、其他硬阔类（6.95%）、桉树（6.10%）、针叶混（5.60%）、其他松类（2.86%）、灌木林（2.84%）、相思(1.58%)、经济林(1.36%)、竹林(1.12%)、木荷(0.42%)、木麻黄(0.32%)、红树林(0.06%)最小。

不同优势树种林分类型的林木营养积累P位于0.01万～1.37万$t\cdot a^{-1}$之间，其中其他软阔类(26.14%）最大，针阔混（11.43%）、阔叶混（10.46%）、桉树（10.26%）、马尾松（9.82%）、其他硬阔类(7.99%)、杉木(7.02%)、灌木林(4.74%)、针叶混(4.19%)、经济林(2.28%)、竹林(1.89%)、其他松类（1.88%）、相思（1.09%）、木荷（0.49%）、木麻黄（0.22%）、红树林（0.10%）最小。

不同优势树种林分类型的林木营养积累K位于0.02万～4.67万$t\cdot a^{-1}$之间，其中阔叶混(19.60%)、针阔混（17.52%）、其他软阔类（17.49%）、杉木（10.51%）、桉树（8.72%）、其他硬阔类（7.44%）、马尾松（4.36%）、针叶混（4.22%）、灌木林（3.17%）、经济林（1.94%）、相思（1.73%）、竹林（1.61%）、其他松类（0.83%）、木荷（0.45%）、木麻黄（0.35%）、红树

林（0.07%）最小。

不同优势树种林分类型提供负离子位于 17.18 $\times 10^{22}$ ～ 2 181.91 $\times 10^{22}$ 个 · a^{-1}，其中马尾松（27.75%）、其他软阔类（22.39%）、针阔混（9.53%）、竹林（7.93%）、阔叶混（7.66%）、其他硬阔类（6.68%）、桉树（6.58%）、杉木（6.47%）、其他松类（5.32%）、针叶混（4.69%）、经济林（2.54%）、灌木林（1.48%）、相思（1.35%）、木荷（0.41%）、木麻黄（0.22%）最小。

吸收二氧化硫功能位于 224.65 ～ 32 020.32 万 kg·a^{-1}，其中杉木（26.37%）、马尾松（20.32%）、桉树（8.33%）、其他软阔类（7.72%）、针阔混（6.84%）、经济林（5.20%）、灌木林（4.71%）、其他硬阔类（4.68%）、阔叶混（4.58%）、其他松类（3.89%）、针叶混（3.53%）、竹林（2.45%）、相思（0.91%）、木荷（0.28%）、木麻黄（0.18%）最小。

不同优势树种林分类型吸收氟化物功能位于 29.90 万～ 2 067.30 万 kg · a^{-1}，其中马尾松（19.85%）、其他软阔类（12.59%）、阔叶混（10.84%）、针阔混（10.36%）、经济林（8.48%）、灌木林（7.68%）、其它硬阔类（6.90%）、竹林（5.80%）、桉树（4.60%）、其他松类（3.80%）、针叶混（3.71%）、杉木（3.20%）、相思（1.49%）、木荷（0.42%）、木麻黄（0.29%）最小。

不同优势树种林分类型吸收氮氧化物功能位于 22.50 ～ 1 660.12 万 kg · a^{-1}，其中马尾松（18.01%）、其他软阔类（12.99%）、杉木（11.17%）、桉树（9.19%）、灌木林（7.92%）、其他硬阔类（7.74%）、针阔混（7.43%）、经济林（7.08%）、竹林（4.84%）、阔叶混（4.30%）、针叶混（3.62%）、其他松类（3.45%）、相思（1.54%）、木荷（0.47%）、木麻黄（0.24%）最小。

不同优势树种林分类型滞尘功能位于 114 615.99 万～ 7 230 300.20 万 kg · a^{-1}，其中马尾松（19.21%）、其他软阔类（12.70%）、阔叶混（9.72%）、经济林（8.56%）、灌木林（7.75%）、针阔混（7.49%）、桉树（7.34%）、杉木（6.62%）、其他硬阔类（5.86%）、竹林（5.20%）、针叶混（3.71%）、其他松类（3.68%）、相思（1.50%）、木荷（0.36%）、木麻黄（0.30%）最小。

通过以上结果可以看出，各优势树种林分类型服务功能总物质量与森林面积变化的存在显著的相关性，广东省森林资源面积主要以马尾松和其他阔叶类树种为主，相应的森林生态系统服务功能物质量也排在各功能的前列，而木荷、木麻黄和红树林组由于分布面积最少，排在各功能物质量的最后。

（2）单位面积物质量

广东省不同优势树种林分类型森林生态系统服务功能单位面积物质量结果如下：

涵养水源指标位于 2 215.70 ～ 4 813.98 $m^3 \cdot hm^{-2} \cdot a^{-1}$，各林型从大到小的顺序为：阔叶混 > 灌木林 > 针阔混 > 木麻黄组 > 杉木组 > 其他软阔类 > 针叶混 > 其他硬阔类 > 马尾松 > 竹林 > 木荷组 > 经济林 > 红树林 > 其他松类 > 桉树组 > 相思组。

固土指标位于 27.64 ～ 35.42t · $hm^{-2} \cdot a^{-1}$，各林型从大到小的顺序为：木麻黄组 > 相思组 > 桉树组 > 木荷组 > 其他硬阔类 > 马尾松组 > 阔叶混 > 其他软阔类 > 针阔混 > 竹林 > 针叶混 > 灌木林 > 杉木组 > 经济林 > 其他松类。

森林减少土壤的 N 损失量位于 0.02 ～ 0.09 t · $hm^{-2} \cdot a^{-1}$，各林型从大到小的顺序为：竹林 > 经济林 > 木麻黄组 > 相思组 > 其他软阔类 > 灌木林 > 阔叶混 > 针阔混 > 木荷组 > 其他硬阔类 > 杉木组 > 马尾松组 > 针叶混 > 其他松类 > 桉树组。

森林减少土壤的 P 损失量位于 0.014 1 ～ 0.020 8 t · $hm^{-2} \cdot a^{-1}$，各林型从大到小的顺序为：阔叶混 > 木麻黄组 > 相思组 > 其他软阔类 > 针叶混 > 其他硬阔类 > 木荷组 > 针阔混 > 杉木组 > 灌木林 > 经济林 > 马尾松 > 桉树组 > 竹林 > 其他松类。

森林减少土壤的 K 损失量位于 0.34 ～ 0.77 $t\cdot hm^{-2}\cdot a^{-1}$，各林型从大到小的顺序为：阔叶混 > 木荷组 > 其他硬阔类 > 木麻黄组 > 相思组 > 针阔混 > 其他软阔类 > 针叶混 > 灌木林 > 杉木组 > 马尾松组 > 经济林 > 竹林 > 其他松类 > 桉树组。

森林减少有机质损失量位于 0.44 ～ 0.82 $t\cdot hm^{-2}\cdot a^{-1}$，各林型从大到小的顺序为：其它硬阔类 > 木荷组 > 其他软阔类 > 阔叶混 > 竹林 > 灌木林 > 针阔混 > 杉木组 > 针叶混 > 马尾松组 > 木麻黄组 > 相思组 > 经济林 > 桉树组 > 其他松类。

固碳指标位于 1.54 ～ 5.52 $t\cdot hm^{-2}\cdot a^{-1}$（折算成吸收二氧化碳 5.64 ～ 20.44 $t\cdot hm^{-2}\cdot a^{-1}$），各林型从大到小的顺序为：针叶混 > 其他软阔类 > 针阔混 > 木荷组 > 其他硬阔类 > 桉树组 > 阔叶混 > 杉木组 > 木麻黄组 > 相思组 > 竹林 > 马尾松组 > 其他松类 > 经济林 > 红树林 > 灌木林。

释氧指标位于 3.49 ～ 14.11$t\cdot hm^{-2}\cdot a^{-1}$，各林型从大到小的顺序为：针叶混 > 其他软阔类 > 针阔混 > 其他硬阔类 > 木荷组 > 桉树组 > 阔叶混 > 杉木组 > 木麻黄组 > 相思组 > 竹林 > 马尾松组 > 其他松类 > 经济林 > 红树林 > 灌木林。

林木积累 N 量位于 0.008 ～ 0.144$t\cdot hm^{-2}\cdot a^{-1}$，各林型从大到小的顺序为：阔叶混 > 针叶混 > 针阔混 > 其他软阔类 > 木麻黄组 > 相思组 > 木荷组 > 其他硬阔类 > 杉木组 > 马尾松组 > 其他松类 > 桉树组 > 红树林 > 灌木林 > 竹林 > 经济林。

林木积累 P 量位于 0.0016 ～ 0.0129$t\cdot hm^{-2}\cdot a^{-1}$，各林型从大到小的顺序为：其他软阔类 > 阔叶混 > 针阔混 > 木荷组 > 其他硬阔类 > 针叶混 > 木麻黄组 > 桉树组 > 杉木组 > 相思组 > 红树林 > 灌木林 > 竹林 > 马尾松组 > 其他松类 > 经济林。

林木积累 K 量位于 0.004 ～ 0.0743$t\cdot hm^{-2}\cdot a^{-1}$，各林型从大到小的顺序为：阔叶混 > 针阔混 > 其他软阔类 > 木麻黄组 > 相思组 > 杉木组 > 其他硬阔类 > 木荷组 > 针叶混 > 桉树组 > 红树林 > 竹林 > 灌木林 > 经济林 > 马尾松组 > 其他松类。

森林提供负离子指标位于 1.71×10^{18} ～ 18.59×10^{18} 个$\cdot hm^{-2}\cdot a^{-1}$，各林型从大到小的顺序为：竹林 > 马尾松 > 针叶混 > 阔叶混 > 针阔混 > 其他松类 > 相思组 > 其他软阔类 > 木荷组 > 其他硬阔类 > 木麻黄组 > 杉木组 > 桉树组 > 经济林 > 灌木林 > 红树林。

吸收二氧化硫指标位于 83.90 ～ 400.33$kg\cdot hm^{-2}\cdot a^{-1}$，各林型从大到小的顺序为：杉木组 > 马尾松组 > 针叶混 > 针阔混 > 其他松类 > 木麻黄组 > 经济林 > 其他硬阔类 > 桉树组 > 相思组 > 阔叶混 > 竹林 > 木荷组 > 其他软阔类 > 灌木林。

吸收氟化物指标位于 4.16 ～ 18.00 $kg\cdot hm^{-2}\cdot a^{-1}$，各林型从大到小的顺序为：竹林 > 阔叶混 > 针阔混 > 经济林 > 相思组 > 其它软阔类 > 木麻黄组 > 灌木林 > 其他硬阔类 > 木荷组 > 针叶混 > 马尾松组 > 其他松类 > 桉树组 > 杉木组。

吸收氮氧化物指标位于 6.32 ～ 13.29 $kg\cdot hm^{-2}\cdot a^{-1}$，各林型从大到小的顺序为：竹林 > 杉木组 > 相思组 > 其他软阔类 > 其他硬阔类 > 木荷组 > 灌木林 > 经济林 > 针叶混 > 木麻黄 > 针阔混 > 马尾松组 > 桉树组 > 其他松类 > 阔叶混。

滞尘指标位于 2.42 万 ～ 5.83 万 $kg\cdot hm^{-2}\cdot a^{-1}$，竹林 > 阔叶混 > 木麻黄组 > 经济林 > 相思组 > 其他软阔类 > 灌木林 > 针叶混 > 针阔混 > 马尾松组 > 木荷组 > 其他硬阔类 > 杉木组 > 其他松类 > 桉树组。

因此，在林业分类经营中，林业部门可以根据在适地适树的前提下，针对不同林分类型在森林生态系统服务功能中作用的大小而作出相应的决策，以此提高森林生态系统的服务功能。如为了固碳释氧的目标，就可以种植针叶混和软阔类树种，从而可以提高固碳释氧的功能。如

为了涵养水源则可以种植阔叶混和灌木林等。林业相关部门均可以根据单位面积的不同林分类型的生态系统服务功能的大小来造林，从而提高林分的生态系统服务的功能，达到森林为人类谋福利的目的。

5.1.2 广东省森林生态系统服务功能价值量评估

5.1.2.1 森林生态系统服务功能总价值

根据评估指标体系及其计算方法，得出2009年广东省森林生态系统服务功能的总价值为7 263.01亿元·a^{-1}（7.26×10^{11}元·a^{-1}），每公顷森林提供的价值为7.51万元·a^{-1}。在8项森林生态系统服务功能价值的贡献之中（图5-38），其从大到小的顺序为：涵养水源、生物多样性保护、固碳释氧、净化大气环境、保育土壤、森林游憩、积累营养物质、森林防护。广东省森林生态系统8项服务功能的价值量和所占比率分别为：涵养水源：3 131.41亿元·a^{-1}，43.11%；生物多样性保护：1 559.56亿元·a^{-1}，21.47%；固碳释氧：1 260.17亿元·a^{-1}，17.00%；净化大气环境：582.97亿元·a^{-1}，8.03%；保育土壤：400.99亿元·a^{-1}，5.52%；森林游憩：197.67亿元·a^{-1}，2. 72%；积累营养物质：96.18亿元·a^{-1}，1.32%；森林防护：34.06亿元·a^{-1}，0.47%。

森林防护功能包括森林的农田防护以及防风护岸等防护作用。根据广东省2009国民经济和社会发展统计公报，全省粮食年总产量1 314万t，以森林植被保护下粮食作物年平均增产10%，参考同期农作物市场价格，平均得每千克粮食收购价格为2.19元·kg^{-1}，在森林植被保护下全省可增产粮食131.4万t，价值28.78亿元·a^{-1}。

根据《中国农业百科全书（林业卷）》，正常年份，农田林网、间作可提高小麦产量10%～30%、玉米10%～20%，水稻增产6%，棉花13%～18%。计算时统一取下限。

沿海防护林具有增强沿海地区防御海啸、台风、风暴潮等自然灾害的能力。广东省沿海防护林的防护功能价值依据赵晟（2007）对全国红树林抗风消浪能值价值的计算结果，沿海防护林的单位面积价值量为7 720.59元·hm^{-2}·a^{-1}。根据上述评估计算方法，得出广东省沿海防护林生态服务功能价值为5.28亿元·a^{-1}。从而得出广东省森林防护功能总价值为34.06亿元·a^{-1}。

中国红树林生态系统服务类型中的抗风消浪年服务价值为1.05×10^{8}元，我国红树林总面积为$1.36 \times 10^{4}hm^2$，从而得出单位面积价值量为7 720.59元·hm^{-2}·a^{-1}。

森林游憩功能是森林的主要功能之一。为了体现由于森林游憩产生的效益和直接价值，国内相关研究采用了TCM法（旅行费用法）估算森林游憩价值。根据2008年广东省森林公园统计结果，全省接待境内外游客4 650万人次，平均每人次游客带来旅游收入425.1元。

运用TCM法评价出鼎湖山风景区2000年的森林游憩价值为31 369.0万元，平均每人次425.1元。

5.1.2.2 分市森林生态系统服务功能价值量分布格局

广东省森林生态服务功能各市价值分布见图5-39至图5-40和表5-3。

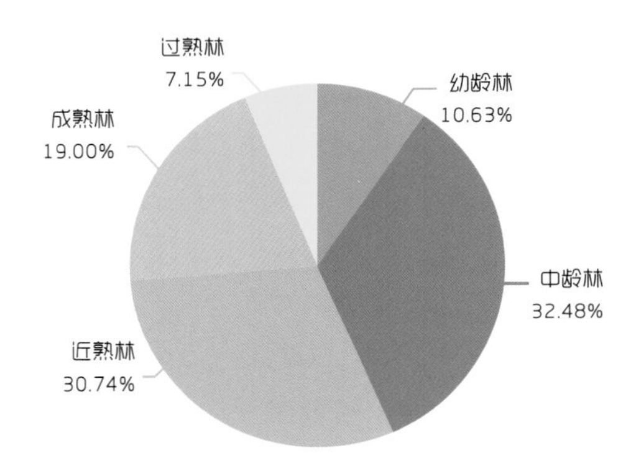

图5-38　广东省森林生态系统服务功能总价值

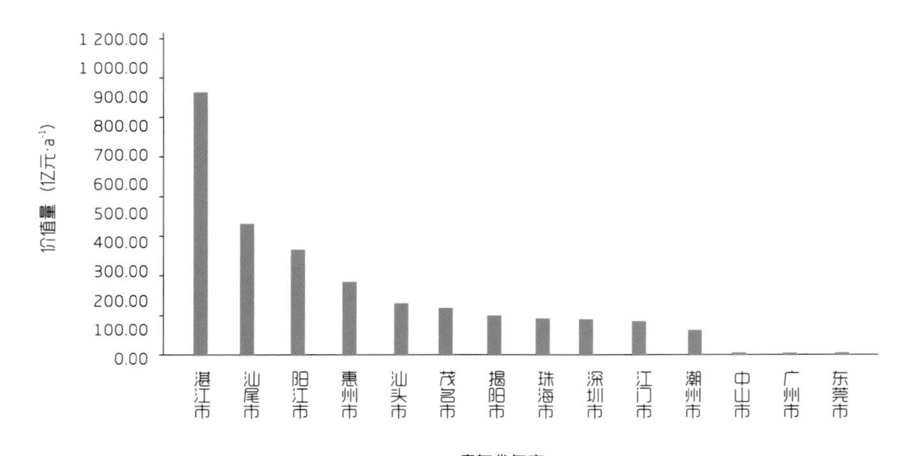

图5-39　广东省沿海防护林价值量

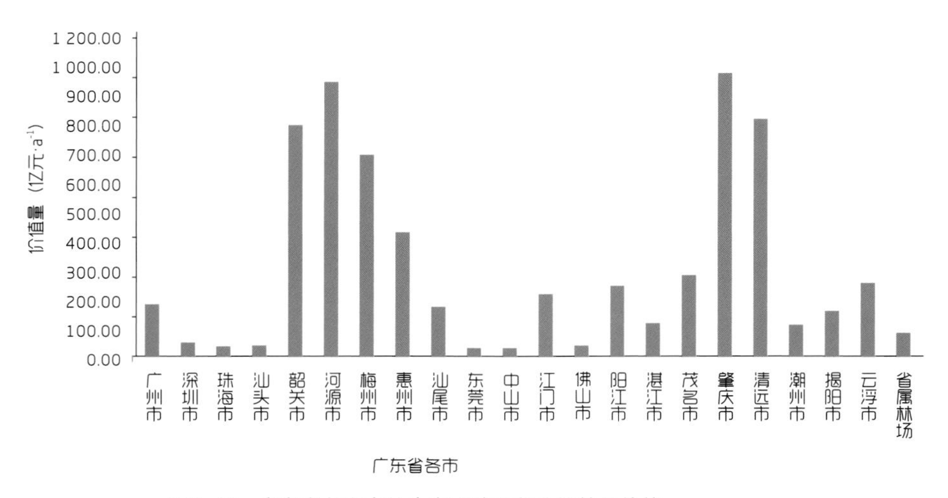

图5-40　广东省各市森林生态系统服务功能的总价值

（1）总价值

广东省森林生态系统服务功能中的涵养水源功能价值位于 12.16 亿～ 659.38 亿元 · a^{-1}，各市由大到小的顺序为：肇庆市 > 河源市 > 清远市 > 韶关市 > 梅州市 > 惠州市 > 茂名市 > 云浮

表5–3 广东省各市森林生态系统服务功能价值 （单位：亿元·a^{-1}）

市	涵养水源	保育土壤	固碳释氧	积累营养物质	净化大气环境	生物多样性保护
广州	70.17	12.21	37.35	3.31	18.11	49.45
珠海	18.21	3.37	9.18	0.88	5.07	11.95
深圳	20.21	1.96	4.59	0.37	2.76	5.75
汕头	14.86	2.63	7.43	0.70	3.84	9.80
韶关	315.20	52.90	166.83	14.16	76.63	214.45
河源	533.01	44.16	155.99	12.22	64.07	189.77
梅州	267.76	43.96	141.93	11.24	63.54	205.35
惠州	159.68	27.54	91.78	7.13	38.77	125.14
汕尾	99.58	8.43	25.67	1.95	12.13	31.16
东莞	12.16	2.25	5.32	0.41	3.49	5.44
中山	14.88	1.31	4.08	0.47	2.05	4.92
江门	84.71	14.87	47.64	3.00	21.23	52.03
佛山	14.75	2.40	7.75	0.53	3.48	7.75
阳江	96.80	16.99	53.99	3.92	24.38	62.45
湛江	42.35	7.65	33.49	1.43	10.54	24.27
茂名	124.42	20.88	57.35	3.53	30.76	59.02
肇庆	659.38	40.06	123.99	8.55	60.05	140.45
清远	333.08	57.52	164.13	13.40	82.49	212.98
潮州	44.67	5.58	21.09	1.68	10.71	27.66
揭阳	66.40	11.39	31.33	2.51	16.52	38.27
云浮	108.54	17.64	51.70	3.58	25.48	58.71
省属	30.59	5.28	17.54	1.21	6.90	22.79

市 > 汕尾市 > 阳江市 > 江门市 > 广州市 > 揭阳市 > 潮州市 > 湛江市 > 省属 > 珠海市 > 深圳市 > 中山市 > 汕头市 > 佛山市 > 东莞市。

保育土壤功能价值位于 1.31 亿～ 57.52 亿元·a^{-1}，各市由大到小的顺序为：清远市 > 韶关市 > 河源市 > 梅州市 > 肇庆市 > 惠州市 > 茂名市 > 云浮市 > 阳江市 > 江门市 > 广州市 > 揭阳市 > 汕尾市 > 湛江市 > 潮州市 > 省属 > 深圳市 > 汕头市 > 佛山市 > 东莞市 > 珠海市 > 中山市。

固碳释氧功能价值位于 4.08 亿～ 166.83 亿元·a^{-1}，各市由大到小的顺序为：韶关市 > 清远市 > 河源市 > 梅州市 > 肇庆市 > 惠州市 > 茂名市 > 阳江市 > 云浮市 > 江门市 > 广州市 > 湛江市 > 揭阳市 > 汕尾市 > 潮州市 > 省属 > 深圳市 > 佛山市 > 汕头市 > 东莞市 > 珠海市 > 中山市。

积累营养物质功能价值位于 0.37 亿～ 14.16 亿元 · a^{-1}，各市由大到小的顺序为：韶关市 > 清远市 > 河源市 > 梅州市 > 肇庆市 > 惠州市 > 阳江市 > 云浮市 > 茂名市 > 广州市 > 江门市 > 揭阳市 > 汕尾市 > 潮州市 > 湛江市 > 省属 > 深圳市 > 汕头市 > 佛山市 > 中山市 > 东莞市 > 珠海市。

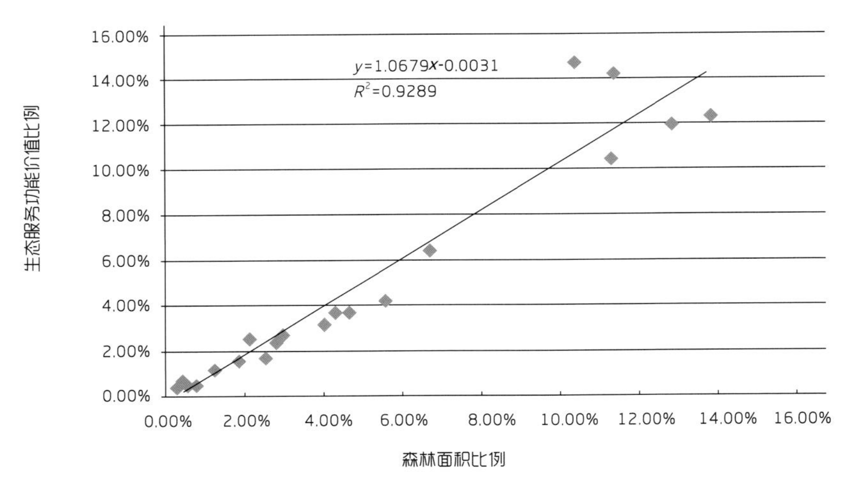

图5-41　各市总价值比例与其森林面积比例关系

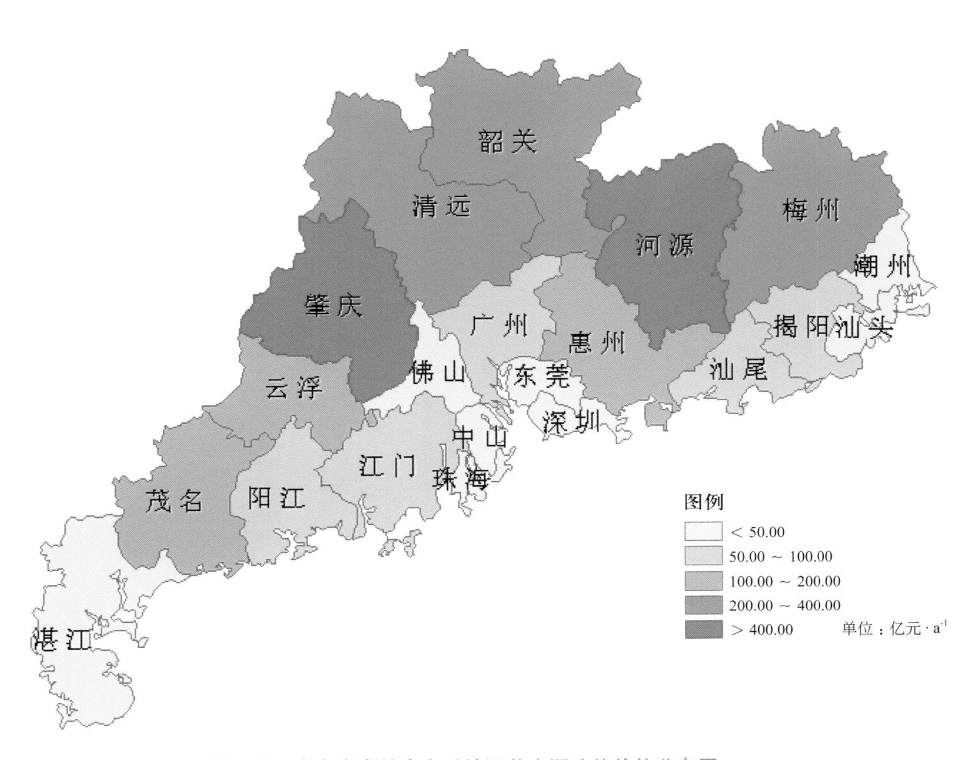

图5-42　广东省森林生态系统涵养水源功能价值分布图

净化大气环境功能价值位于 2.15 亿～ 82.49 亿元·a^{-1}，各市由大到小的顺序为：清远市 > 韶关市 > 河源市 > 梅州市 > 肇庆市 > 惠州市 > 茂名市 > 云浮市 > 阳江市 > 江门市 > 广州市 > 揭阳市 > 汕尾市 > 潮州市 > 湛江市 > 省属 > 深圳市 > 汕头市 > 东莞市 > 佛山市 > 珠海市 > 中山市。

生物多样性保护功能价值位于 4.92 亿～ 214.45 亿元·a^{-1}，各市由大到小的顺序为：韶关市 > 清远市 > 梅州市 > 河源市 > 肇庆市 > 惠州市 > 阳江市 > 茂名市 > 云浮市 > 江门市 > 广州市 > 揭阳市 > 汕尾市 > 潮州市 > 湛江市 > 省属 > 深圳市 > 汕头市 > 佛山市 > 珠海市 > 东莞市 > 中山市。

沿海防护林的防护功能，湛江市最高，为 1.6 亿元·a^{-1}，汕尾市次之，为 0.83 亿元·a^{-1}，其他各市中阳江市为 0.66 亿元·a^{-1}，惠州市为 0.45 亿元·a^{-1}，汕头市为 0.33 亿元·a^{-1}，茂名市为 0.29 亿元·a^{-1}，揭阳市为 0.24 亿元·a^{-1}，珠海市为 0.23 亿元·a^{-1}，深圳市为 0.22 亿元·a^{-1}，江门市为 0.21 亿元·a^{-1}，潮州市为 0.15 亿元·a^{-1}，中山市为 33.82 万元·a^{-1}，广州市为 16.60 万元·a^{-1}，东莞市为 12.59 万元·a^{-1}。

从以上分析可知，河源市、肇庆市、韶关市等位于各森林生态服务功能总价值的前列；而中山市、珠海市、东莞市等位于各森林生态服务功能总价值的后位，见图 5-40；从图 5-41 可以看出，森林服务功能总价值与各市森林面积存在线性相关关系，拟合系数达到 0.928 9。广东省森林生态系统服务功能价值见图 5-42 至图 5-48。

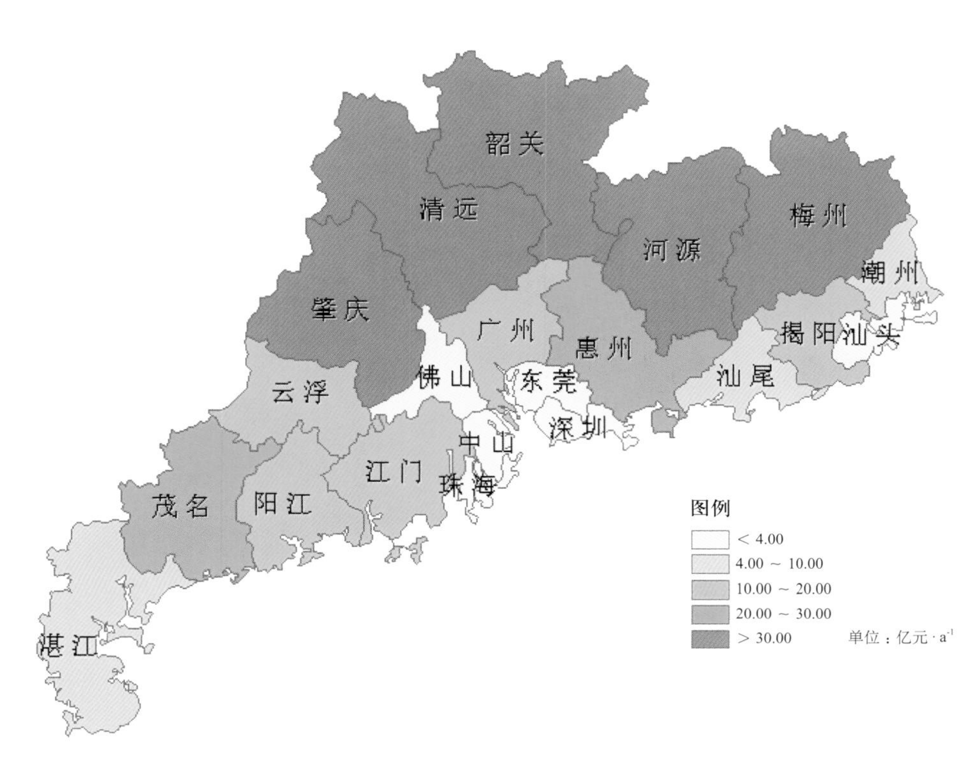

图5-43　广东省森林生态系统保育土壤功能价值分布图

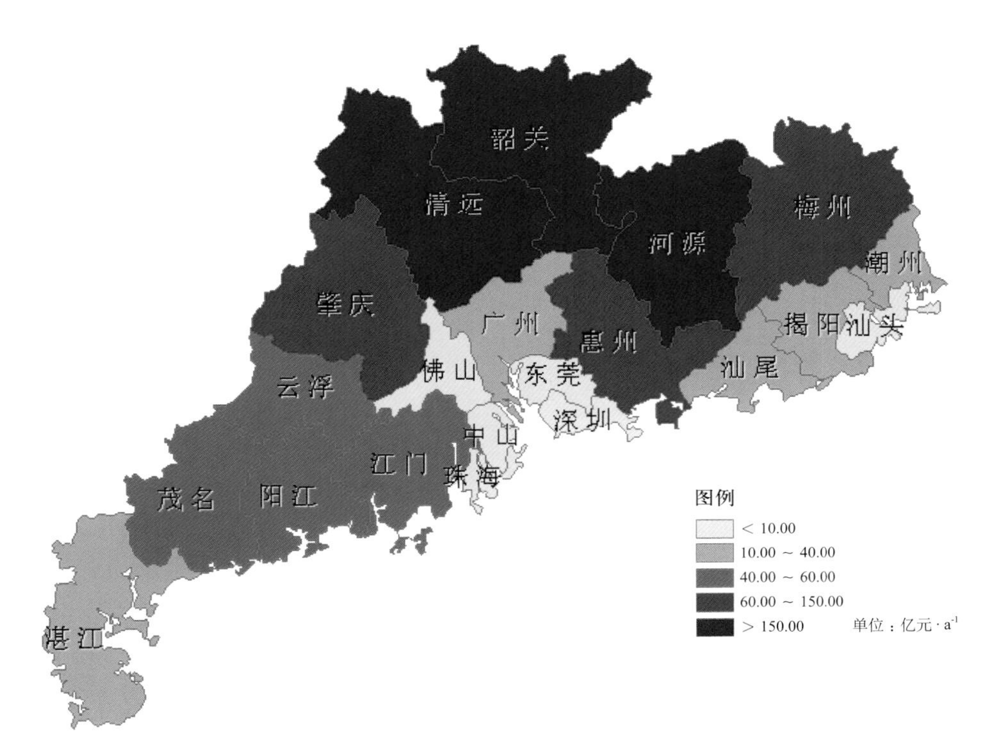

图5-44　广东省森林生态系统固碳释氧功能价值分布图

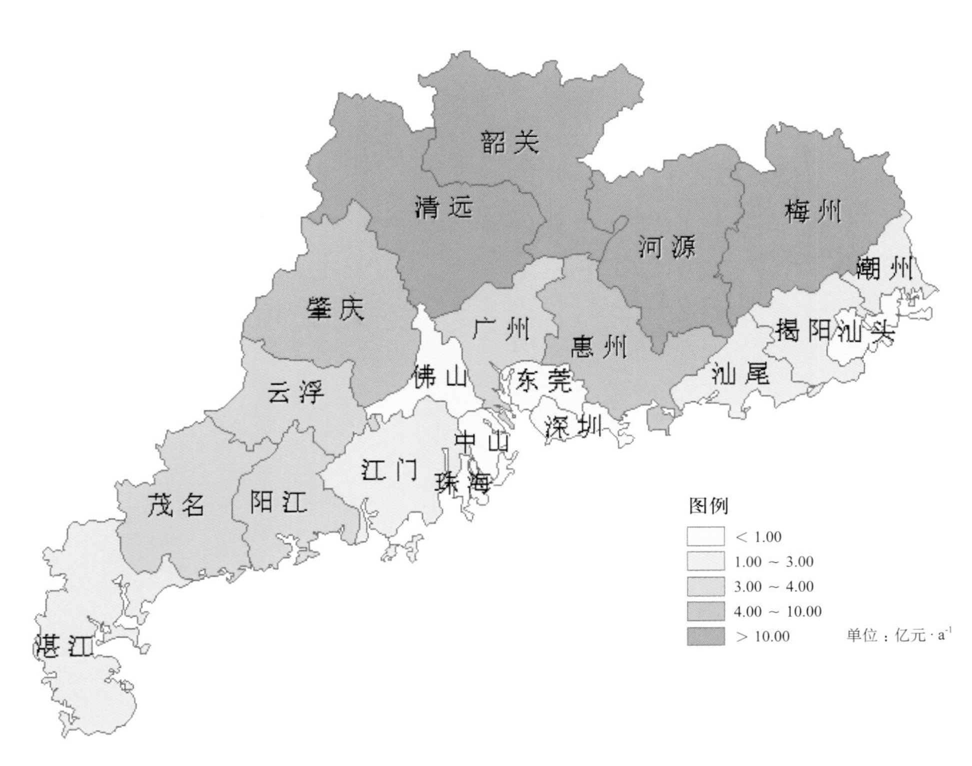

图5-45　广东省森林生态系统积累营养物质功能价值分布图

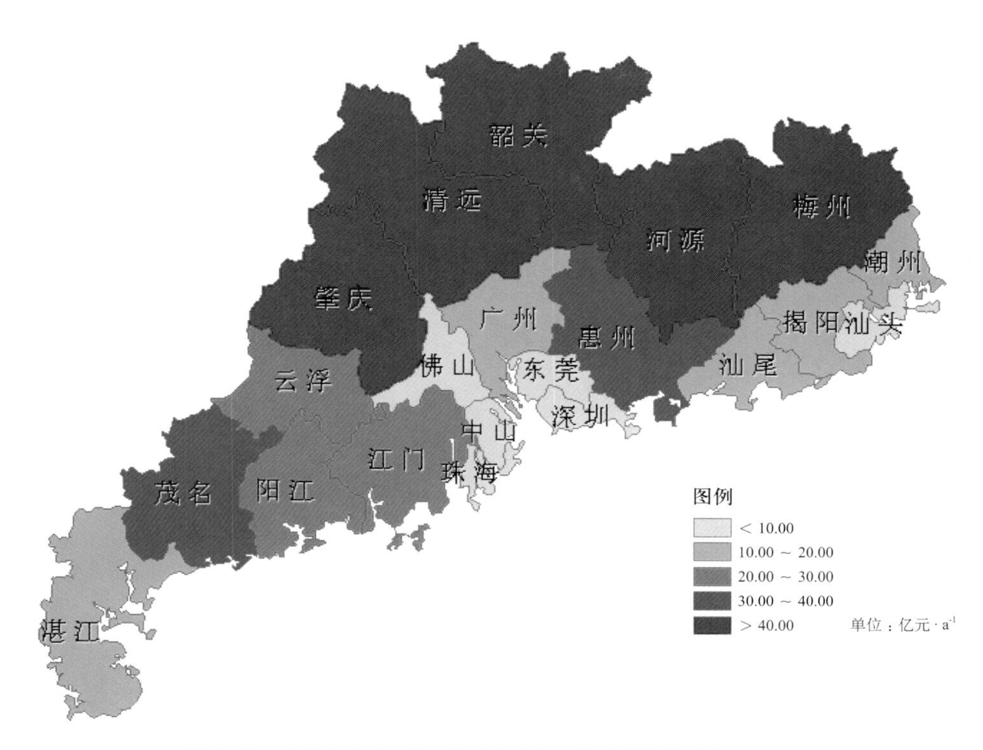

图5-46 广东省森林生态系统净化大气环境功能价值分布图

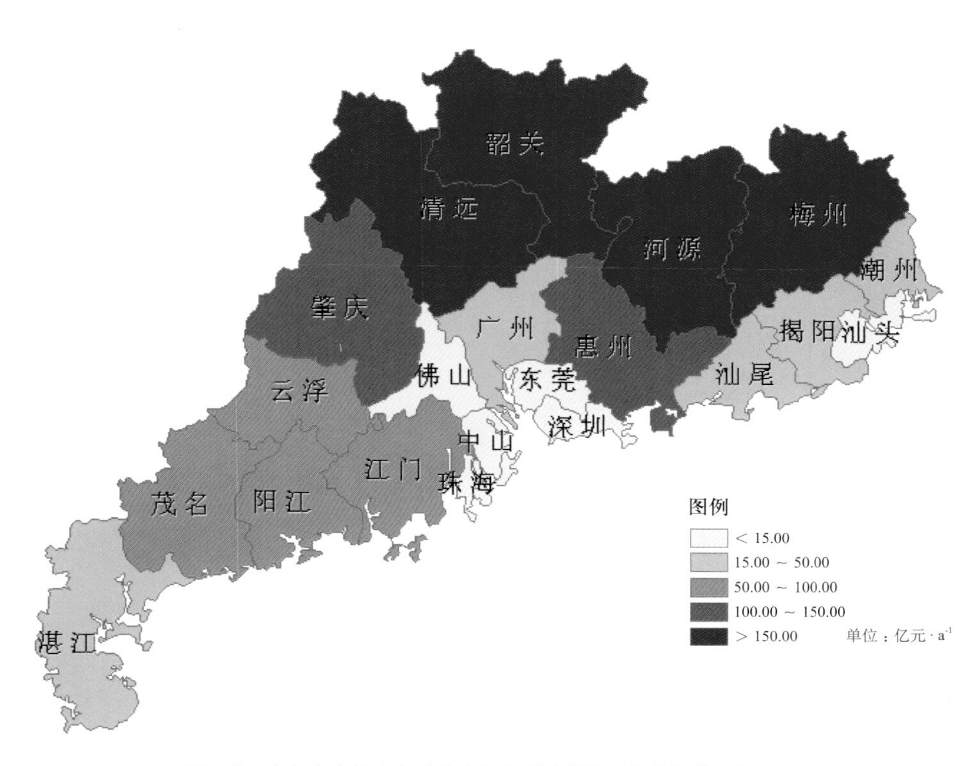

图5-47 广东省森林生态系统生物多样性保护功能价值分布图

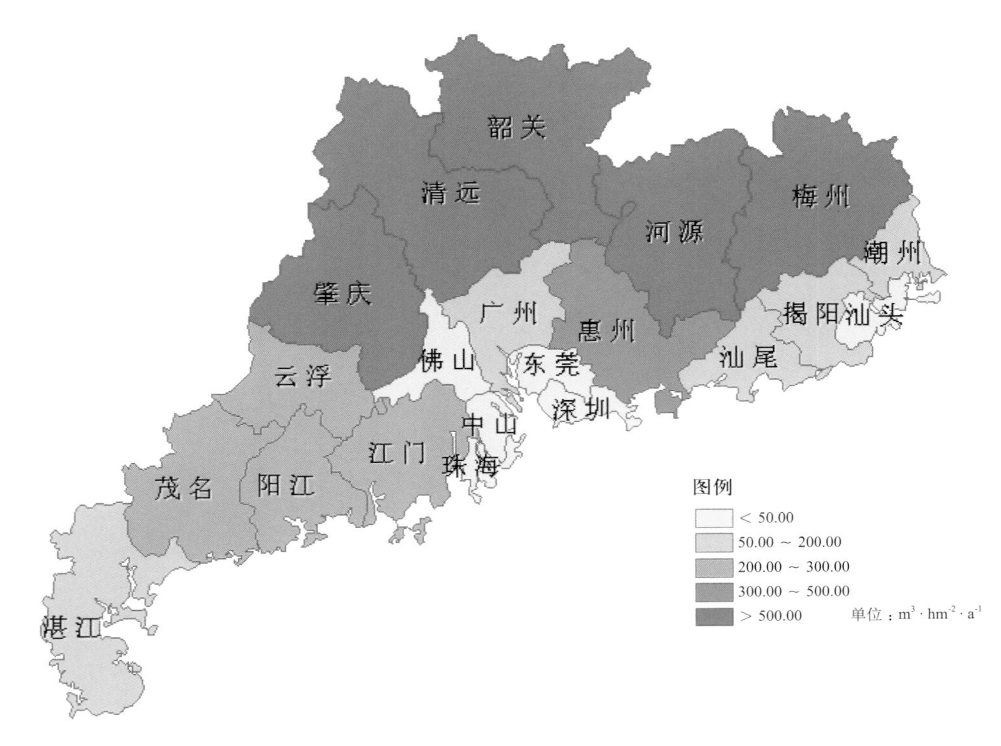

图5-48 广东省森林生态系统服务功能总价值分布图

（2）单位面积价值

广东省各市森林生态系统服务功能单位面积价值分布见图 5-49 至图 5-56。

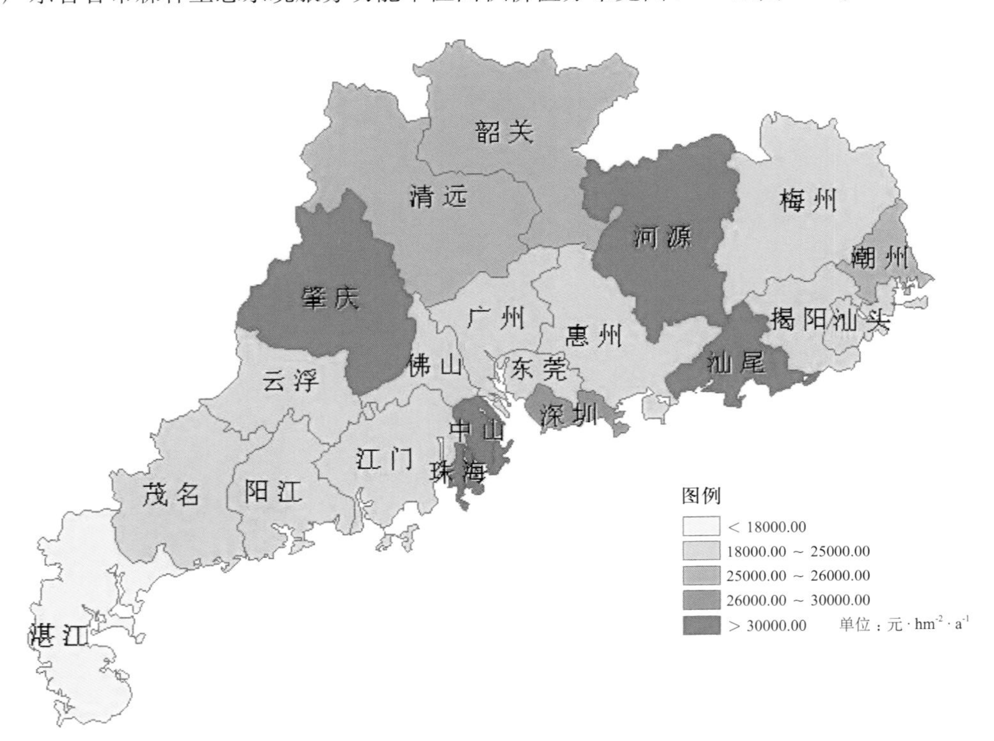

图5-49 广东省森林生态系统涵养水源功能单位面积价值图

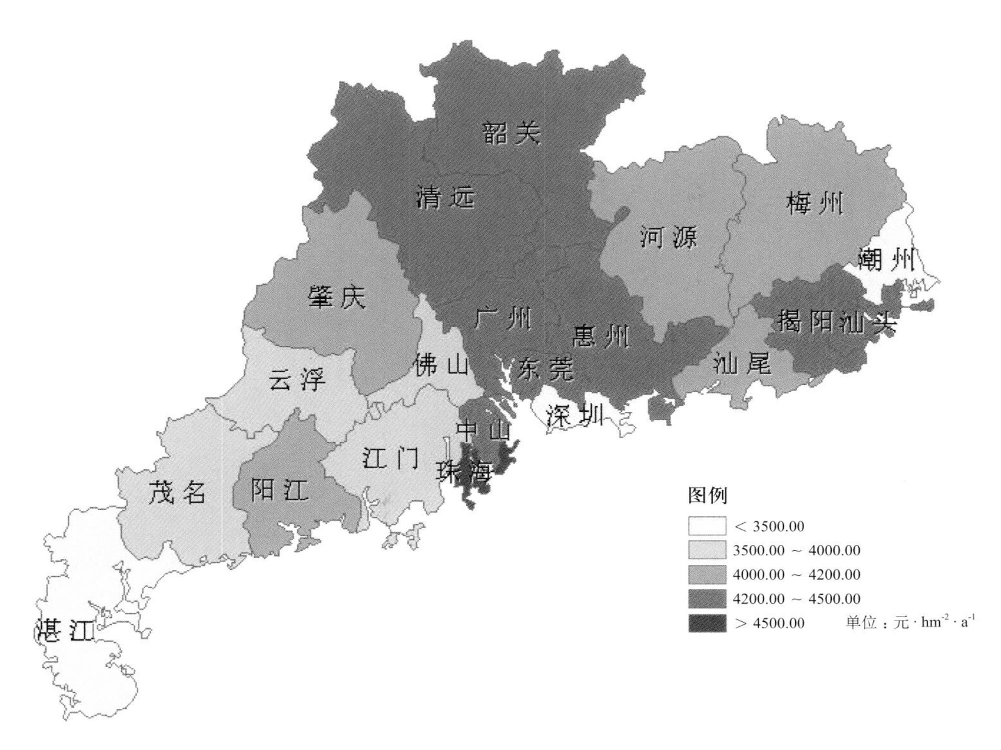

图5-50 广东省森林生态系统保育土壤功能单位面积价值图

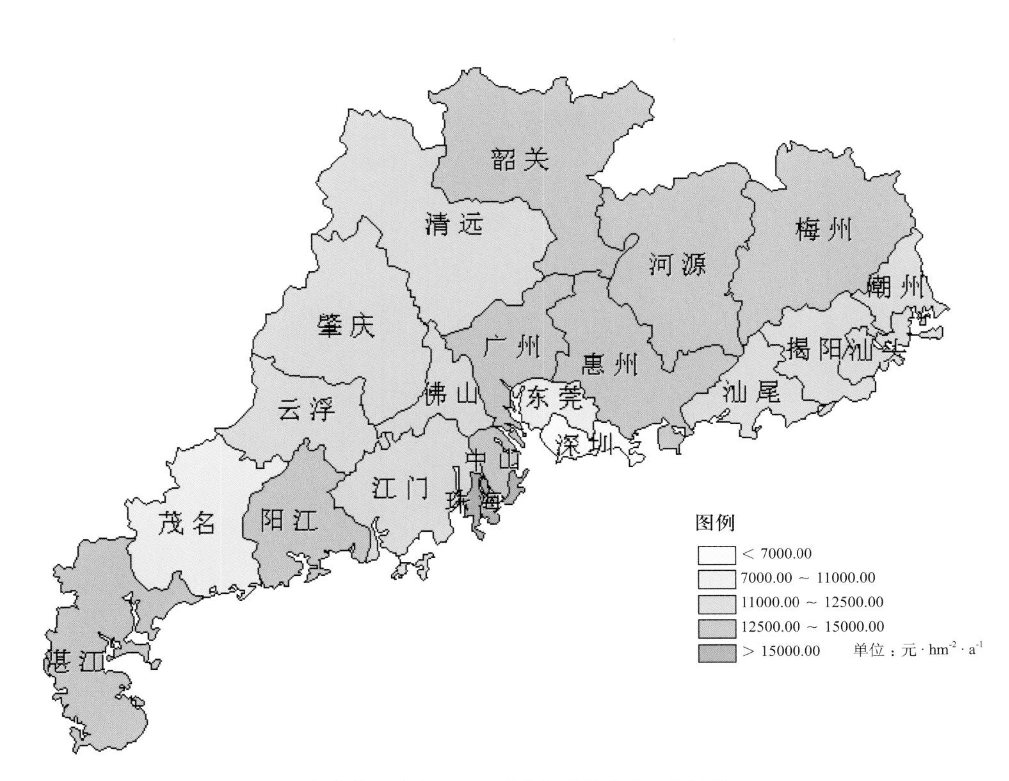

图5-51 广东省森林生态系统固碳释氧功能单位面积价值图

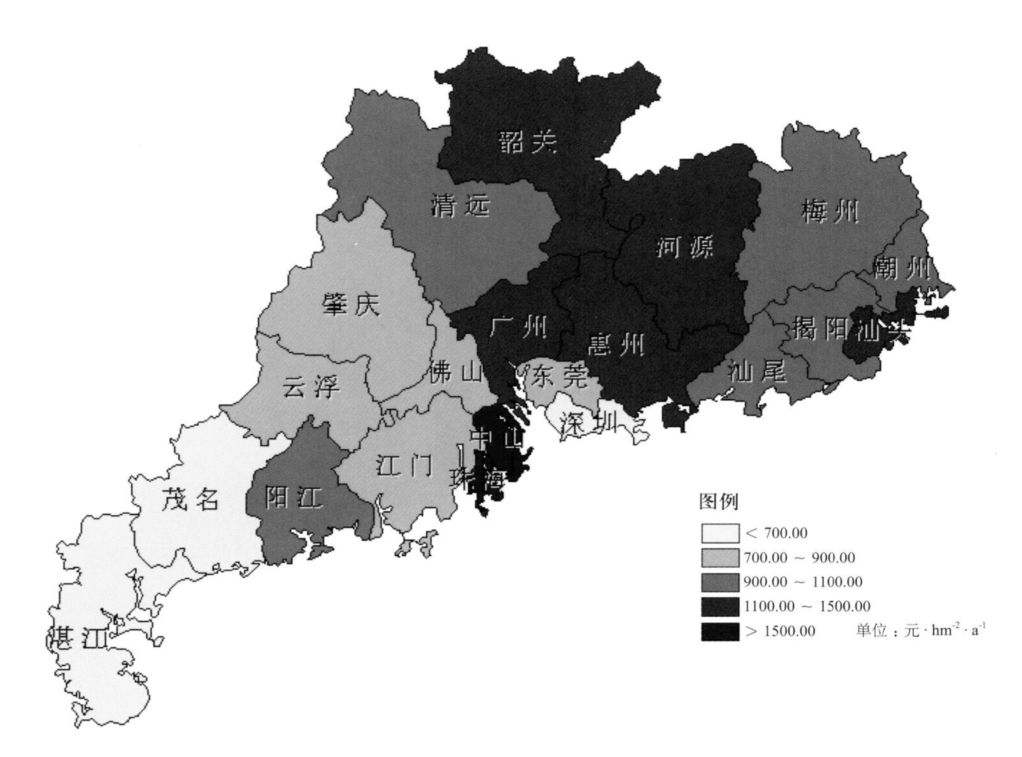

图5-52 广东省森林生态系统积累营养物质功能单位面积价值图

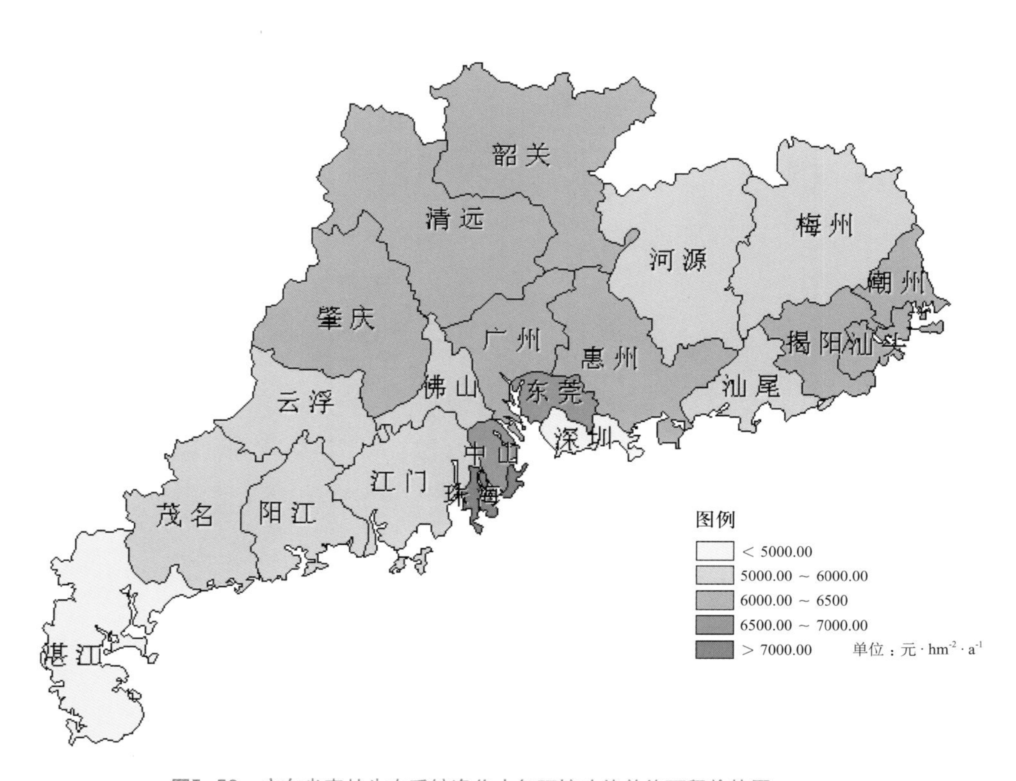

图5-53 广东省森林生态系统净化大气环境功能单位面积价值图

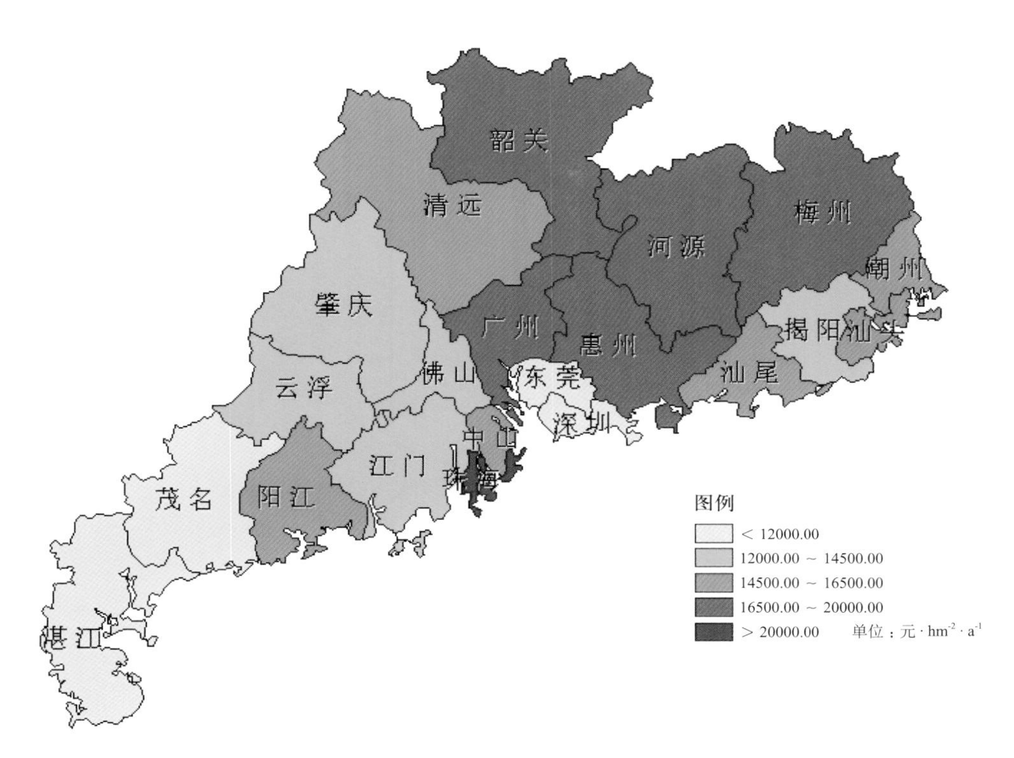

图5-54 广东省森林生态系统生物多样性保护功能单位面积价值图

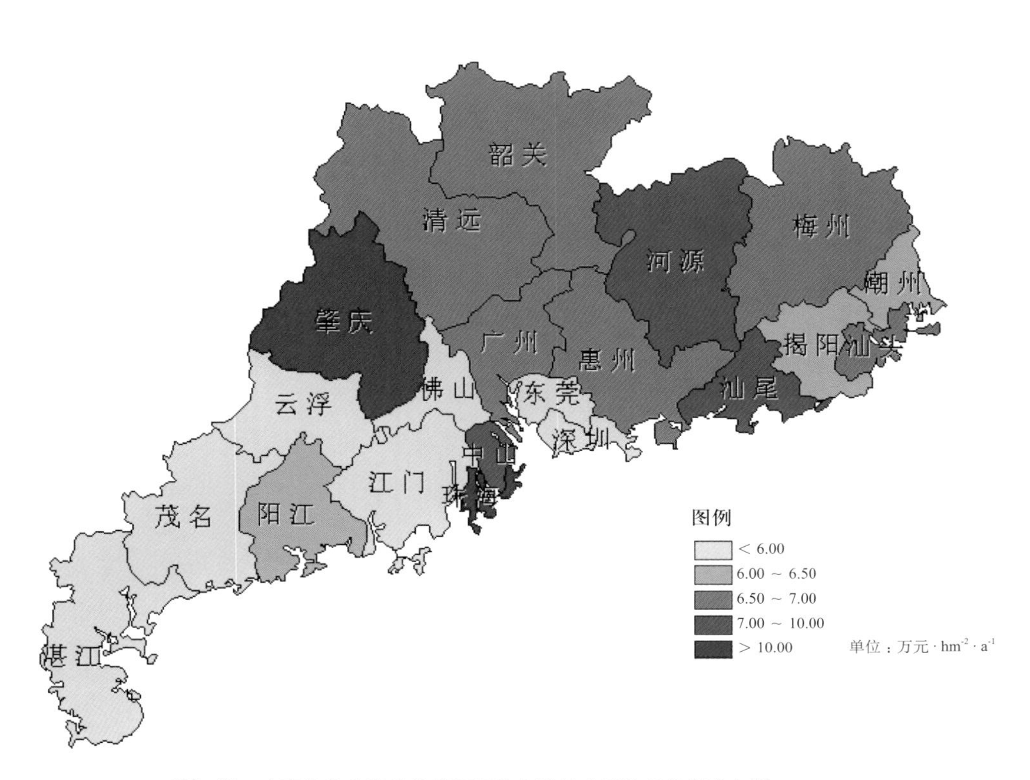

图5-55 广东省分市森林单位面积生态服务功能的总价值分布图

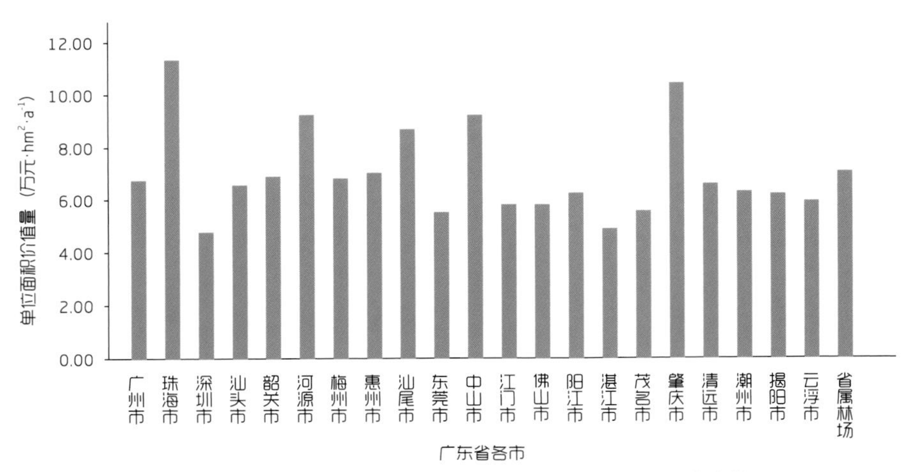

图5–56　广东省分市森林生态系统六大服务功能单位面积的价值

广东省森林生态系统服务功能中的涵养水源功能单位面积价值位于1.72万～6.62万元·hm^{-2}·a^{-1}，各地市由大到小的顺序为：肇庆市>中山市>河源市>汕尾市>珠海市>深圳市>韶关市>省属>清远市>潮州市>惠州市>梅州市>汕头市>广州市>揭阳市>云浮市>阳江市>佛山市>茂名市>东莞市>江门市>湛江市。

保育土壤功能单位面积价值位于2 602.51 ～ 7 828.54元·hm^{-2}·a^{-1},各地市由大到小的顺序为：珠海市>省属>中山市>汕头市>清远市>韶关市>广州市>惠州市>东莞市>揭阳市>阳江市>汕尾市>河源市>梅州市>肇庆市>云浮市>茂名市>江门市>佛山市>潮州市>湛江市>深圳市。

固碳释氧功能单位面积价值位于0.61万～2.13万元·hm^{-2}·a^{-1}，各地市由大到小的顺序为：珠海市>省属>河源市>惠州市>湛江市>中山市>韶关市>广州市>梅州市>阳江市>肇庆市>汕尾市>清远市>汕头市>江门市>佛山市>潮州市>揭阳市>云浮市>茂名市>东莞市>深圳市。

积累营养物质功能单位面积价值位于491.03 ～ 2 036.72元·hm^{-2}·a^{-1}，各地市由大到小的顺序为：珠海市>中山市>汕头市>广州市>韶关市>河源市>惠州市>梅州市>清远市>省属>阳江市>汕尾市>潮州市>揭阳市>肇庆市>佛山市>云浮市>江门市>东莞市>茂名市>湛江市>深圳市。

净化大气环境功能单位面积价值位于365.14 ～ 11 778.72元·hm^{-2}·a^{-1}，各地市由大到小的顺序为：珠海市>中山市>东莞市>汕头市>广州市>韶关市>清远市>揭阳市>肇庆市>惠州市>潮州市>阳江市>河源市>汕尾市>梅州市>省属>茂名市>云浮市>佛山市>江门市>湛江市>深圳市。

生物多样性保护功能单位面积价值位于7629.06 ～ 27756.73元·hm^{-2}·a^{-1}，各地市由大到小的顺序为：珠海市>惠州市>省属>梅州市>河源市>韶关市>广州市>中山市>汕头市>清远市>潮州市>汕尾市>阳江市>揭阳市>肇庆市>江门市>云浮市>佛山市>茂名市>东莞市>湛江市>深圳市。

以上六大功能合计的单位面积价值位于4.73万～11.30万元·hm^{-2}·a^{-1}，各地市由大到小的顺序为：珠海市>肇庆市>中山市>河源市>汕尾市>省属>惠州市>韶关市>梅州市>

广州市 > 汕头市 > 清远市 > 潮州市 > 阳江市 > 揭阳市 > 云浮市 > 佛山市 > 江门市 > 茂名市 > 东莞市 > 湛江市 > 深圳市（图 5-56）。

5.1.2.3 不同林分类型森林生态系统服务功能价值量分布格局

（1）总价值

广东省森林生态系统服务功能中的涵养水源功能价值位于 3.66 亿～ 609.12 亿元 · a^{-1}，各林分类型由大到小的顺序为：马尾松组（19.45%）> 其他软阔类（11.92%）> 灌木林（10.04%）> 杉木组（9.56%）> 针阔混（9.19%）> 阔叶混（8.57%）> 桉树组（6.98%）> 其他硬阔类（6.72%）> 经济林（6.09%）> 其他松类（3.75%）> 针叶混（3.63%）> 竹林组（2.59%）> 相思组（0.40%）> 木荷组（0.27%）> 木麻黄组（0.12%）> 红树林。

各林分类型保育土壤功能价值位于 0.66 亿～ 78.06 亿元·a^{-1},各林分类型由大到小的顺序为：马尾松组（19.47%）> 其他软阔类（12.50%）> 针阔混（8.76%）> 杉木组（7.74%）> 阔叶混（7.74%）> 其他硬阔类（7.70%）> 灌木林（7.68%）> 桉树组（7.49%）> 经济林（7.40%）> 竹林组（3.75%）> 其他松类（3.73%）> 针叶混（3.63%）> 相思组（1.48%）> 木荷组（0.47%）> 木麻黄组（0.30%）> 红树林（0.16%）。

各林分类型固碳释氧功能价值位于 0.76 亿～ 194.50 亿元 · a^{-1}，各林分类型由大到小的顺序为：马尾松组（15.43%）> 其他软阔类（15.32%）> 桉树组（13.85%）> 针阔混（10.53%）> 杉木组（9.44%）> 其他硬阔类（8.09%）> 阔叶混（7.48%）> 针叶混（6.00%）> 经济林（3.19%）> 其他松类（2.96%）> 灌木林（2.89%）> 竹林组（2.59%）> 相思组（0.49%）> 木荷组（0.49%）> 木麻黄组（0.28%）> 红树林（0.06%）。

各林分类型积累营养物质功能价值位于 0.06 亿～ 18.38 亿元 · a^{-1}，各林分类型由大到小的顺序为：阔叶混（19.11%）> 其他软阔类（16.75%）> 马尾松组（13.34%）> 针阔混（12.77%）> 杉木组（8.18%）> 其他硬阔类（7.09%）> 桉树组（6.74%）> 针叶混（6.33%）> 灌木林（3.04%）> 其他松类（2.56%）> 相思组（1.55%）> 经济林（1.50%）> 竹林组（1.24%）> 木荷组（0.43%）> 木麻黄组（0.31%）> 红树林（0.06%）。

各林分类型净化大气环境功能价值位于 1.76 亿～ 112.38 亿元 · a^{-1}，各林分类型由大到小的顺序为：马尾松组（19.28%）> 其他软阔类（12.57%）> 阔叶混（9.58%）> 经济林（8.44%）> 灌木林（7.65%）> 针阔混（7.49%）> 桉树组（7.35%）> 杉木组（7.11%）> 其他硬阔类（5.84%）> 竹林组（5.16%）> 针叶混（3.69%）> 其他松类（3.69%）> 相思组（1.49%）> 木荷组（0.36%）> 木麻黄组（0.30%）。

各林分类型生物多样性保护功能价值位于 1.35 亿～ 327.75 亿元 · a^{-1}，各林分类型由大到小的顺序为：其他软阔类(21.02%)> 针阔混(16.19%)> 马尾松组(13.73%)> 其他硬阔类(12.62%)> 阔叶混（8.05%）> 桉树组（7.32%）> 杉木组（5.03%）> 针叶混（4.68%）> 灌木林（4.13%）> 其它松类（2.58%）> 经济林（2.28%）> 竹林组（1.08%）> 相思组（0.80%）> 木荷组（0.25%）> 木麻黄组（0.16%）> 红树林（0.09%）。

以上六大功能合计价值位于 6.49 亿～ 1221.00 亿元 · a^{-1}，各林分类型由大到小的顺序为：马尾松组 > 其他软阔类 > 针阔混 > 阔叶混 > 桉树组 > 其他硬阔类 > 杉木组 > 灌木林 > 经济林 > 针叶混 > 其他松类 > 竹林 > 相思组 > 木荷组 > 木麻黄组 > 红树林（图 5-57)。

从以上分析可知，马尾松组、其他软阔类林等林分类型位于各森林生态服务功能总价值的前列；而红树林、木荷组、木麻黄组等林分类型位于各森林生态服务功能总价值的后位。

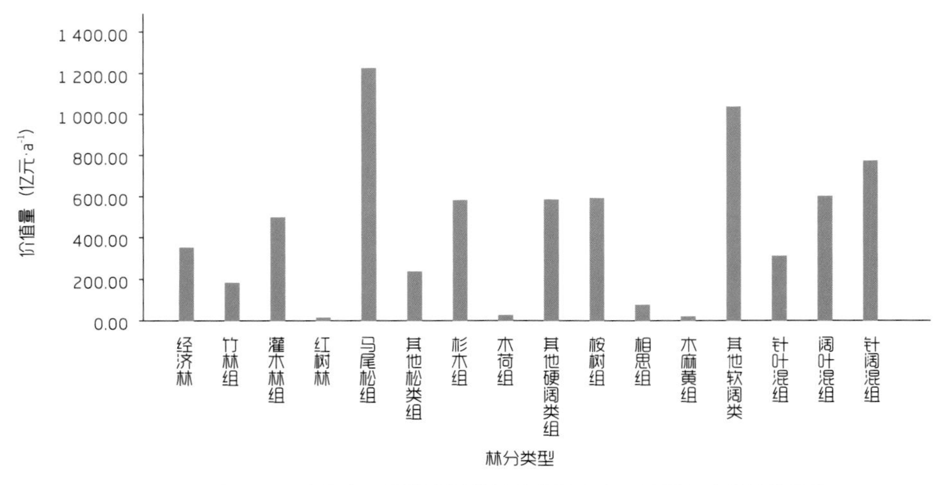

图5-57 广东省不同优势树种林分类型生态系统服务功能的价值量

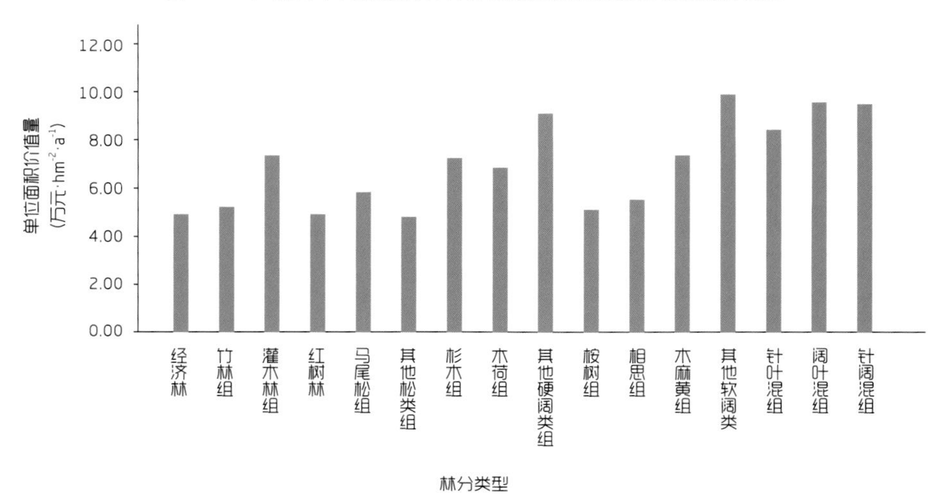

图5-58 广东省不同优势树种林分类型生态系统服务功能单位面积的价值

（2）单位面积价值

森林生态系统涵养水源功能、保育土壤功能、固碳制氧功能、林木积累营养物质功能、生物多样性保护功能合计的单位面积价值位于4.88万～9.76万元·$hm^{-2}\cdot a^{-1}$（图5-58），各优势树种林分类型由大到小的顺序为：其他硬阔类＞针阔混＞阔叶混＞其他软阔类＞针叶混＞木麻黄组＞灌木林＞杉木组＞木荷组＞马尾松组＞相思组＞竹林＞桉树组＞经济林＞红树林＞其他松类。

从以上分析可知，其他硬阔类、针阔混、阔叶混等几个林分类型位于单位面积总价值的前列；而红树林组、经济林、桉树组等林分类型位于单位面积总价值的后位。

5.1.3 不同龄组、不同起源森林生态服务功能评估

5.1.3.1 不同龄组森林生态系统服务功能评估

（1）不同龄组森林生态系统服务功能物质量

广东省森林不同起源生态系统服务功能的物质量评估结果如表5-4所示。

表5-4　广东省不同龄组森林生态系统服务功能物质量

林龄	调节水量（万m^3·a^{-1}）	保育土壤					固碳（万t.a^{-1}）	释氧（万t.a^{-1}）
		固土（万t.a^{-1}）	N（万t.a^{-1}）	P（万t.a^{-1}）	K（万t.a^{-1}）	有机质（万t.a^{-1}）		
幼龄林	514 400.06	6 102.26	5.53	3.33	110.26	113.23	692.82	1 733.85
中龄林	686 721.24	8 168.69	7.31	4.44	145.77	148.42	918.16	2 294.98
近熟林	554 509.26	6 708.54	6.28	3.60	114.52	118.99	746.80	1 866.10
成熟林	398 595.31	4 572.79	5.15	2.52	85.03	91.12	555.33	1 395.89
过熟林	158 938.59	1 855.88	2.10	1.03	35.35	37.50	223.73	562.37

表5-5　广东省不同龄组森林生态系统服务功能物质量

林龄	积累营养物质			生产负离子量（10^{22}个）	净化大气环境			
	N（万t.a^{-1}）	P（万t.a^{-1}）	K（万t.a^{-1}）		吸收二氧化硫量（万kg·a^{-1}）	吸收氟化物量（万kg·a^{-1}）	吸收氮氧化物量（万kg·a^{-1}）	滞尘量（万kg·a^{-1}）
幼龄林	9.92	0.99	5.30	1 514.03	23 713.23	1 829.74	1 632.15	6 575 590.92
中龄林	11.77	1.26	5.93	2 110.48	35 970.41	2 318.64	2 264.28	8 586 982.95
近熟林	9.50	1.10	4.65	1 727.86	26 104.94	1 911.98	1 789.96	7 113 368.69
成熟林	8.35	1.03	4.53	1 194.50	16 737.71	1 520.76	1 286.36	5 410 232.54
过熟林	3.53	0.41	1.89	481.40	5 849.19	642.73	514.86	2 227 774.62

由表5-4和表5-5可知，广东省不同林龄森林生态系统调节水量功能的从大到小顺序为：中龄林（29.69%）>近熟林（23.97%）>幼龄林（22.24%）>成熟林（17.23%）>过熟林（6.89%）；保育土壤功能中固土指标的从大到小顺序为：中龄林（29.80%）>近熟林（24.48%）>幼龄林（22.26%）>成熟林（16.68%）>过熟林（6.77%）；减少N损失指标的从大到小顺序为：中龄林（27.72%）>近熟林（23.82%）>幼龄林（20.96%）>成熟林（19.55%）>过熟林（7.95%）；减少P损失指标的从大到小顺序为：中龄林（29.75%）>近熟林（24.12%）>幼龄林（22.32%）>成熟林（16.93%）>过熟林（6.88%）；减少K损失指标的从大到小顺序为：中龄林（29.69%）>近熟林（22.33%）>幼龄林（22.46%）>成熟林（17.32%）>过熟林（7.20%）；减少有机质损失指标的从大到小顺序为：中龄林（29.14%）>近熟林（22.37%）>幼龄林（22.23%）>成熟林（17.89%）>过熟林（7.36%）；固碳物质量的从大到小顺序为：中龄林（29.27%）>近熟林（23.81%）>幼龄林（22.09%）>成熟林（17.70%）>过熟林（7.13%）；释氧物质量的从大到小顺序为：中龄林（29.22%）>近熟林（23.78%）>幼龄林（22.08%）>成熟林（17.77%）>过熟林（7.16%）；林木积累营养物质功能中，积累N物质量从大到小顺序为：中龄林（22.34%）>幼龄林（23.04%）>近熟林（22.05%）>成熟林（19.39%）>过熟林（8.19%）；积累P物质

量从大到小顺序为：中龄林（26.25%）> 近熟林（23.01%）> 成熟林（21.47%）> 幼龄林（20.65%）> 过熟林（8.62%）；积累 K 物质量从大到小顺序为：中龄林（26.60%）> 幼龄林（23.76%）> 近熟林（20.86%）> 成熟林（20.29%）> 过熟林（8.49%）；净化大气环境功能中，生产负离子物质量从大到小顺序为：中龄林(30.03%)> 近熟林(24.58%)> 幼龄林(21.54%)> 成熟林(17.00%)> 过熟林（6.85%）；吸收二氧化硫物质量从大到小顺序为：中龄林（33.19%）> 近熟林（24.09%）> 幼龄林（21.88%）> 成熟林（15.44%）> 过熟林（5.40%）；吸收氟化物物质量从大到小顺序为：中龄林（28.19%）> 近熟林（23.25%）> 幼龄林（22.25%）> 成熟林（18.49%）> 过熟林（7.82%）；吸收氮氧化物物质量从大到小顺序为：中龄林（30.24%）> 近熟林（23.91%）> 幼龄林（21.80%）> 成熟林（17.18%）> 过熟林（6.88%）；滞尘物质量从大到小顺序为：中龄林（28.71%）> 近熟林（23.78%）> 幼龄林（21.98%）> 成熟林（18.09%）> 过熟林（7.45%）。

综上所述可得，广东省不同林龄森林生态系统中，中龄林的生态服务功能各物质量均在前列，幼龄林的生态服务功能物质量最低。

（2）不同龄组森林生态系统服务功能价值量

根据评估指标体系及其计算结果，广东不同龄组森林生态系统服务功能价值量存在一定差异。幼龄林的生态服务功能总价值为 1185.75 亿元 · a^{-1}；中龄林的生态服务功能总价值为 1556.27 亿元 · a^{-1}；近熟林的生态服务功能总价值为 1257.02 亿元 · a^{-1}；成熟林的生态服务功能总价值为 970.93 亿元 · a^{-1}；过熟林的生态服务功能总价值为 395.42 亿元 · a^{-1}，见图 5-59。

幼龄林的涵养水源价值为 421.84 亿元 · a^{-1}，保育土壤价值为 73.08 亿元 · a^{-1}，固碳释氧价值为 256.52 亿元·a^{-1}，积累营养物质价值为 20.92 亿元·a^{-1}，净化大气环境价值为 102.19 亿元·a^{-1}，生物多样性保护为 311.19 亿元 · a^{-1}；中龄林的涵养水源价值为 563.16 亿元 · a^{-1}，保育土壤价值为 96.75 亿元 · a^{-1}，固碳释氧价值为 339.68 亿元 · a^{-1}，积累营养物质价值为 24.80 亿元 · a^{-1}，净化大气环境价值为 134.10 亿元 · a^{-1}，生物多样性保护为 397.78 亿元 · a^{-1}；近熟林的涵养水源价值为 454.74 亿元 · a^{-1}，保育土壤价值为 77.48 亿元 · a^{-1}，固碳释氧价值为 276.23 亿元 · a^{-1}，积累营养物质价值为 20.09 亿元 · a^{-1}，净化大气环境价值为 110.63 亿元 · a^{-1}，生物多样性保护为 317.86 亿元 · a^{-1}；成熟林的涵养水源价值为 326.88 亿元 · a^{-1}，保育土壤价值为 57.81 亿元 · a^{-1}，固碳释氧价值为 206.23 亿元 · a^{-1}，积累营养物质价值为 17.95 亿元 · a^{-1}，净化大气环境价值为 83.74 亿元 · a^{-1}，生物多样性保护为 278.32 亿元 · a^{-1}；过熟林的涵养水源价值为 130.34 亿元 · a^{-1}，

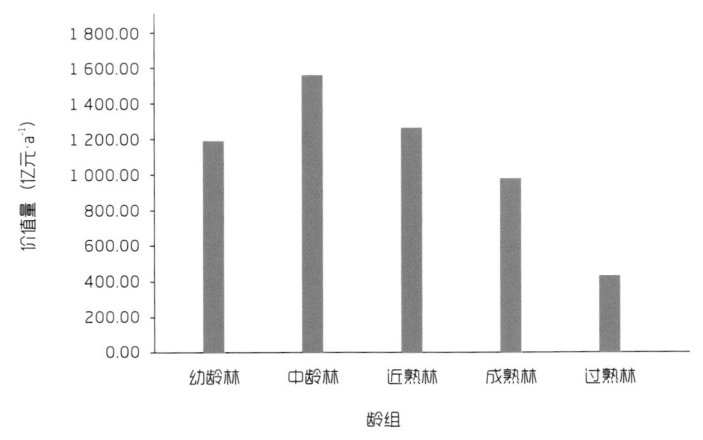

图5—59　广东省不同龄组生态服务功能价值量

保育土壤价值为23.86亿元·a^{-1}，固碳释氧价值为83.08亿元·a^{-1}，积累营养物质价值为7.54亿元·a^{-1}，净化大气环境价值为34.35亿元·a^{-1}，生物多样性保护为116.25亿元·a^{-1}。

5.1.3.2 不同起源森林生态系统服务功能评估

（1）不同起源森林生态系统服务功能物质量

广东省森林不同起源生态系统服务功能的物质量评估结果如表5-6所示。由表5-6可知，广东省森林生态系统中人工林每年涵养水源量为78.66亿$m^3·a^{-1}$；固土10 781.32万t·a^{-1}，减少N损失9.18万t·a^{-1}，减少P损失5.76万t·a^{-1}，减少K损失172.42万t·a^{-1}，减少有机质损失178.76万t·a^{-1}；固碳1 211.70万t·a^{-1}（折算成吸收二氧化碳4 438.36万t·a^{-1}），释氧3 028.65万t·a^{-1}；林木积累N 13.35万t·a^{-1}，积累P 1.52万t·a^{-1}，积累K 7.05万t·a^{-1}；提供负离子2 490.65×10^{22}个·a^{-1}，吸收二氧化硫49 404.25万kg·a^{-1}，吸收氟化物2 559.00万kg·a^{-1}，吸收氮氧化物2 920.76万kg·a^{-1}，滞尘10 565 830.66万kg·a^{-1}。天然林每年涵养水源量为152.66亿$m^3·a^{-1}$，固土16 626.85万t·a^{-1}，减少N损失17.19万t·a^{-1}，减少P损失9.15万t·a^{-1}，减少K损失318.52万t·a^{-1}，减少有机质损失330.51万t·a^{-1}；固碳1 925.14万t·a^{-1}（折算成吸收二氧化碳6 930.50万t·a^{-1}），释氧4 824.54万t·a^{-1}；林木积累N 29.73万t·a^{-1}，积累P 3.72万t·a^{-1}，积累K 15.26万t·a^{-1}；提供负离子4 537.63×10^{22}个·a^{-1}，吸收二氧化硫58 971.22万

表5-6　广东省不同起源森林生态系统服务功能总物质量

功能分项		物质量	
		人工林	天然林
涵养水源（万$m^3·a^{-1}$）		786 613.83	1 526 550.63
保育土壤	固　土（万t·a^{-1}）	10 781.32	16 626.85
	N（万t·a^{-1}）	9.18	17.19
	P（万t·a^{-1}）	5.76	9.15
	K（万t·a^{-1}）	172.42	318.52
	有机质（万t·a^{-1}）	178.76	330.51
固碳释氧	固　碳（万t·a^{-1}）	1 211.70	1 925.14
	释　氧（万t·a^{-1}）	3 028.65	4 824.54
积累营养物质	N（万t·a^{-1}）	13.35	29.73
	P（万t·a^{-1}）	1.52	3.27
	K（万t·a^{-1}）	7.05	15.26
净化大气环境	提供负离子（10^{22}个）	2 490.65	4 537.63
	吸收SO_2（万kg·a^{-1}）	49 404.25	58 971.22
	吸收HF（万kg·a^{-1}）	2 559.00	5 664.86
	吸收NO_X（万kg·a^{-1}）	2 920.76	4 566.85
	滞　尘（万kg·a^{-1}）	10 565 830.66	19 348 119.05

kg · a^{-1}，吸收氟化物 5 664.86 万 kg · a^{-1}，吸收氮氧化物 4 566.85 万 kg · a^{-1}，滞尘 19 348 119.05 万 kg · a^{-1}。

通过对表 5-6 中人工林和天然林生态系统的比较可以看出，人工林和天然林的各项服务功能物质量存在一定差异。其中，涵养水源物质量天然林为人工林的 1.94 倍；固土物质量天然林为人工林的 1.54 倍；固碳释氧物质量天然林为人工林的 1.58 倍；森林积累营养物质量天然林为人工林的 2.16 倍；净化大气环境物质量中提供负离子量天然林是人工林的 1.82 倍，滞尘物质量天然林为人工林的 1.83 倍。

（2）不同起源森林生态系统服务功能价值量

根据评估指标体系及其计算结果，广东不同起源森林生态系统服务功能价值量存在一定差异。其中人工林生态系统服务功能的总价值为 1 824.93 亿元 · a^{-1}；天然林生态系统服务功能的总价值为 3 540. 47 亿元 · a^{-1}。

在 6 项森林生态系统服务功能价值的贡献之中（图 5-60），人工林 6 项功能的价值量分别为：涵养水源：645.08 亿元 · a^{-1}；保育土壤：177.40 亿元 · a^{-1}；固碳释氧：448.27 亿元 · a^{-1}；积累营养物质：28.41 亿元 · a^{-1}；净化大气环境：165.53 亿元 · a^{-1}；生物多样性保护：420.24 亿元 · a^{-1}。天然林 6 项功能的价值量分别为：涵养水源：1 251.88 亿元 · a^{-1}；保育土壤：211.58 亿元 · a^{-1}；固碳释氧：713.47 亿元 · a^{-1}；积累营养物质：62.90 亿元 · a^{-1}；净化大气环境：299.48 亿元 · a^{-1}；生物多样性保护：1 001.16 亿元 · a^{-1}。

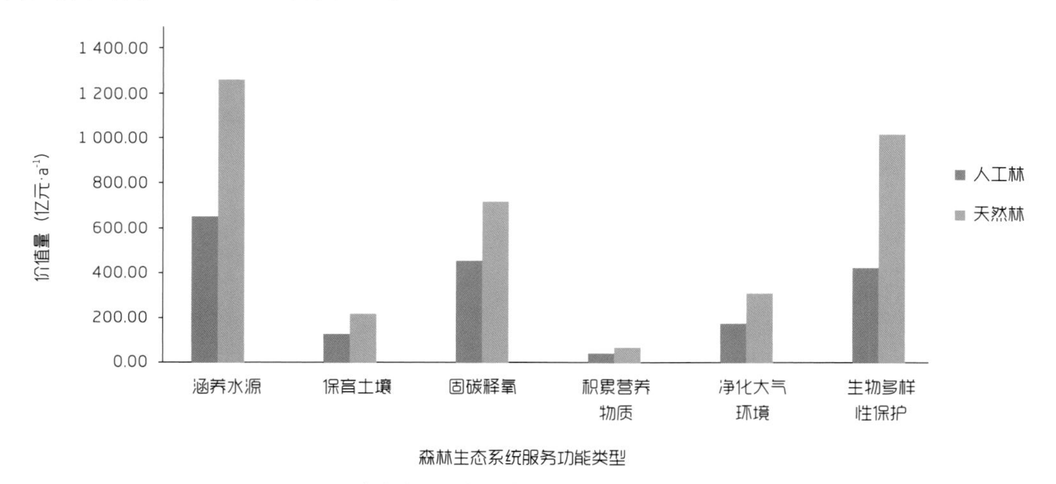

图5-60　广东省不同起源森林生态系统服务功能总价值

通过对人工林和天然林生态系统各项功能的比较表明，人工林和天然林的各项服务功能价值量也存在较大差异。其中，涵养水源价值量天然林为人工林的 1.94 倍；保育土壤价值量天然林为人工林的 1.80 倍；固碳释氧价值量天然林为人工林的 1.59 倍；森林积累营养价值量天然林为人工林的 2.21 倍；净化大气环境价值量天然林是人工林的 1.80 倍，生物多样性保护价值天然林为人工林的 2.38 倍。

5.1.4 涵养水源林涵养水源功能评估

涵养水源林对涵养水源具有重要意义，具有保水、缓和洪水、通过自然的自净作用净化水质、提供休闲场所等多样功能。主要表现在：①调节坡面径流，削减河川汛期径流量。②调节

表5-7 广东省涵养水源林 （单位：hm^2、m^3）

优势树种	面积	蓄积
马尾松	411 469.7	19 023 068
湿地松	65 076.3	3 738 301
其他松类	5 745.4	194 793
杉木	120 047.8	7 036 869
木荷	9 701.6	282 421
其他硬阔类	135 460.9	6 776 375
桉树	41 262.8	1 775 222
相思	23 850.5	1 569 405
木麻黄	146.7	10 356
其他软阔类	248 520.2	12 424 500
针叶混	68 192.6	3 865 935
阔叶混	156 282.5	7 836 755
针阔混	181 452.7	9 235 104
水源涵养经济林	45 438	211 122
合计	1 512 647.7	73 980 226

地下径流，增加河川枯水期径流量。③减少径流泥沙含量，防止水库、湖泊淤积。广东省的涵养水源林的现状见表5-7。

通过计算广东省涵养水源林的调节水量物质量为每年454 615.91万m^3，其涵养水源价值为372.82亿元·a^{-1}。广东省涵养水源林单位面积的调节水量物质量为3 005.43$m^3 \cdot a^{-1}$，单位面积涵养水源功能的价值为2.46万元·$hm^{-2} \cdot a^{-1}$。

5.1.5 分市森林生态服务功能评估

5.1.5.1 广州市

广州市森林生态系统服务功能及其价值比例见图5-61至图5-63。广州市森林涵养水源8.56亿$m^3 \cdot a^{-1}$，固土941.66万$t \cdot a^{-1}$，减少土壤中N损失1.28万$t \cdot a^{-1}$，减少土壤中P损失0.53万$t \cdot a^{-1}$，减少土壤中K损失17.36万$t \cdot a^{-1}$，减少土壤中有机质损失18.24万$t \cdot a^{-1}$，固碳101.21万$t \cdot a^{-1}$（折算成吸收二氧化碳374.48万$t \cdot a^{-1}$），释放氧气252.01万$t \cdot a^{-1}$，林木积累N 1.55万$t \cdot a^{-1}$，林木积累P 0.17万$t \cdot a^{-1}$，林木积累K 0.86万$t \cdot a^{-1}$，提供负离子216.07×10^{22}个·a^{-1}，吸收二氧化硫2 917.41万$kg \cdot a^{-1}$，吸收氟化物337.88万$kg \cdot a^{-1}$，吸收氮氧化物260.35万$kg \cdot a^{-1}$，滞尘1 176 898.83万$kg \cdot a^{-1}$。

广州市森林生态服务功能总价值为190.59亿元·a^{-1}，其中涵养水源价值为70.17亿元·a^{-1}，保育土壤价值为12.21亿元·a^{-1}，固碳释氧价值为37.35亿元·a^{-1}，积累营养物质价值为3.31亿元·a^{-1}，净化大气环境价值为18.11亿元·a^{-1}，生物多样性保护价值为49.45亿元·a^{-1}。

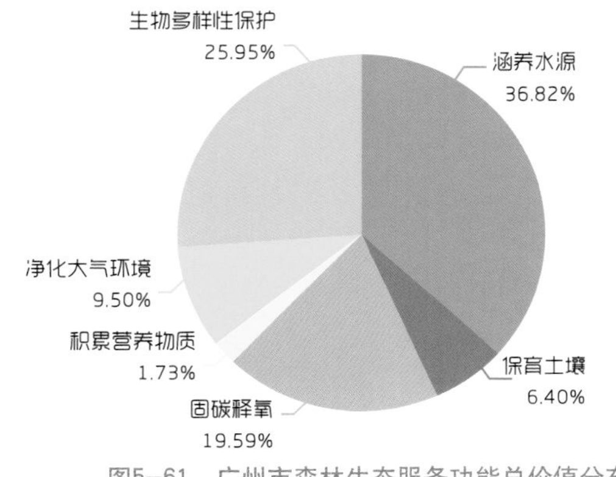

图5-61 广州市森林生态服务功能总价值分布

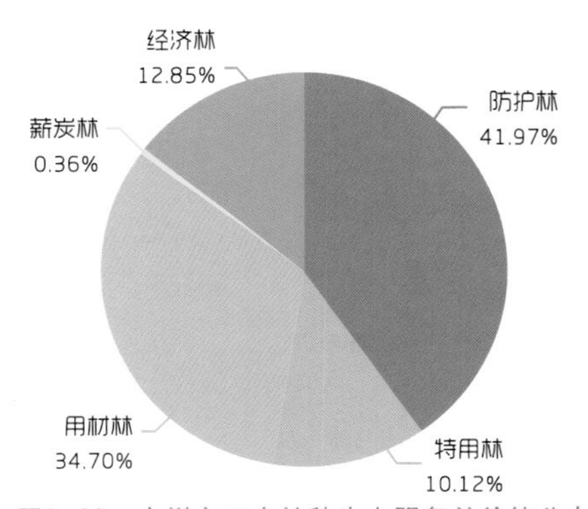

图5-62 广州市五大林种生态服务总价值分布

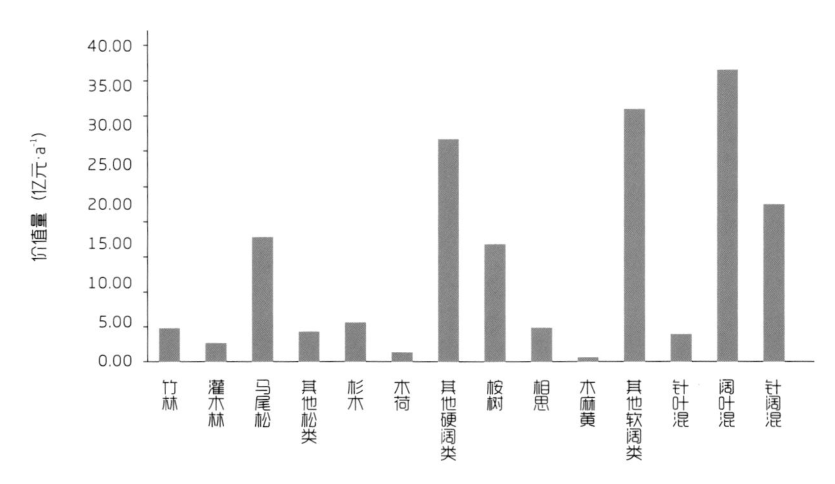

图5-63 广州市不同林分类型生态服务功能价值量分布图

5.1.5.2 深圳市

深圳市森林生态系统服务功能及其价值比例见图 5-64 至 5-66。深圳市森林涵养水源 2.22 亿 $m^3 \cdot a^{-1}$，固土 247.38 万 $t \cdot a^{-1}$，减少土壤中 N 损失 0.39 万 $t \cdot a^{-1}$，减少土壤中 P 损失 0.14 万 $t \cdot a^{-1}$，减少土壤中 K 损失 4.70 万 $t \cdot a^{-1}$，减少土壤中有机质损失 4.75 万 $t \cdot a^{-1}$，固碳 24.97 万 $t \cdot a^{-1}$（折算成吸收二氧化碳 91.64 万 $t \cdot a^{-1}$），释放氧气 61.84 万 $t \cdot a^{-1}$，林木积累 N 0.41 万 $t \cdot a^{-1}$，林木积累 P

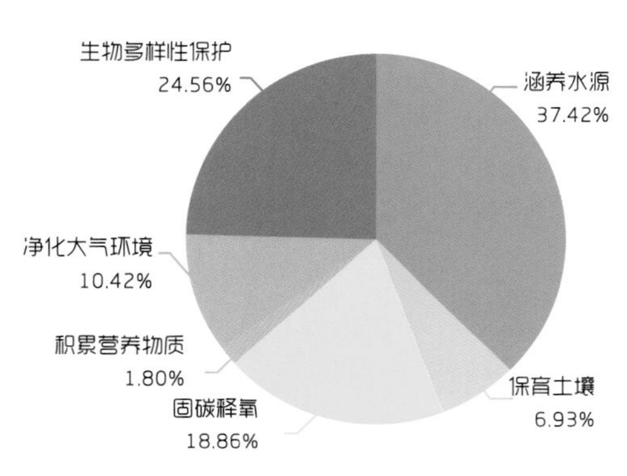

图5-64 深圳市森林生态服务功能总价值分布

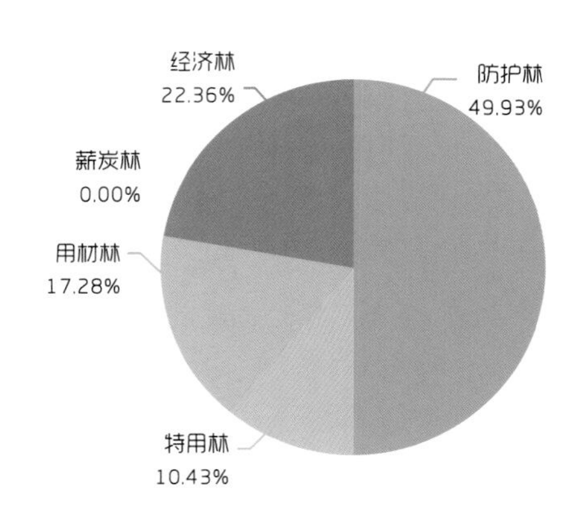

图5-65 深圳市五大林种生态服务总价值分布

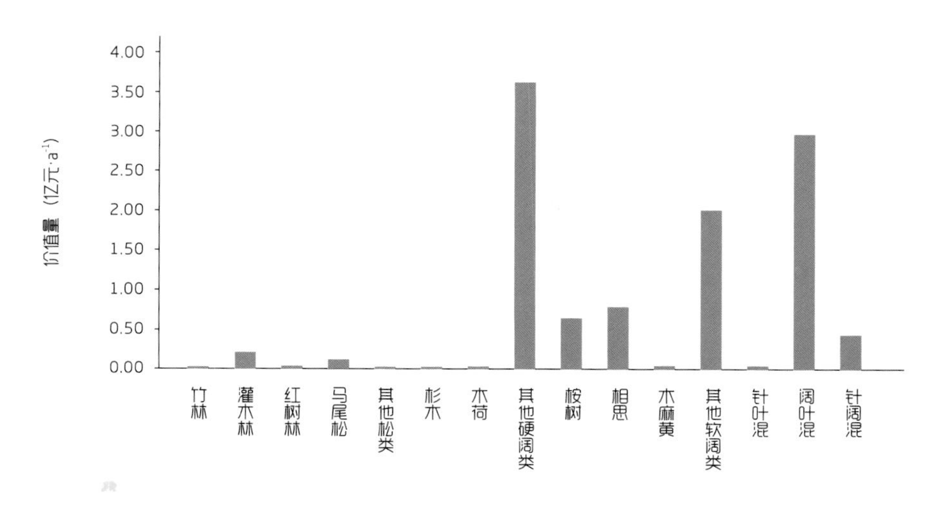

图5-66 深圳市不同林分类型生态服务功能价值量分布图

0.04 万 t · a^{-1}，林木积累 K 0.23 万 t · a^{-1}，提供负离子 48.50 × 10^{22} 亿个 · a^{-1}，吸收二氧化硫 675.42 万 kg · a^{-1}，吸收氟化物 94.77 万 kg · a^{-1}，吸收氮氧化物 69.50 万 kg · a^{-1}，滞尘 33.11 亿 kg · a^{-1}。

深圳市森林生态服务功能总价值为 48.67 亿元 · a^{-1}，其中涵养水源价值为 18.21 亿元 · a^{-1}，保育土壤价值 3.37 亿元·a^{-1}，固碳释氧价值为 9.18 亿元·a^{-1}，积累营养物质价值为 0.88 亿元·a^{-1}，净化大气环境价值为 5.07 亿元 · a^{-1}，生物多样性保护价值为 11.95 亿元 · a^{-1}。

5.1.5.3 珠海市

珠海市森林生态系统服务功能及其价值比例见图 5-67 至图 5-68。珠海市森林涵养水源 2.46 亿 m^3·a^{-1}，固土 145.79 万 t·a^{-1}，减少土壤中 N 损失 0.22 万 t·a^{-1}，减少土壤中 P 损失 0.08 万 t·a^{-1}，减少土壤中 K 损失 2.77 万 t · a^{-1}，减少土壤中有机质损失 2.83 万 t · a^{-1}，固碳 12.59 万 t · a^{-1}（折算成吸收二氧化碳 46.21 万 t · a^{-1}），释放氧气 30.84 万 t · a^{-1}，林木积累 N 0.17 万 t · a^{-1}，林木积累 P 0.02 万 t · a^{-1}，林木积累 K 0.10 万 t · a^{-1}，提供负离子 24.18 × 10^{22} 个 · a^{-1}，吸收二氧化硫 389.72 万 kg · a^{-1}，吸收氟化物 50.56 万 kg · a^{-1}，吸收氮氧化物 43.94 万 kg · a^{-1}，滞尘 179 842.80 万 kg · a^{-1}。

珠海市森林生态服务功能总价值为 35.64 亿元 · a^{-1}，其中涵养水源价值为 20.21 亿元 · a^{-1}，

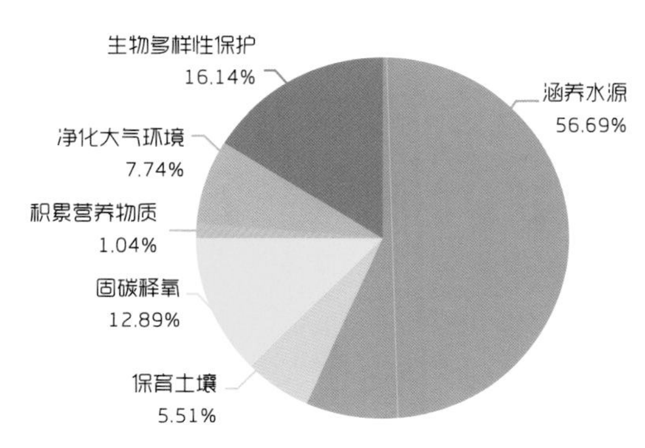

图5-67 珠海市森林生态服务功能总价值分布

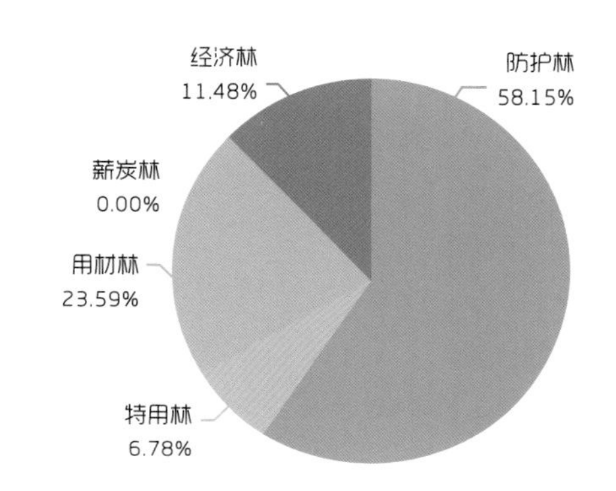

图5-68 珠海市五大林种生态服务总价值分布

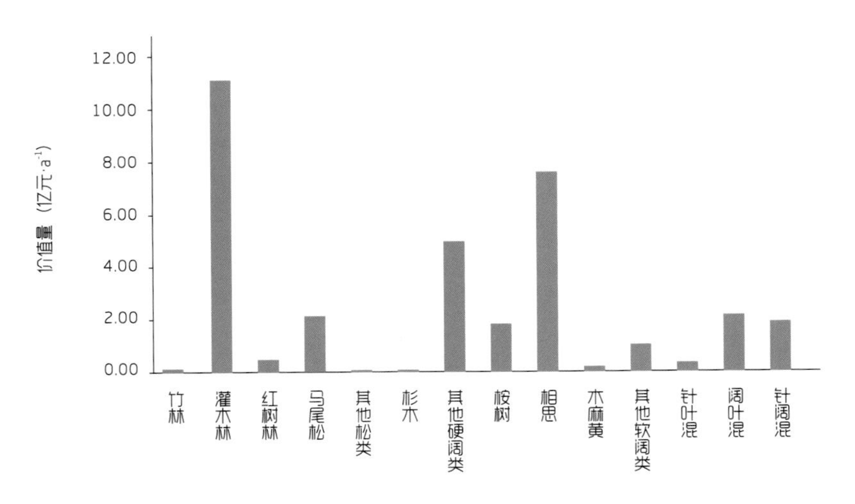

图5–69　珠海市不同林分类型生态服务功能价值量分布图

保育土壤价值为 1.96 亿元·a^{-1}，固碳释氧价值为 4.59 亿元·a^{-1}，积累营养物质价值为 0.37 亿元·a^{-1}，净化大气环境价值为 2.76 亿元 · a^{-1}，生物多样性保护价值为 5.75 亿元 · a^{-1}。

5.1.5.4 汕头市

汕头市森林生态系统服务功能及其价值比例见图 5-70 至图 5-72。汕头市森林涵养水源 1.81 亿 m^3·a^{-1}，固土 198.70 万 t·a^{-1}，减少土壤中 N 损失 0.29 万 t·a^{-1}，减少土壤中 P 损失 0.11 万 t·a^{-1}，减少土壤中 K 损失 3.75 万 t · a^{-1}，减少土壤中有机质损失 3.51 万 t · a^{-1}，固碳 20.21 万 t · a^{-1}（折算成吸收二氧化碳 74.17 万 t · a^{-1}），释放氧气 50.09 万 t · a^{-1}，林木积累 N 0.33 万 t · a^{-1}，林木积累 P 0.03 万 t · a^{-1}，林木积累 K 0.20 万 t · a^{-1}，提供负离子 46.76 × 10^{22} 个 · a^{-1}，吸收二氧化硫 589.18 万 kg · a^{-1}，吸收氟化物 76.73 万 kg · a^{-1}，吸收氮氧化物 52.88 万 kg · a^{-1}，滞尘 249 386.75 万 kg · a^{-1}。

汕头市森林生态服务功能总价值为 39.26 亿元 · a^{-1}，其中涵养水源价值为 14.86 亿元 · a^{-1}，保育土壤价值为 2.63 亿元·a^{-1}，固碳释氧价值为 7.43 亿元·a^{-1}，积累营养物质价值为 0.70 亿元·a^{-1}，净化大气环境价值为 3.84 亿元 · a^{-1}，生物多样性保护价值为 9.80 亿元 · a^{-1}。

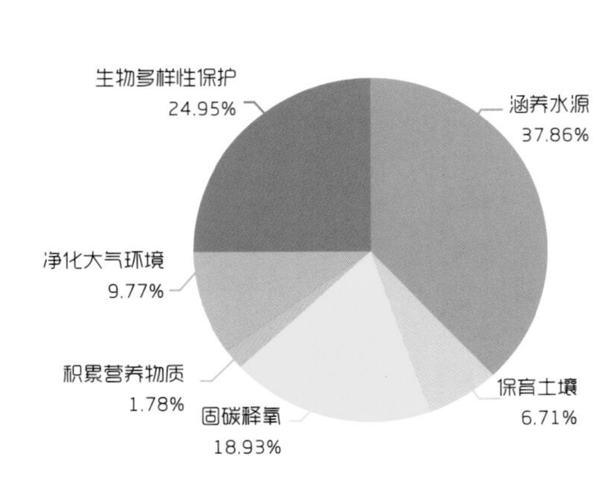

图5–70　汕头市森林生态服务功能总价值分布

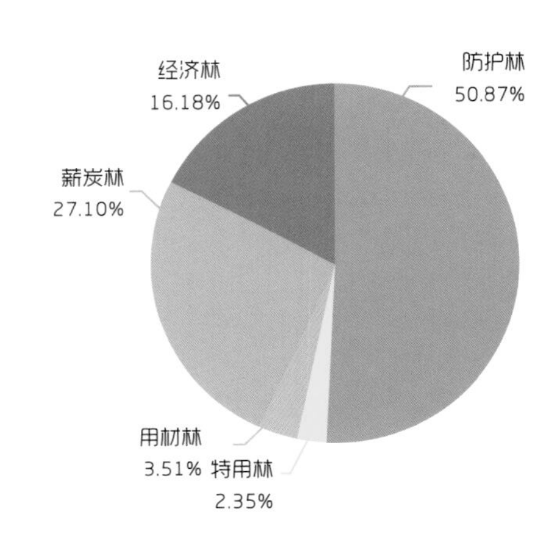

图5–71　汕头市五大林种生态服务总价值分布

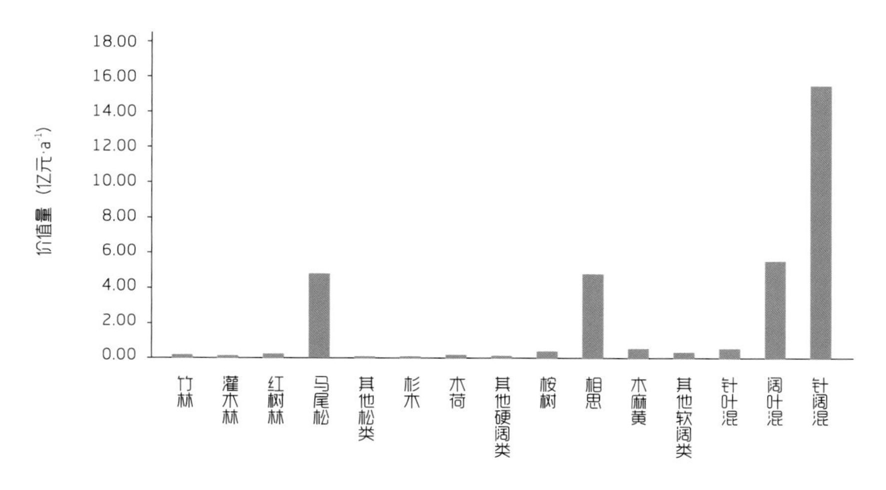

图5-72　汕头市不同林分类型生态服务功能价值量分布图

5.1.5.5 韶关市

韶关市森林生态系统服务功能及其价值比例见图 5-73 至图 5-75。韶关市森林涵养水源 38.43 亿 $m^3 \cdot a^{-1}$，固土 4 091.03 万 $t \cdot a^{-1}$，减少土壤中 N 损失 4.82 万 $t \cdot a^{-1}$，减少土壤中 P 损失

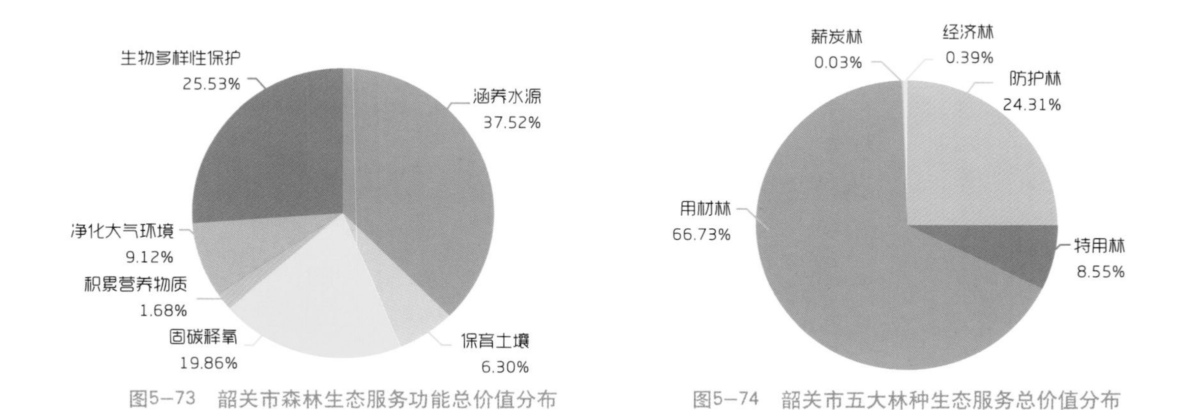

图5-73　韶关市森林生态服务功能总价值分布　　图5-74　韶关市五大林种生态服务总价值分布

图5-75　韶关市不同林分类型生态服务功能价值量分布图

2.26 万 t · a⁻¹，减少土壤中 K 损失 77.75 万 t · a⁻¹，减少土壤中有机质损失 83.92 万 t · a⁻¹，固碳 451.37 万 t · a⁻¹（折算成吸收二氧化碳 1 656.53 万 t · a⁻¹），释放氧气 1 126.63 万 t · a⁻¹，林木积累 N 6.66 万 t·a⁻¹，林木积累 P 0.72 万 t·a⁻¹，林木积累 K 3.63 万 t·a⁻¹，提供负离子 1 089.15 × 10^{22} 个·a⁻¹，吸收二氧化硫 17 248.40 万 kg · a⁻¹，吸收氟化物 1 396.82 万 kg · a⁻¹，吸收氮氧化物 1 217.71 万 kg · a⁻¹，滞尘 4 933 803.67 万 kg · a⁻¹。

韶关市森林生态服务功能总价值为 840.16 亿元 · a⁻¹，其中涵养水源价值为 315.20 亿元 · a⁻¹，保育土壤价值为 52.90 亿元 · a⁻¹，固碳释氧价值为 166.83 亿元 · a⁻¹，积累营养物质价值为 14.16 亿元 · a⁻¹，净化大气环境价值为 76.63 亿元 · a⁻¹，生物多样性保护价值为 214.45 亿元 · a⁻¹。

5.1.5.6 河源市

河源市森林生态系统服务功能及其价值比例见图 5-76 至图 5-78。河源市森林涵养水源 65.00 亿 m³ · a⁻¹，固土 3 620.05 万 t · a⁻¹，减少土壤中 N 损失 3.90 万 t · a⁻¹，减少土壤中 P 损失 1.98 万 t · a⁻¹，减少土壤中 K 损失 64.71 万 t · a⁻¹，减少土壤中有机质损失 68.61 万 t · a⁻¹，固碳 420.98 万 t · a⁻¹（折算成吸收二氧化碳 1544.99 万 t · a⁻¹），释放氧气 1 054.77 万 t · a⁻¹，林木积累 N 5.73 万 t·a⁻¹，林木积累 P 0.67 万 t·a⁻¹，林木积累 K 3.02 万 t·a⁻¹，提供负离子 942.89 × 10^{22} 个·a⁻¹，吸收二氧化硫 14 357.27 万 kg · a⁻¹，吸收氟化物 1 136.33 万 kg · a⁻¹，吸收氮氧化物 1 017.72 万

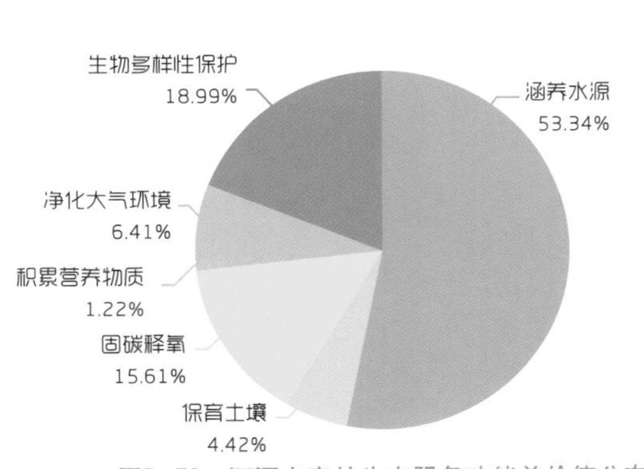

图5-76　河源市森林生态服务功能总价值分布

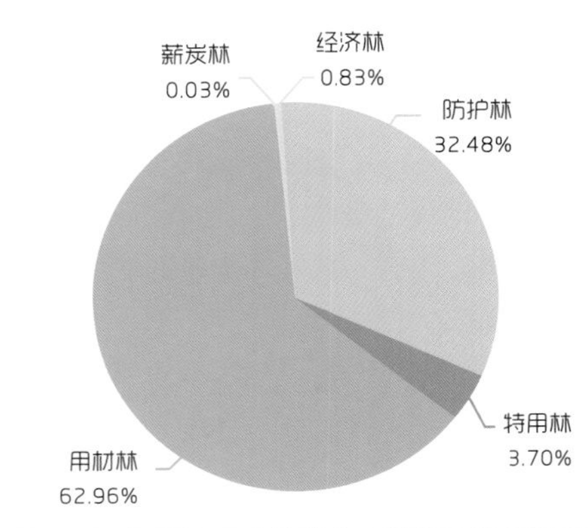

图5-77　河源市五大林种生态服务总价值分布

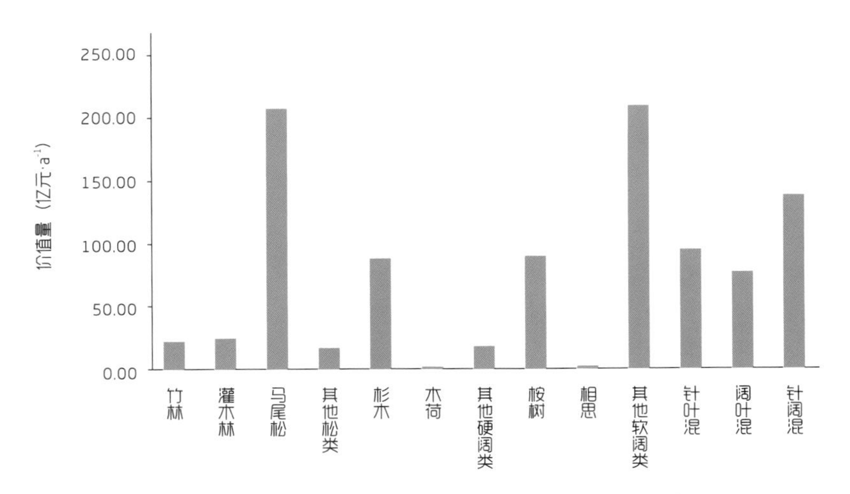

图5-78　河源市不同林分类型生态服务功能价值量分布图

kg · a^{-1}，滞尘 4 125 706.26 万 kg · a^{-1}。

河源市森林生态服务功能总价值为 999.23 亿元 · a^{-1}，其中涵养水源价值为 533.01 亿元 · a^{-1}，保育土壤价值为 44.16 亿元 · a^{-1}，固碳释氧价值为 155.99 亿元 · a^{-1}，积累营养物质价值为 12.22 亿元 · a^{-1}，净化大气环境价值为 64.07 亿元 · a^{-1}，生物多样性保护价值为 189.77 亿元 · a^{-1}。

5.1.5.7 梅州市

河源市森林生态系统服务功能及其价值比例见图 5-79 至图 5-81。梅州市森林涵养水源 32.65 亿 m^3 · a^{-1}，固土 3625.06 万 t · a^{-1}，减少土壤中 N 损失 3.78 万 t · a^{-1}，减少土壤中 P 损失 1.96 万 t · a^{-1}，减少土壤中 K 损失 64.84 万 t · a^{-1}，减少土壤中有机质损失 67.68 万 t · a^{-1}，固碳 384.63 万 t·a^{-1}（折算成吸收二氧化碳 1 411.59 万 t·a^{-1}），释放氧气 957.74 万 t·a^{-1}，林木积累 N 5.35 万 t · a^{-1}，林木积累 P 0.58 万 t · a^{-1}，林木积累 K 2.61 万 t · a^{-1}，提供负离子 981.52×10^{22} 个 · a^{-1}，吸收二氧化硫 13 225.57 万 kg · a^{-1}，吸收氟化物 1 168.16 万 kg · a^{-1}，吸收氮氧化物 980.08 万 kg · a^{-1}，滞尘 4 098 528.59 万 kg · a^{-1}。

梅州市森林生态服务功能总价值为 733.77 亿元 · a^{-1}，其中涵养水源价值为 267.76 亿元 · a^{-1}，保育土壤价值为 43.96 亿元 · a^{-1}，固碳释氧价值为 141.93 亿元 · a^{-1}，积累营养物质价值为 11.24

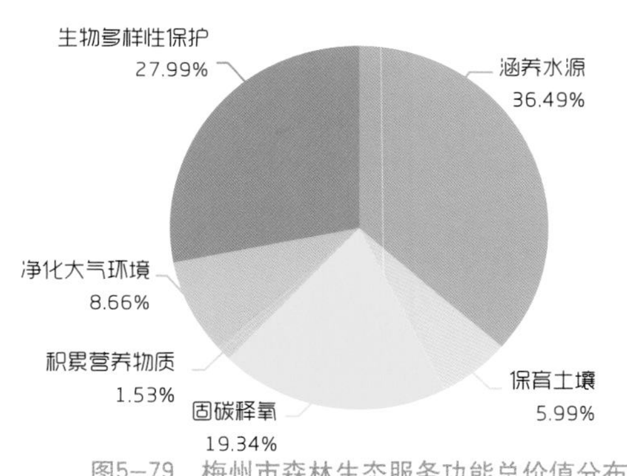

图5-79　梅州市森林生态服务功能总价值分布

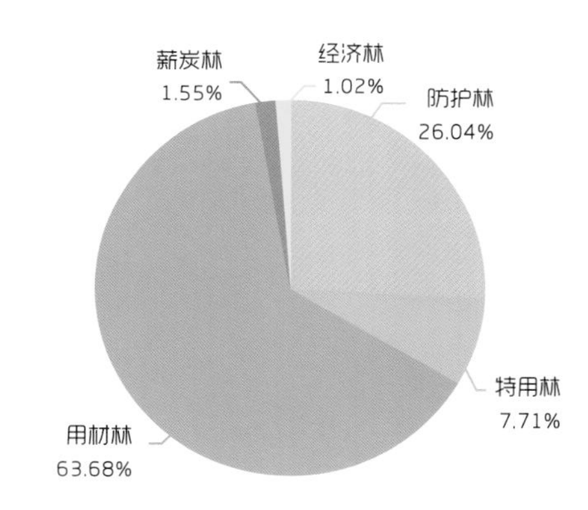

图5-80　梅州市五大林种生态服务总价值分布

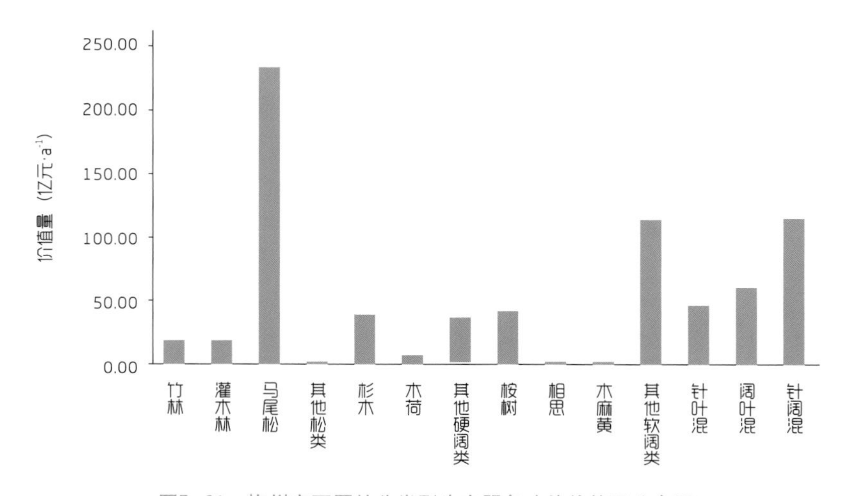

图5-81　梅州市不同林分类型生态服务功能价值量分布图

亿元·a^{-1}，净化大气环境价值为 63.54 亿元·a^{-1}，生物多样性保护价值为 205.35 亿元·a^{-1}。

5.1.5.8 惠州市

惠州市森林生态系统服务功能及其价值比例见图 5-82 至图 5-84。惠州市森林涵养水源 19.47 亿 m^3·a^{-1}，固土 2216.35 万 t·a^{-1}，减少土壤中 N 损失 2.54 万 t·a^{-1}，减少土壤中 P 损失 1.21 万 t·a^{-1}，减少土壤中 K 损失 40.09 万 t·a^{-1}，减少土壤中有机质损失 43.05 万 t·a^{-1}，固碳 248.05 万 t·a^{-1}（折算成吸收二氧化碳 910.34 万 t·a^{-1}），释放氧气 620.15 万 t·a^{-1}，林木积累 N3.30 万 t·a^{-1}，林木积累 P 0.42 万 t·a^{-1}，林木积累 K 1.80 万 t·a^{-1}，提供负离子 532.26 × 10^{22} 个·a^{-1}，吸收二氧化硫 7 118.92 万 kg·a^{-1}，吸收氟化物 713.56 万 kg·a^{-1}，吸收氮氧化物 618.57 万 kg·a^{-1}，滞尘 2 510 266.71 万 kg·a^{-1}。

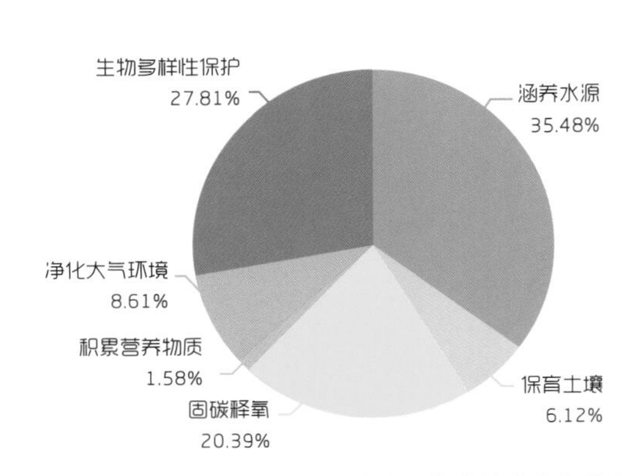

图5–82　惠州市森林生态服务功能总价值分布

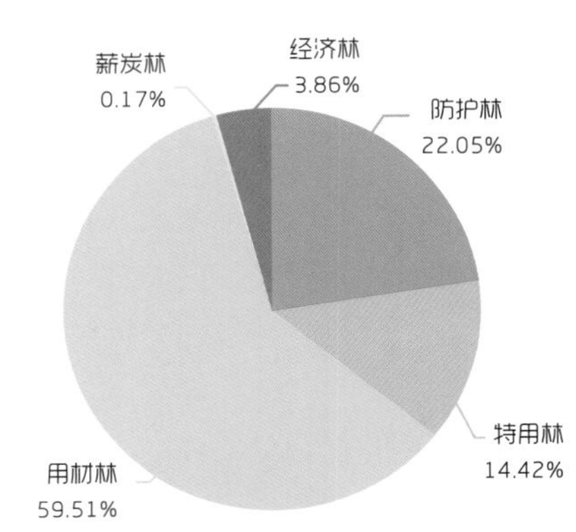

图5–83　惠州市五大林种生态服务总价值分布

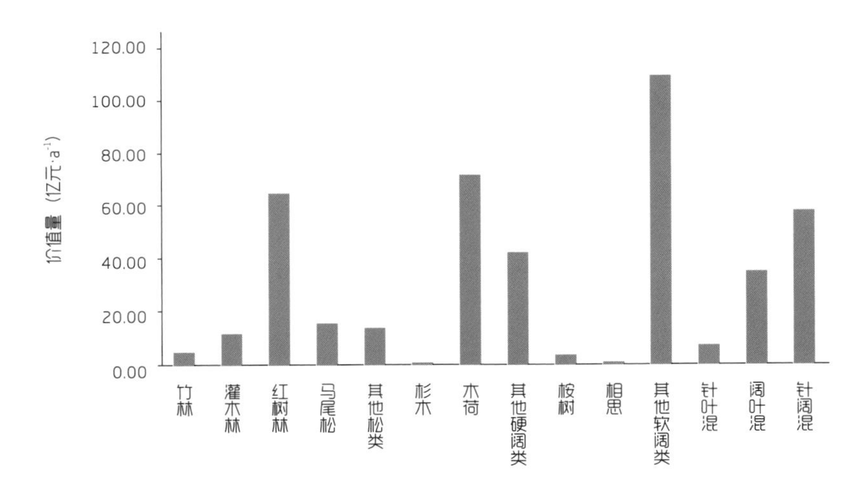

图5–84　惠州市不同林分类型生态服务功能价值量分布图

惠州市森林生态服务功能总价值为 450.04 亿元·a^{-1}，其中涵养水源价值为 159.68 亿元·a^{-1}，保育土壤价值为 27.54 亿元·a^{-1}，固碳释氧价值为 91.78 亿元·a^{-1}，积累营养物质价值为 7.13 亿元·a^{-1}，净化大气环境价值为 38.77 亿元·a^{-1}，生物多样性保护价值为 125.14 亿元·a^{-1}。

5.1.5.9 汕尾市

汕尾市森林生态系统服务功能及其价值比例见图 5-85 至图 5-87。汕尾市森林涵养水源

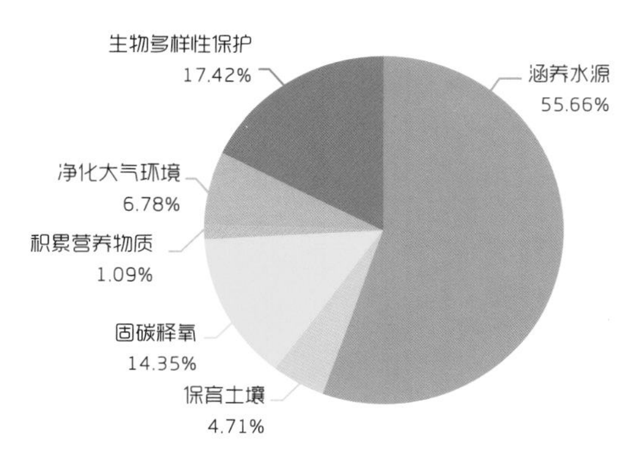

图5-85　汕尾市森林生态服务功能总价值分布

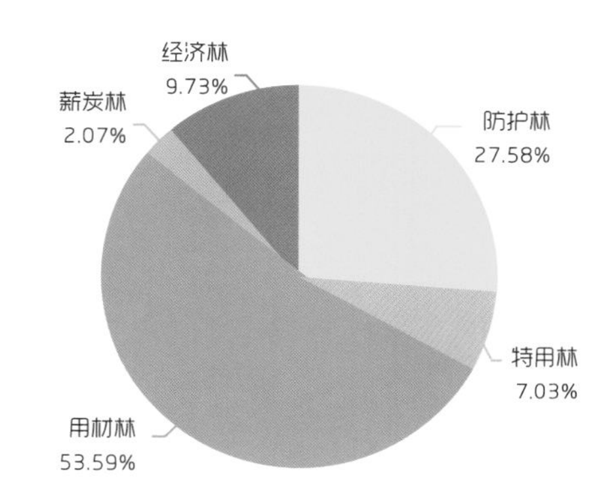

图5-86　汕尾市五大林种生态服务总价值分布

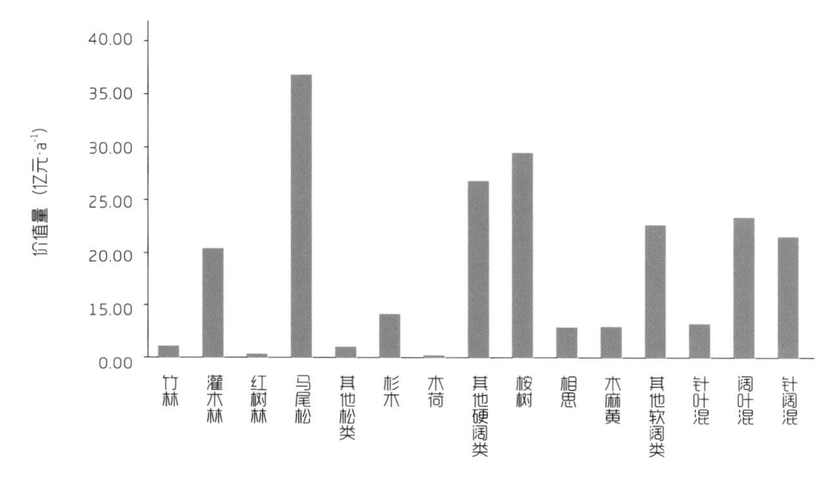

图5-87　汕尾市不同林分类型生态服务功能价值量分布图

12.14 亿 $m^3 \cdot a^{-1}$，固土 689.56 万 $t \cdot a^{-1}$，减少土壤中 N 损失 0.82 万 $t \cdot a^{-1}$，减少土壤中 P 损失 0.38 万 $t \cdot a^{-1}$，减少土壤中 K 损失 12.09 万 $t \cdot a^{-1}$，减少土壤中有机质损失 12.68 万 $t \cdot a^{-1}$，固碳 69.75 万 $t \cdot a^{-1}$（折算成吸收二氧化碳 255.98 万 $t \cdot a^{-1}$），释放氧气 173.00 万 $t \cdot a^{-1}$，林木积累 N 0.92 万 $t \cdot a^{-1}$，林木积累 P 0.10 万 $t \cdot a^{-1}$，林木积累 K 0.49 万 $t \cdot a^{-1}$，提供负离子 148.52×10^{22} 个 $\cdot a^{-1}$，吸收二氧化硫 2189.79 万 $kg \cdot a^{-1}$，吸收氟化物 218.23 万 $kg \cdot a^{-1}$，吸收氮氧化物 186.78 万 $kg \cdot a^{-1}$，滞尘 786 098.53 万 $kg \cdot a^{-1}$。

汕尾市森林生态服务功能总价值为 178.93 亿元 $\cdot a^{-1}$，其中涵养水源价值为 99.58 亿元 $\cdot a^{-1}$，保育土壤价值为 8.43 亿元 $\cdot a^{-1}$，固碳释氧价值为 25.67 亿元 $\cdot a^{-1}$，积累营养物质价值为 1.95 亿元 $\cdot a^{-1}$，净化大气环境价值为 12.13 亿元 $\cdot a^{-1}$，生物多样性保护价值为 31.16 亿元 $\cdot a^{-1}$。

5.1.5.10 东莞市

汕尾市森林生态系统服务功能及其价值比例见图 5-88 至图 5-90。东莞市森林涵养水源 1.48 亿 $m^3 \cdot a^{-1}$，固土 170.59 万 $t \cdot a^{-1}$，减少土壤中 N 损失 0.31 万 $t \cdot a^{-1}$，减少土壤中 P 损失 0.10 万 $t \cdot a^{-1}$，减少土壤中 K 损失 2.93 万 $t \cdot a^{-1}$，减少土壤中有机质损失 2.84 万 $t \cdot a^{-1}$，固碳 14.62 万 $t \cdot a^{-1}$（折算成吸收二氧化碳 53.65 万 $t \cdot a^{-1}$），释放氧气 35.61 万 $t \cdot a^{-1}$，林木积累 N0.19 万 $t \cdot a^{-1}$，林木积累 P 0.02 万 $t \cdot a^{-1}$，林木积累 K 0.11 万 $t \cdot a^{-1}$，提供负离子 28.12×10^{22} 个 $\cdot a^{-1}$，吸收二氧化硫

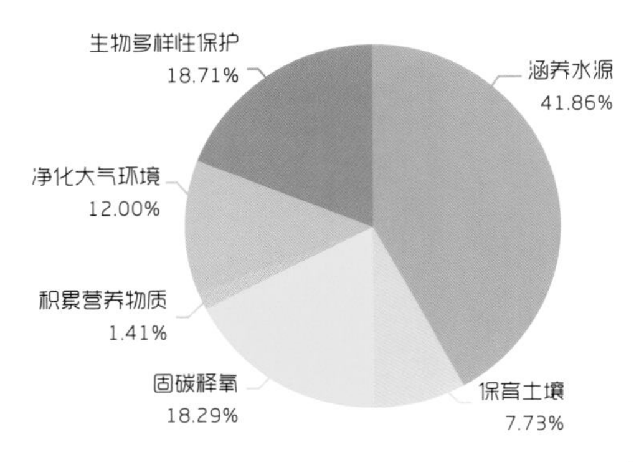

图5-88　东莞市森林生态服务功能总价值分布

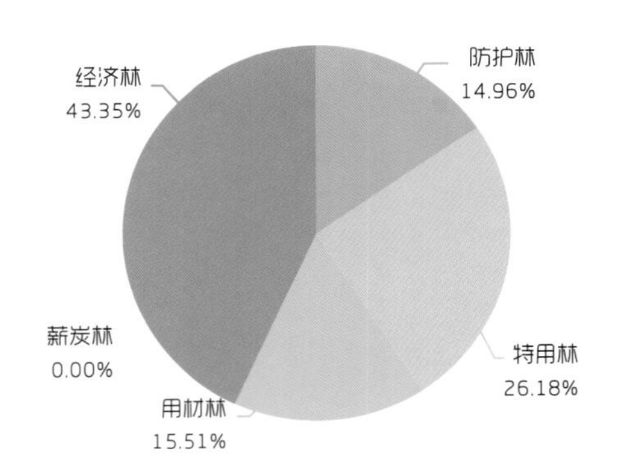

图5-89　东莞市五大林种生态服务总价值分布

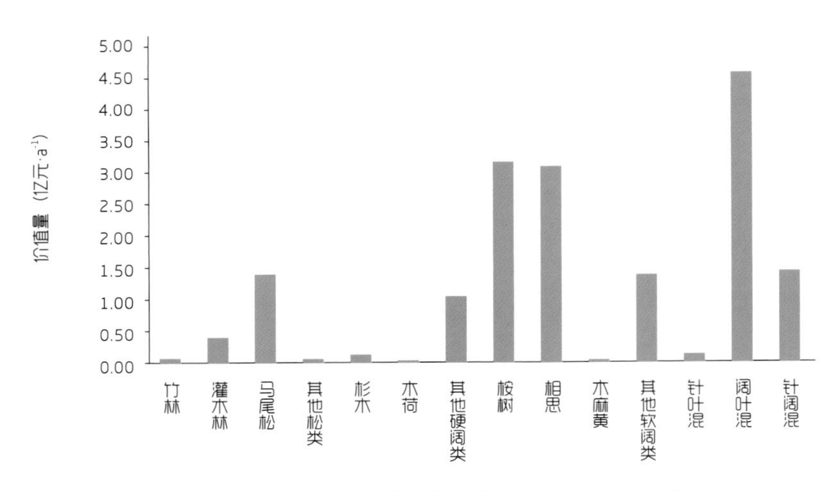

图5-90　东莞市不同林分类型生态服务功能价值量分布图

487.95 万 kg · a^{-1}，吸收氟化物 62.76 万 kg · a^{-1}，吸收氮氧化物 47.80 万 kg · a^{-1}，滞尘 227 497.13 万 kg · a^{-1}。

东莞市森林生态服务功能总价值为 29.06 亿元 · a^{-1}，其中涵养水源价值为 12.16 亿元 · a^{-1}，保育土壤价值为 2.25 亿元·a^{-1}，固碳释氧价值为 5.32 亿元·a^{-1}，积累营养物质价值为 0.41 亿元·a^{-1}，净化大气环境价值为 3.49 亿元 · a^{-1}，生物多样性保护价值为 5.44 亿元 · a^{-1}。

5.1.5.11 中山市

中山市森林生态系统服务功能及其价值比例见图 5-91 至图 5-93。中山市森林涵养水源 1.81 亿 m^3 · a^{-1}，固土 100.27 万 t · a^{-1}，减少土壤中 N 损失 0.12 万 t · a^{-1}，减少土壤中 P 损失 0.06 万 t · a^{-1}，减少土壤中 K 损失 1.93 万 t · a^{-1}，减少土壤中有机质损失 1.89 万 t · a^{-1}，固碳 11.05 万 t · a^{-1}（折算成吸收二氧化碳 40.55 万 t · a^{-1}），释放氧气 27.58 万 t · a^{-1}，林木积累 N0.23 万 t · a^{-1}，林木积累 P 0.02 万 t · a^{-1}，林木积累 K 0.12 万 t · a^{-1}，提供负离子 25.61 × 10^{22} 个 · a^{-1}，吸收二氧化硫 302.58 万 kg · a^{-1}，吸收氟化物 39.38 万 kg · a^{-1}，吸收氮氧化物 25.03 万 kg · a^{-1}，滞尘 133 179.80 万 kg · a^{-1}。

中山市森林生态服务功能总价值为 27.71 亿元 · a^{-1}，其中涵养水源价值为 14.88 亿元 · a^{-1}，保育土壤价值为 1.31 亿元·a^{-1}，固碳释氧价值为 4.08 亿元·a^{-1}，积累营养物质价值为 0.47 亿元·a^{-1}，净化大气环境价值为 2.05 亿元 · a^{-1}，生物多样性保护价值为 4.92 亿元 · a^{-1}。

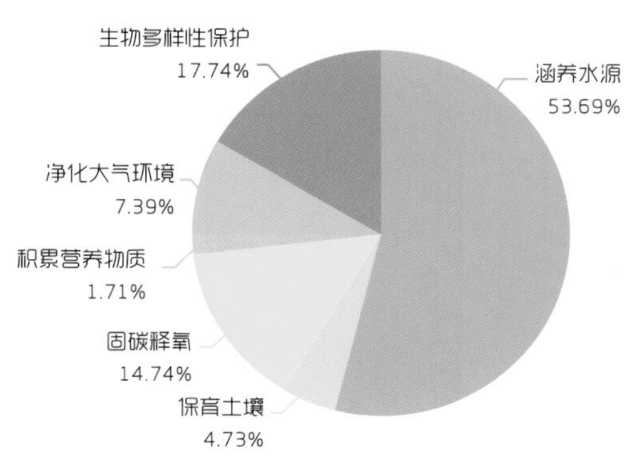

图5-91 中山市森林生态服务功能总价值分布

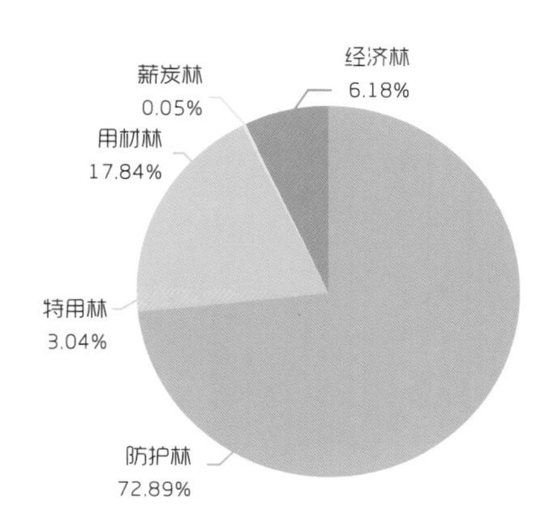

图5-92 中山市五大林种生态服务总价值分布

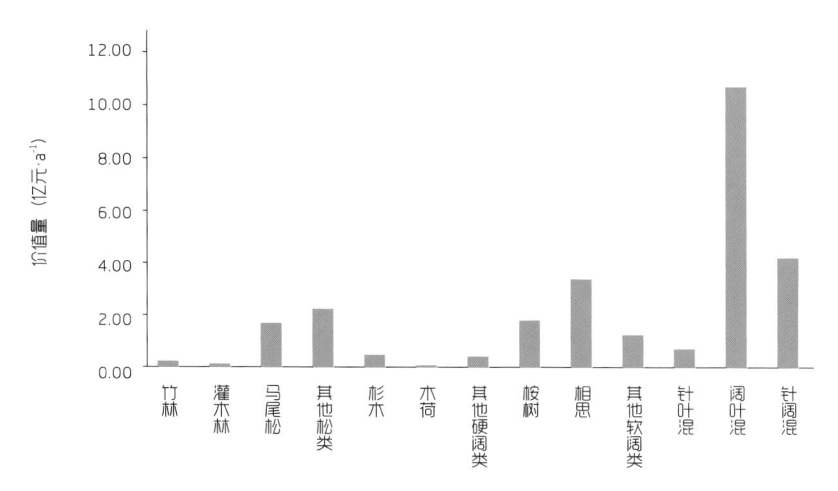

图5-93 中山市不同林分类型生态服务功能价值量分布图

5.1.5.12 江门市

江门市森林生态系统服务功能及其价值比例见图 5-94 至图 5-96。江门市森林涵养水源 1.03 亿 $m^3 \cdot a^{-1}$，固土 1301.81 万 $t \cdot a^{-1}$，减少土壤中 N 损失 1.42 万 $t \cdot a^{-1}$，减少土壤中 P 损失 0.69 万 $t \cdot a^{-1}$，减少土壤中 K 损失 21.06 万 $t \cdot a^{-1}$，减少土壤中有机质损失 23.13 万 $t \cdot a^{-1}$，固碳 129.50

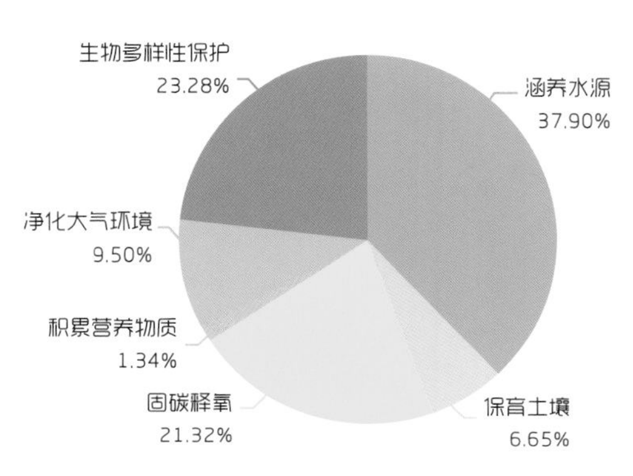

图5-94 江门市森林生态服务功能总价值分布

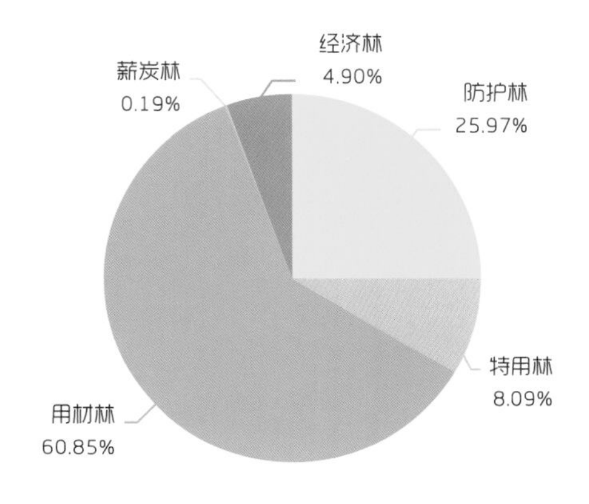

图5-95 江门市五大林种生态服务总价值分布

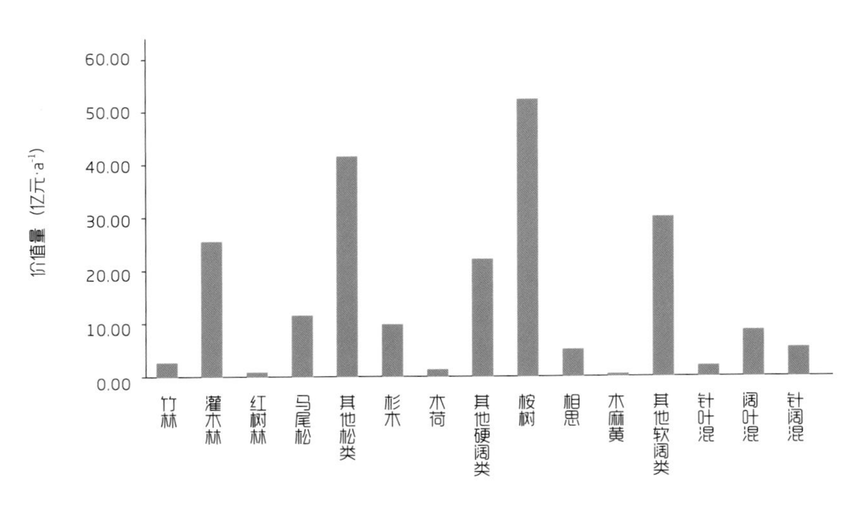

图5-96　江门市不同林分类型生态服务功能价值量分布图

万 t·a^{-1}（折算成吸收二氧化碳 475.27 万 t·a^{-1}），释放氧气 320.98 万 t·a^{-1}，林木积累 N1.39 万 t·a^{-1}，林木积累 P 0.19 万 t·a^{-1}，林木积累 K 0.73 万 t·a^{-1}，提供负离子 262.66×10^{22} 个·a^{-1}，吸收二氧化硫 4 227.92 万 kg·a^{-1}，吸收氟化物 356.47 万 kg·a^{-1}，吸收氮氧化物 353.07 万 kg·a^{-1}，滞尘 1 373 237.51 万 kg·a^{-1}。

江门市森林生态服务功能总价值为 223.48 亿元·a^{-1}，其中涵养水源价值为 84.71 亿元·a^{-1}，保育土壤价值为 14.87 亿元·a^{-1}，固碳释氧价值为 47.64 亿元·a^{-1}，积累营养物质价值为 3.00 亿元·a^{-1}，净化大气环境价值为 21.23 亿元·a^{-1}，生物多样性保护价值为 52.03 亿元·a^{-1}。

5.1.5.13 佛山市

佛山市森林生态系统服务功能及其价值比例见图 5-97 至图 5-99。佛山市森林涵养水源 1.80 亿 m^3·a^{-1}，固土 209.42 万 t·a^{-1}，减少土壤中 N 损失 0.21 万 t·a^{-1}，减少土壤中 P 损失 0.11 万 t·a^{-1}，减少土壤中 K 损失 3.48 万 t·a^{-1}，减少土壤中有机质损失 3.65 万 t·a^{-1}，固碳 21.08 万 t·a^{-1}（折算成吸收二氧化碳 77.36 万 t·a^{-1}），释放氧气 52.24 万 t·a^{-1}，林木积累 N0.25 万 t·a^{-1}，林木积累 P 0.03 万 t·a^{-1}，林木积累 K 0.12 万 t·a^{-1}，提供负离子 53.09×10^{22} 个·a^{-1}，吸收二氧化硫 916.11 万 kg·a^{-1}，吸收氟化物 57.88 万 kg·a^{-1}，吸收氮氧化物 57.16 万 kg·a^{-1}，滞尘 223 277.73 万 kg·a^{-1}。

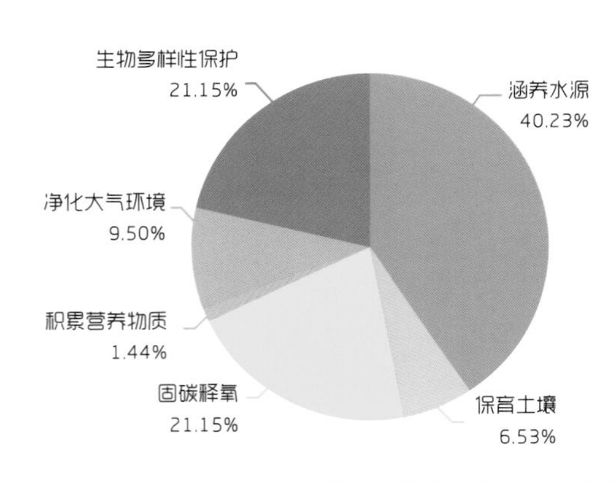

图5-97　佛山市森林生态服务功能总价值分布

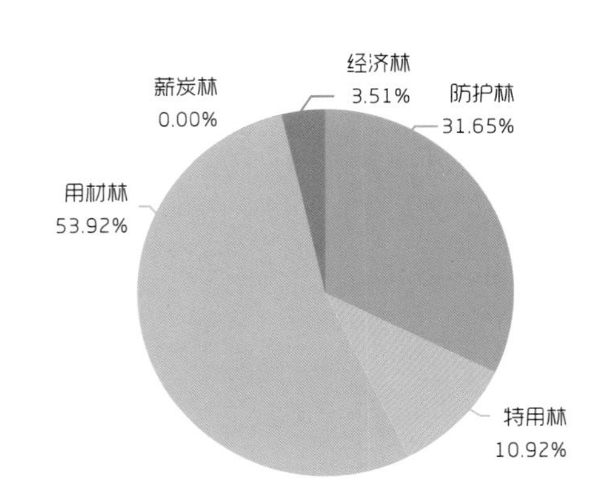

图5-98　佛山市五大林种生态服务总价值分布

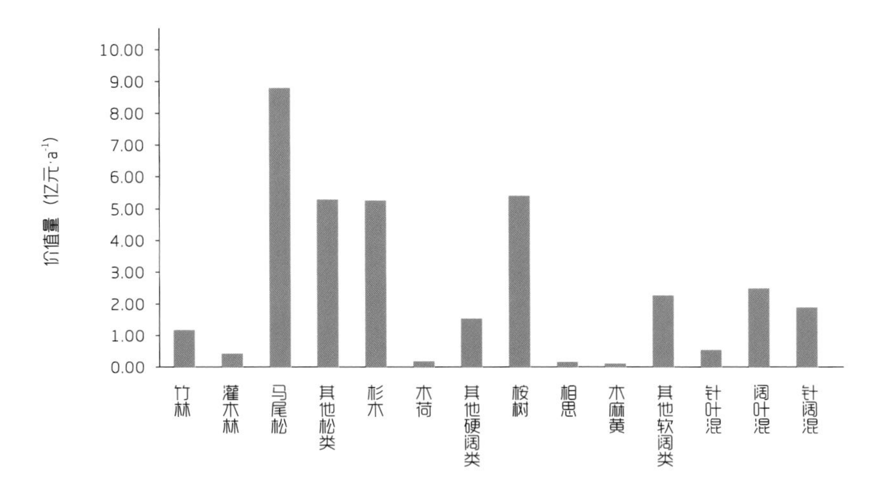

图5-99 佛山市不同林分类型生态服务功能价值量分布图

佛山市森林生态服务功能总价值为 36.66 亿元 · a^{-1}，其中涵养水源价值为 14.75 亿元 · a^{-1}，保育土壤价值为 2.40 亿元·a^{-1}，固碳释氧价值为 7.75 亿元·a^{-1}，积累营养物质价值为 0.53 亿元·a^{-1}，净化大气环境价值为 3.48 亿元 · a^{-1}，生物多样性保护价值为 7.75 亿元 · a^{-1}。

5.1.5.14 阳江市

阳江市森林生态系统服务功能及其价值比例见图 5-100 至 5-102。阳江市森林涵养水源 11.80 亿 $m^3 \cdot a^{-1}$，固土 1 370.26 万 t · a^{-1}，减少土壤中 N 损失 1.68 万 t · a^{-1}，减少土壤中 P 损失 0.75 万 t · a^{-1}，减少土壤中 K 损失 24.38 万 t · a^{-1}，减少土壤中有机质损失 25.07 万 t · a^{-1}，固碳 146.34 万 t · a^{-1}（折算成吸收二氧化碳 537.07 万 t · a^{-1}），释放氧气 364.29 万 t · a^{-1}，林木积累 N1.83 万 t · a^{-1}，林木积累 P 0.23 万 t · a^{-1}，林木积累 K 0.95 万 t · a^{-1}，提供负离子 323.46×10^{22} 个 · a^{-1}，吸收二氧化硫 5524.93 万 kg · a^{-1}，吸收氟化物 415.58 万 kg · a^{-1}，吸收氮氧化物 400.83 万 kg · a^{-1}，滞尘 1 570 603.31 万 kg · a^{-1}。

阳江市森林生态服务功能总价值为 258.52 亿元 · a^{-1}，其中涵养水源价值为 96.80 亿元 · a^{-1}，保育土壤价值为 16.99 亿元 · a^{-1}，固碳释氧价值为 53.99 亿元 · a^{-1}，积累营养物质价值为 3.92 亿元 · a^{-1}，净化大气环境价值为 24.38 亿元 · a^{-1}，生物多样性保护价值为 62.45 亿元 · a^{-1}。

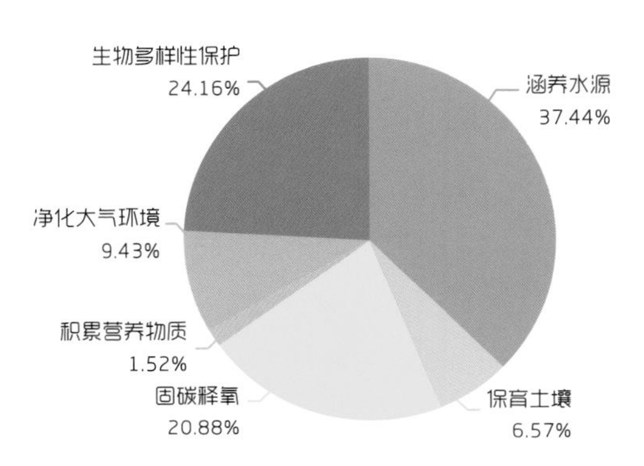

图5-100 阳江市森林生态服务功能总价值分布

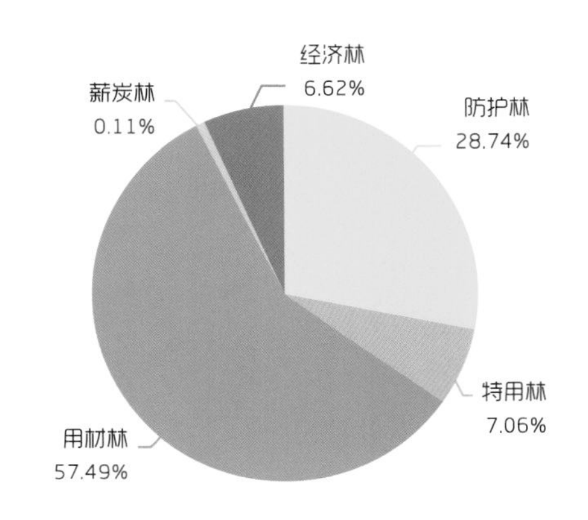

图5-101 阳江市五大林种生态服务总价值分布

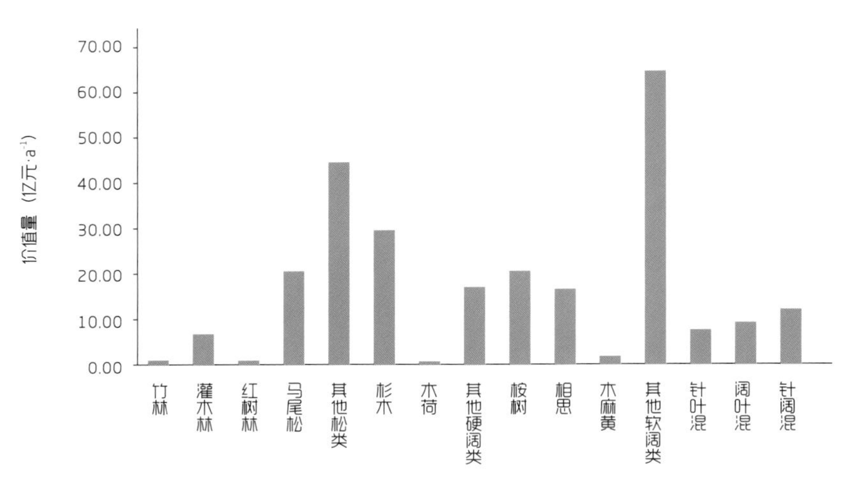

图5-102 阳江市不同林分类型生态服务功能价值量分布图

5.1.5.15 湛江市

湛江市森林生态系统服务功能及其价值比例见图 5-103 至图 5-105。湛江市森林涵养水源 5.16 亿 $m^3 \cdot a^{-1}$，固土 828.99 万 $t \cdot a^{-1}$，减少土壤中 N 损失 0.80 万 $t \cdot a^{-1}$，减少土壤中 P 损失 0.42

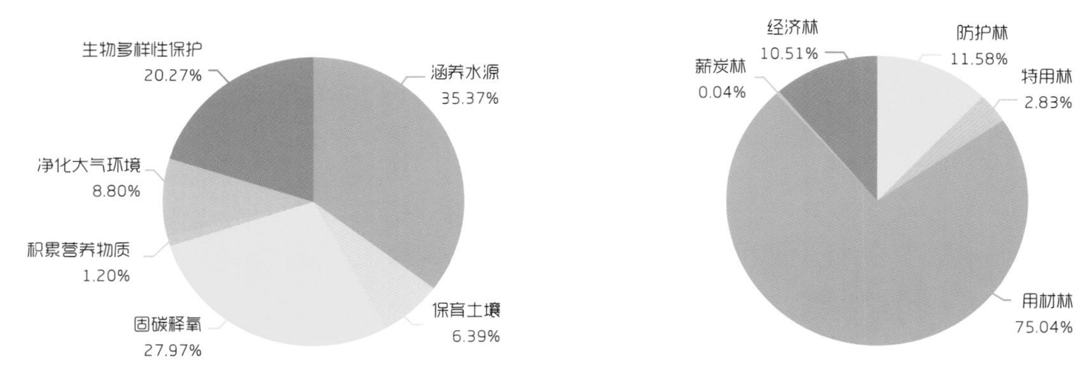

图5-103 湛江市森林生态服务功能总价值分布

图5-104 湛江市五大林种生态服务总价值分布

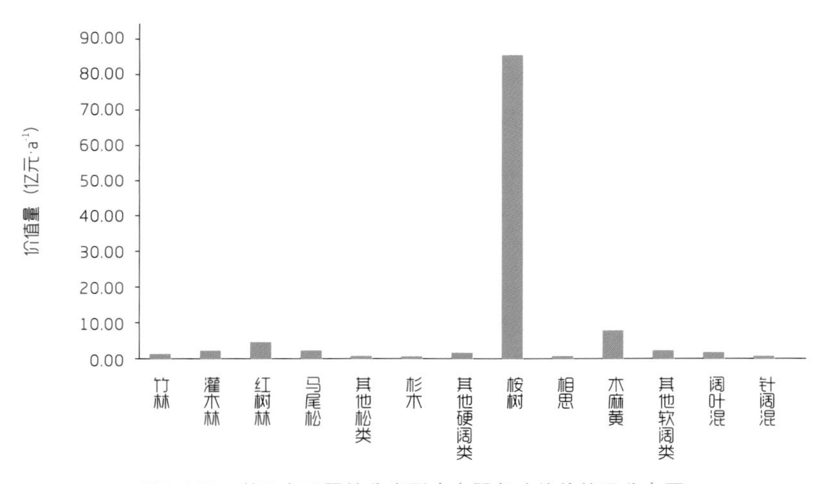

图5-105 湛江市不同林分类型生态服务功能价值量分布图

万 t · a^{-1}，减少土壤中 K 损失 9.99 万 t · a^{-1}，减少土壤中有机质损失 11.79 万 t · a^{-1}，固碳 90.58 万 t · a^{-1}（折算成吸收二氧化碳 332.43 万 t · a^{-1}），释放氧气 226.17 万 t · a^{-1}，林木积累 N 0.62 万 t · a^{-1}，林木积累 P 0.11 万 t · a^{-1}，林木积累 K 0.44 万 t · a^{-1}，提供负离子 112.82×10^{22} 个 · a^{-1}，吸收二氧化硫 2 115.10 万 kg · a^{-1}，吸收氟化物 142.98 万 kg · a^{-1}，吸收氮氧化物 186.24 万 kg · a^{-1}，滞尘 682 316.12 万 kg · a^{-1}。

湛江市森林生态服务功能总价值为 119.73 亿元 · a^{-1}，其中涵养水源价值为 42.35 亿元 · a^{-1}，保育土壤价值为 7.65 亿元·a^{-1}，固碳释氧价值为 33.49 亿元·a^{-1}，积累营养物质价值为 1.43 亿元·a^{-1}，净化大气环境价值为 10.54 亿元 · a^{-1}，生物多样性保护价值为 24.27 亿元 · a^{-1}。

5.1.5.16 茂名市

茂名市森林生态系统服务功能及其价值比例见图 5-106 至图 5-108。茂名市森林涵养水源 15.17 亿 m^3 · a^{-1}，固土 1750.32 万 t · a^{-1}，减少土壤中 N 损失 2.31 万 t · a^{-1}，减少土壤中 P 损失 0.96 万 t · a^{-1}，减少土壤中 K 损失 28.86 万 t · a^{-1}，减少土壤中有机质损失 29.18 万 t · a^{-1}，固碳 157.10 万 t · a^{-1}（折算成吸收二氧化碳 576.56 万 t · a^{-1}），释放氧气 384.96 万 t · a^{-1}，林木积累 N1.68 万 t · a^{-1}，林木积累 P 0.19 万 t · a^{-1}，林木积累 K 0.79 万 t · a^{-1}，提供负离子 378.52×10^{22} 个 · a^{-1}，吸收二氧化硫 6211.43 万 kg · a^{-1}，吸收氟化物 535.78 万 kg · a^{-1}，吸收氮氧化物 472.75

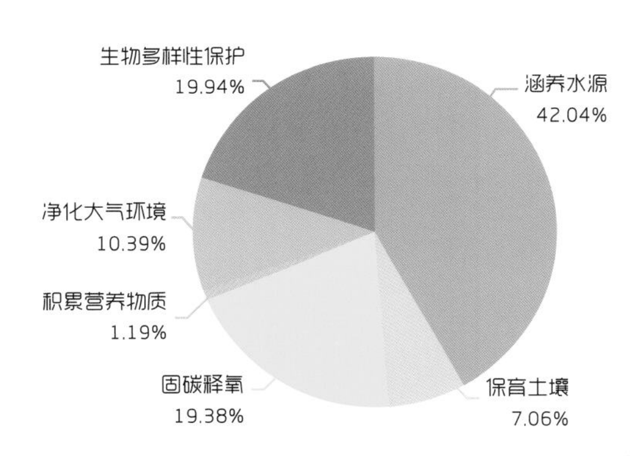

图5-106　茂名市森林生态服务功能总价值分布

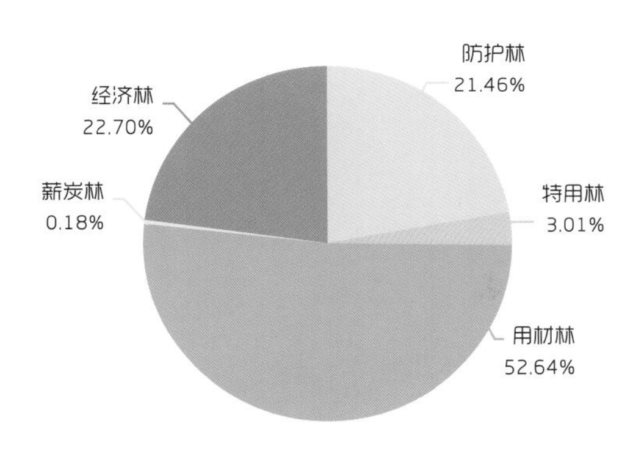

图5-107　茂名市五大林种生态服务总价值分布

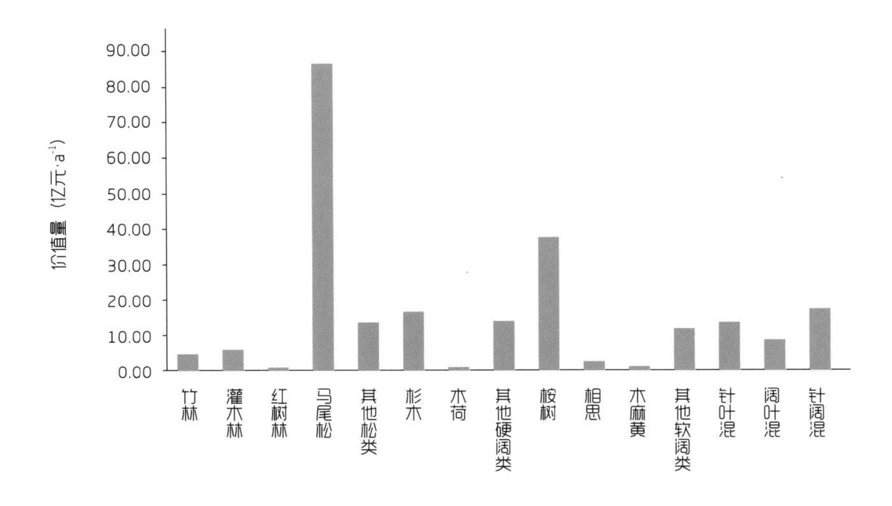

图5-108　茂名市不同林分类型生态服务功能价值量分布图

万 kg · a^{-1}，滞尘 1 988 456.22 万 kg · a^{-1}。

茂名市森林生态服务功能总价值为 295.95 亿元 · a^{-1}，其中涵养水源价值为 124.42 亿元 · a^{-1}，保育土壤价值为 20.88 亿元 · a^{-1}，固碳释氧价值为 57.35 亿元 · a^{-1}，积累营养物质价值为 3.53 亿元 · a^{-1}，净化大气环境价值为 30.76 亿元 · a^{-1}，生物多样性保护价值为 59.02 亿元 · a^{-1}。

5.1.5.17 肇庆市

肇庆市森林生态系统服务功能及其价值比例见图 5-109 至图 5-111。肇庆市森林涵养水源 29.08 亿 m^3 · a^{-1}，固土 3303.15 万 t · a^{-1}，减少土壤中 N 损失 4.26 万 t · a^{-1}，减少土壤中 P 损失 1.77 万 t · a^{-1}，减少土壤中 K 损失 55.98 万 t · a^{-1}，减少土壤中有机质损失 61.46 万 t · a^{-1}，固碳 336.86 万 t · a^{-1}（折算成吸收二氧化碳 1236.28 万 t · a^{-1}），释放氧气 835.68 万 t · a^{-1}，林木积累 N 4.00 万 t·a^{-1}，林木积累 P 0.49 万 t·a^{-1}，林木积累 K 2.06 万 t·a^{-1}，提供负离子 894.14 × 10^{22} 个·a^{-1}，吸收二氧化硫 11 978.15 万 kg · a^{-1}，吸收氟化物 1 076.98 万 kg · a^{-1}，吸收氮氧化物 946.82 万 kg · a^{-1}，滞尘 3 877 841.97 万 kg · a^{-1}。

肇庆市森林生态服务功能总价值为 611.59 亿元 · a^{-1}，其中涵养水源价值为 238.50 亿元 · a^{-1}，保育土壤价值为 40.06 亿元 · a^{-1}，固碳释氧价值为 123.99 亿元 · a^{-1}，积累营养物质价值为 8.55 亿元 · a^{-1}，净化大气环境价值为 60.05 亿元 · a^{-1}，生物多样性保护价值为 140.45 亿元 · a^{-1}。

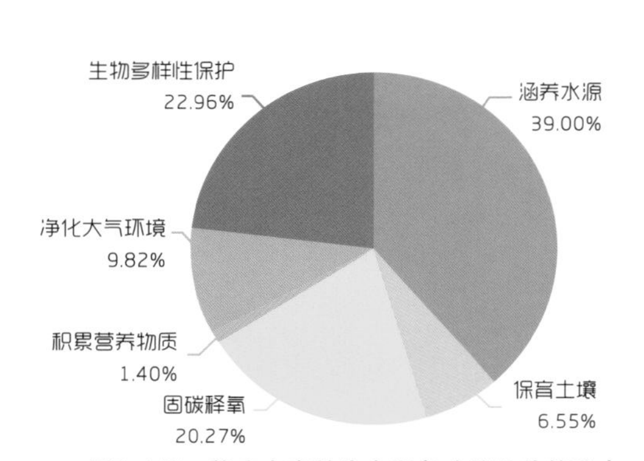

图5-109　肇庆市森林生态服务功能总价值分布

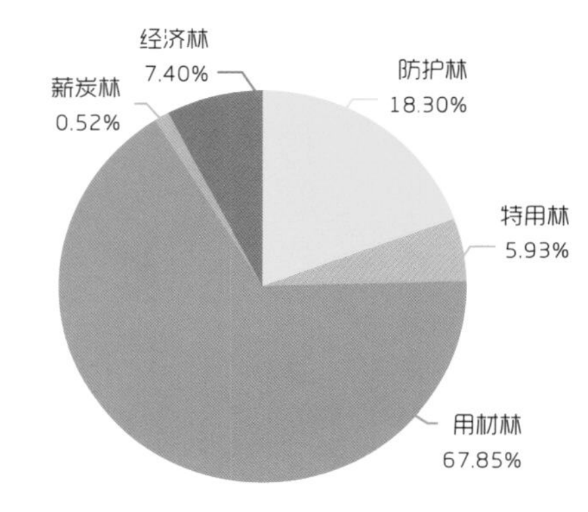

图5-110　肇庆市五大林种生态服务总价值分布

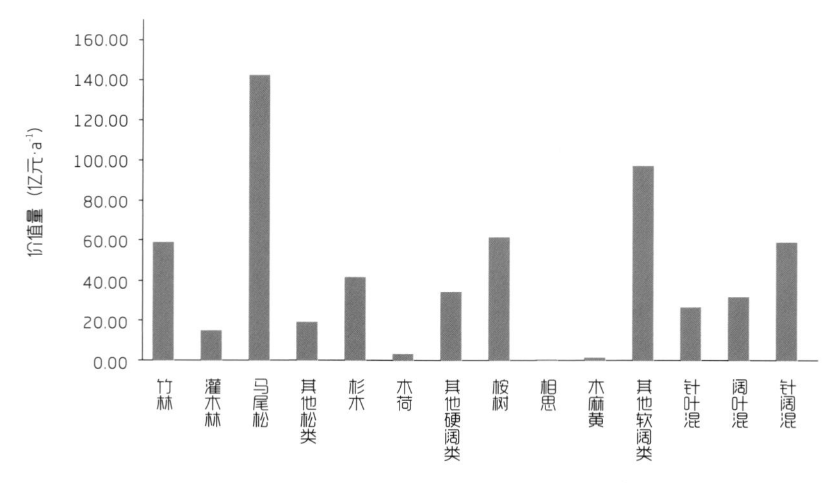

图5-111　肇庆市不同林分类型生态服务功能价值量分布图

5.1.5.18 清远市

清远市森林生态系统服务功能及其价值比例见图 5-112 至图 5-114。清远市森林涵养水源 80.41 亿 $m^3 \cdot a^{-1}$，固土 4 407.07 万 $t \cdot a^{-1}$，减少土壤中 N 损失 5.62 万 $t \cdot a^{-1}$，减少土壤中 P 损失 2.47 万 $t \cdot a^{-1}$，减少土壤中 K 损失 83.15 万 $t \cdot a^{-1}$，减少土壤中有机质损失 91.21 万 $t \cdot a^{-1}$，固碳 446.07 万 $t \cdot a^{-1}$（折算成吸收二氧化碳 1 637.08 万 $t \cdot a^{-1}$），释放氧气 1 106.03 万 $t \cdot a^{-1}$，林木积累 N 6.23 万 $t \cdot a^{-1}$，林木积累 P 0.76 万 $t \cdot a^{-1}$，林木积累 K 3.46 万 $t \cdot a^{-1}$，提供负离子 926.25 × 10^{22} 个 $\cdot a^{-1}$，吸收二氧化硫 18 053.38 万 $kg \cdot a^{-1}$，吸收氟化物 1 450.26 万 $kg \cdot a^{-1}$，吸收氮氧化物 1 341.32 万 $kg \cdot a^{-1}$，滞尘 5 322 439.24 万 $kg \cdot a^{-1}$。

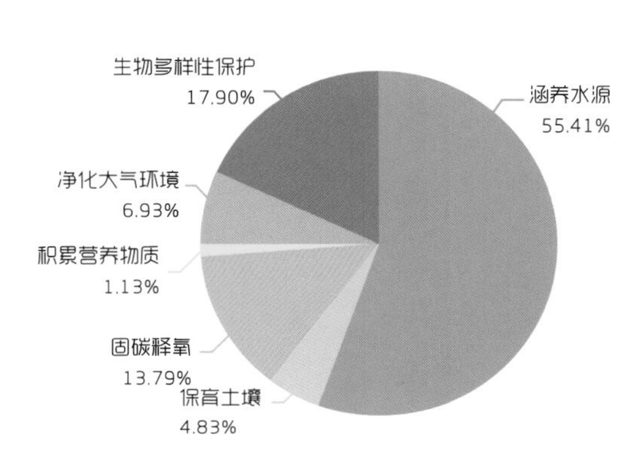

图5—112　清远市森林生态服务功能总价值分布

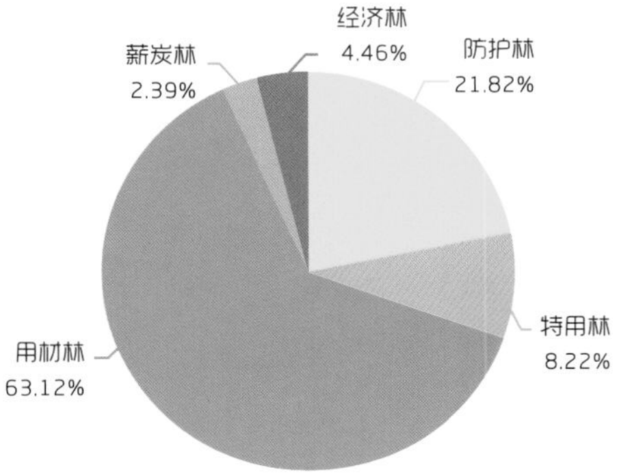

图5—113　清远市五大林种生态服务总价值分布

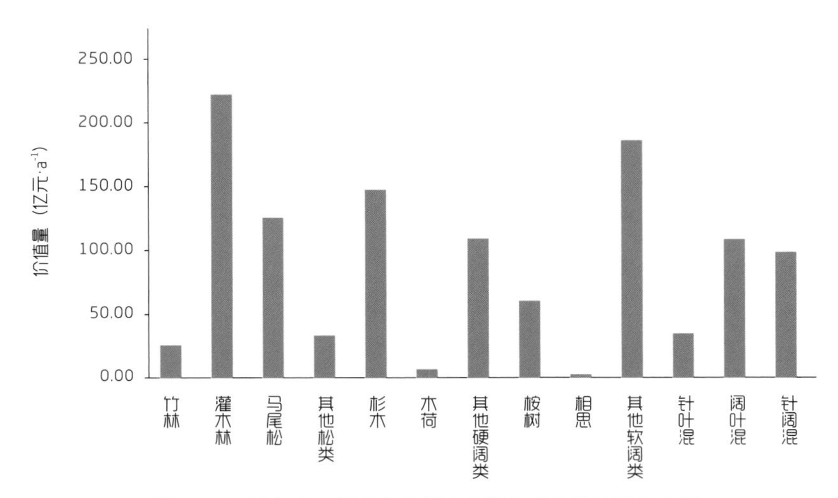

图5—114　清远市不同林分类型生态服务功能价值量分布图

清远市森林生态服务功能总价值为 1 189.91 亿元 $\cdot a^{-1}$，其中涵养水源价值为 659.38 亿元 $\cdot a^{-1}$，保育土壤价值为 57.52 亿元 $\cdot a^{-1}$，固碳释氧价值为 164.13 亿元 $\cdot a^{-1}$，积累营养物质价值为 13.40 亿元 $\cdot a^{-1}$，净化大气环境价值为 82.49 亿元 $\cdot a^{-1}$，生物多样性保护价值为 212.98 亿元 $\cdot a^{-1}$。

5.1.5.19 潮州市

潮州市森林生态系统服务功能及其价值比例见图 5-115 至图 5-117。潮州市森林涵养水源 5.45 亿 $m^3 \cdot a^{-1}$，固土 455.41 万 $t \cdot a^{-1}$，减少土壤中 N 损失 0.42 万 $t \cdot a^{-1}$，减少土壤中 P 损失 0.25

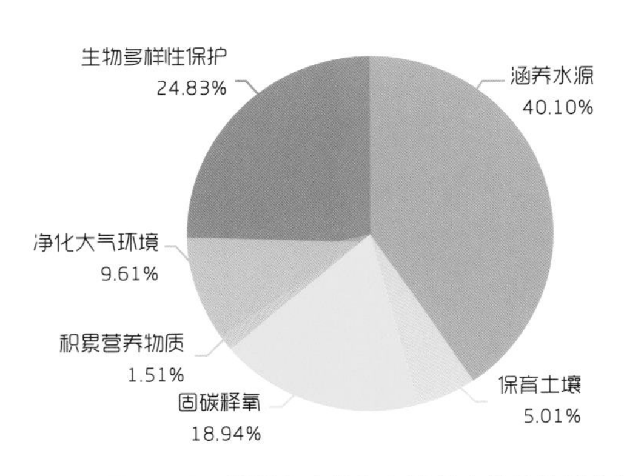

图5-115　潮州市森林生态服务功能总价值分布

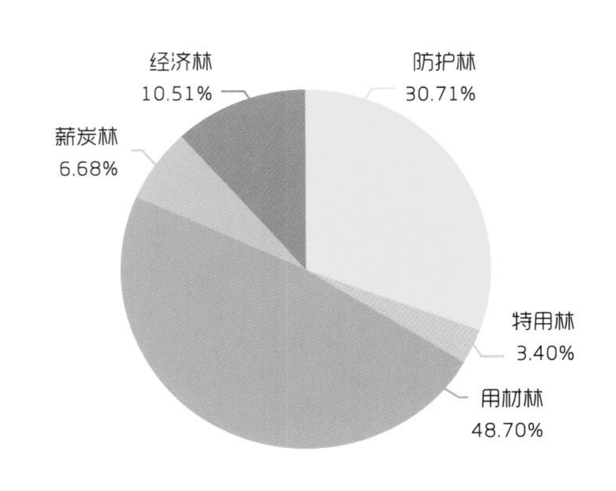

图5-116　潮州市五大林种生态服务总价值分布

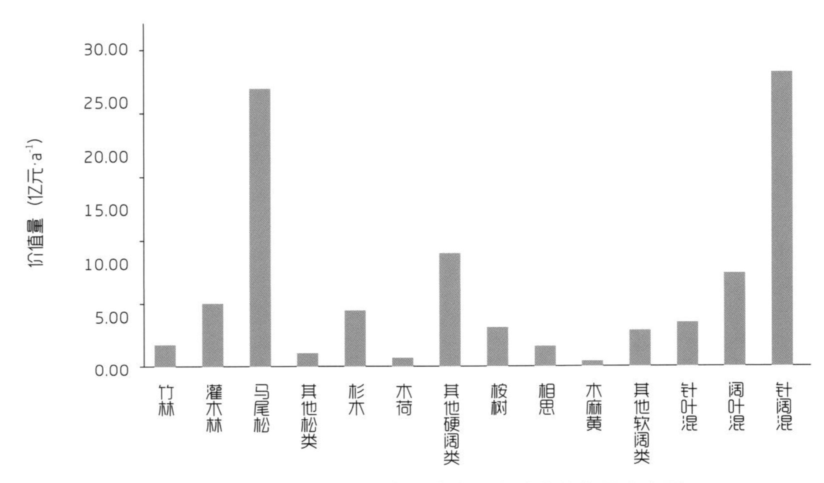

图5-117　潮州市不同林分类型生态服务功能价值量分布图

万 t · a^{-1}，减少土壤中 K 损失 8.50 万 t · a^{-1}，减少土壤中有机质损失 8.45 万 t · a^{-1}，固碳 57.46 万 t·a^{-1}（折算成吸收二氧化碳 210.88 万 t·a^{-1}），释放氧气 141.99 万 t·a^{-1}，林木积累 N 0.79 万 t·a^{-1}，林木积累 P 0.08 万 t · a^{-1}，林木积累 K 0.43 万 t · a^{-1}，提供负离子 142.63 × 10^{22} 个 · a^{-1}，吸收二氧化硫 2 051.91 万 kg · a^{-1}，吸收氟化物 204.31 万 kg · a^{-1}，吸收氮氧化物 162.73 万 kg · a^{-1}，滞尘 692 682.00 万 kg · a^{-1}。

潮州市森林生态服务功能总价值为 111.40 亿元 · a^{-1}，其中涵养水源价值为 44.67 亿元 · a^{-1}，保育土壤价值为 5.58 亿元·a^{-1}，固碳释氧价值为 21.09 亿元·a^{-1}，积累营养物质价值为 1.68 亿元·a^{-1}，净化大气环境价值为 10.71 亿元 · a^{-1}，生物多样性保护价值为 27.66 亿元 · a^{-1}。

5.1.5.20 揭阳市

揭阳市森林生态系统服务功能及其价值比例见图 5-118 至图 5-120。揭阳市森林涵养水源 8.10 亿 m³ · a^{-1}，固土 891.08 万 t · a^{-1}，减少土壤中 N 损失 1.18 万 t · a^{-1}，减少土壤中 P 损失 0.50 万 t · a^{-1}，减少土壤中 K 损失 16.25 万 t · a^{-1}，减少土壤中有机质损失 16.28 万 t · a^{-1}，固碳 85.45 万 t · a^{-1}（折算成吸收二氧化碳 313.79 万 t · a^{-1}），释放氧气 210.80 万 t · a^{-1}，林木积累 N1.19 万 t · a^{-1}，林木积累 P 0.12 万 t · a^{-1}，林木积累 K 0.64 万 t · a^{-1}，提供负离子 205.35 × 10^{22} 个 · a^{-1}，吸

收二氧化硫 3031.37 万 kg · a^{-1}，吸收氟化物 310.78 万 kg · a^{-1}，吸收氮氧化物 246.98 万 kg · a^{-1}，滞尘 1 070 146.23 万 kg · a^{-1}。

揭阳市森林生态服务功能总价值为 166.42 亿元 · a^{-1}，其中涵养水源价值为 66.40 亿元 · a^{-1}，保育土壤价值为 11.39 亿元 · a^{-1}，固碳释氧价值为 31.11 亿元 · a^{-1}，积累营养物质价值为 2.51 亿元 · a^{-1}，净化大气环境价值为 16.52 亿元 · a^{-1}，生物多样性保护价值为 38.27 亿元 · a^{-1}。

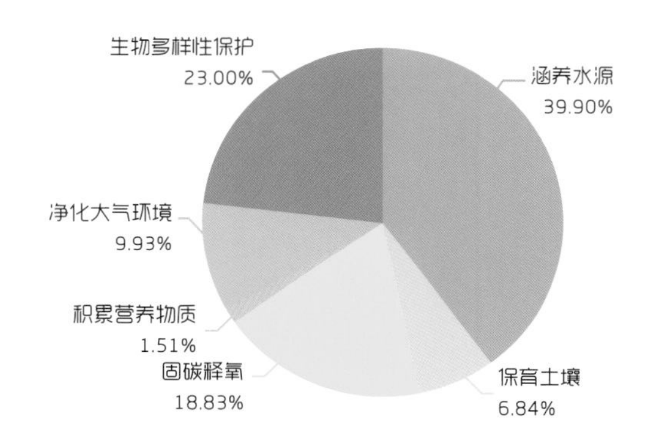

图5–118　揭阳市森林生态服务功能总价值分布

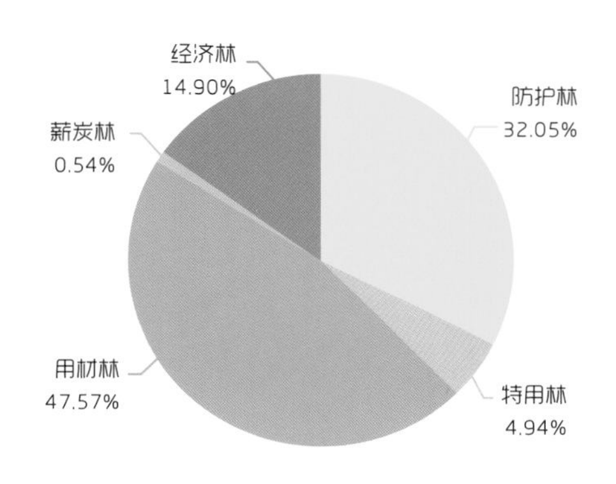

图5–119　揭阳市五大林种生态服务总价值分布

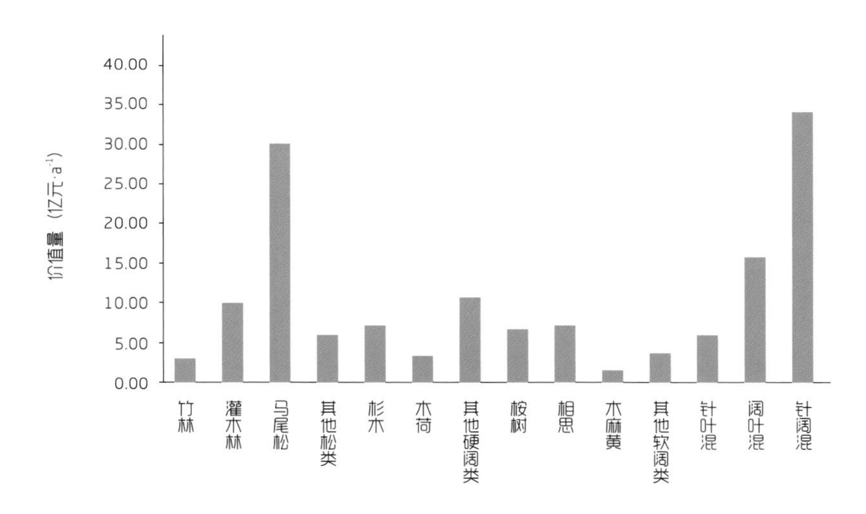

图5–120　揭阳市不同林分类型生态服务功能价值量分布图

5.1.5.21 云浮市

云浮市森林生态系统服务功能及其价值比例见图 5-121 至图 5-123。云浮市森林涵养水源 13.23 亿 m^3 · a^{-1}，固土 1473.38 万 t · a^{-1}，减少土壤中 N 损失 1.62 万 t · a^{-1}，减少土壤中 P 损失 0.80 万 t · a^{-1}，减少土壤中 K 损失 25.62 万 t · a^{-1}，减少土壤中有机质损失 25.67 万 t · a^{-1}，固碳 140.99 万 t · a^{-1}（折算成吸收二氧化碳 511.43 万 t · a^{-1}），释放氧气 347.81 万 t · a^{-1}，林木积累 N1.73 万 t · a^{-1}，林木积累 P 0.18 万 t · a^{-1}，林木积累 K 0.73 万 t · a^{-1}，提供负离子 381.54 × 10^{22} 个 · a^{-1}，吸收二氧化硫 5865.19 万 kg · a^{-1}，吸收氟化物 449.80 万 kg · a^{-1}，吸收氮氧化物 400.42 万 kg · a^{-1}，滞尘 1 639 600.84 万 kg · a^{-1}。

云浮市森林生态服务功能总价值为 108.54 亿元 · a^{-1}，其中涵养水源价值为 17.64 亿元 · a^{-1}，

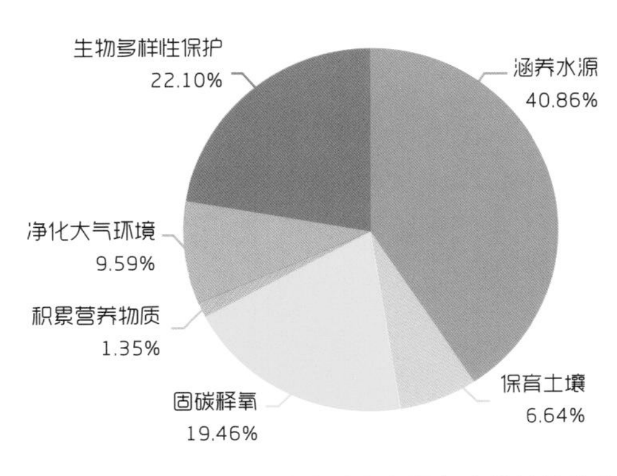

图5-121 云浮市森林生态服务功能总价值分布

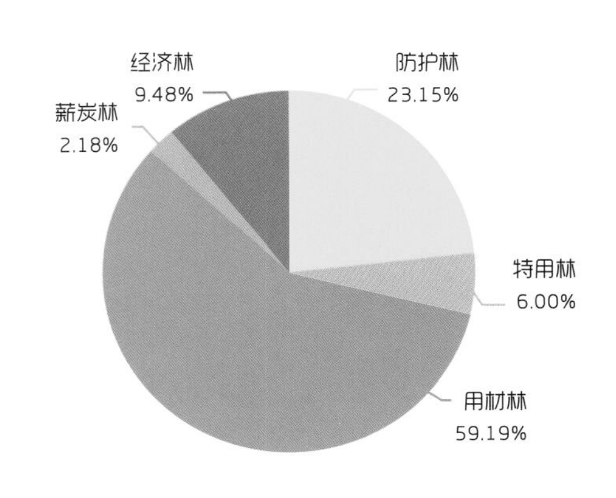

图5-122 云浮市五大林种生态服务总价值分布

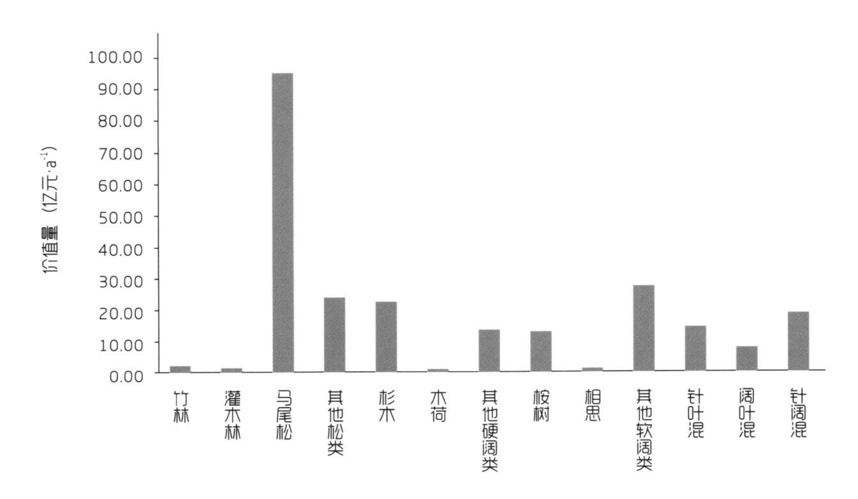

图5-123 云浮市不同林分类型生态服务功能价值量分布图

保育土壤价值为 17.64 亿元 · a^{-1}，固碳释氧价值为 51.70 亿元 · a^{-1}，积累营养物质价值为 3.58 亿元 · a^{-1}，净化大气环境价值为 25.48 亿元 · a^{-1}，生物多样性保护价值为 58.71 亿元 · a^{-1}。

5.1.5.22 省属林场

省属林场森林生态系统服务功能及其价值比例见图 5-124 至图 5-126。省属林场森林涵养水源 3.73 亿 $m^3 \cdot a^{-1}$，固土 421.33 万 $t \cdot a^{-1}$，减少土壤中 N 损失 0.41 万 $t \cdot a^{-1}$，减少土壤中 P 损失 0.23 万 $t \cdot a^{-1}$，减少土壤中 K 损失 8.00 万 $t \cdot a^{-1}$，减少土壤中有机质损失 8.37 万 $t \cdot a^{-1}$，固碳 47.42 万 $t \cdot a^{-1}$（折算成吸收二氧化碳 174.03 万 $t \cdot a^{-1}$），释放氧气 118.52 万 $t \cdot a^{-1}$，林木积累 N 0.56 万 $t \cdot a^{-1}$，林木积累 P 0.07 万 $t \cdot a^{-1}$，林木积累 K 0.31 万 $t \cdot a^{-1}$，提供负离子 97.86×10^{22} 个 · a^{-1}，吸收二氧化硫 1 960.86 万 kg · a^{-1}，吸收氟化物 118.32 万 kg · a^{-1}，吸收氮氧化物 129.06 万 kg · a^{-1}，滞尘 441 448.40 万 kg · a^{-1}。

省属林场森林生态服务功能总价值为 84.31 亿元 · a^{-1}，其中涵养水源价值为 30.59 亿元 · a^{-1}，保育土壤价值为 5.28 亿元 · a^{-1}，固碳释氧价值为 17.54 亿元 · a^{-1}，积累营养物质价值为 1.21 亿元 · a^{-1}，净化大气环境价值为 6.90 亿元 · a^{-1}，生物多样性保护价值为 22.79 亿元 · a^{-1}。

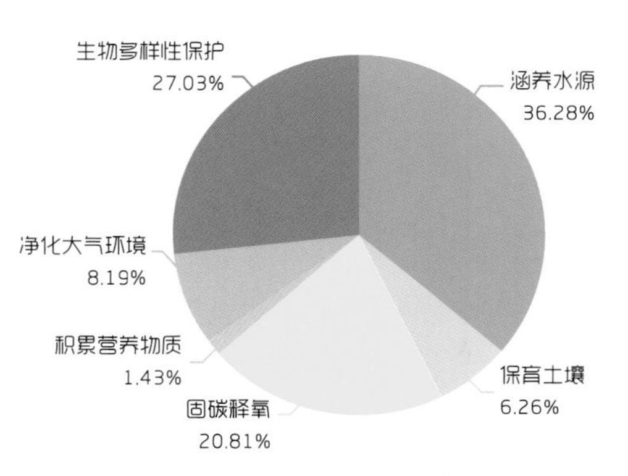

图5-124 省属林场森林生态服务功能总价值分布

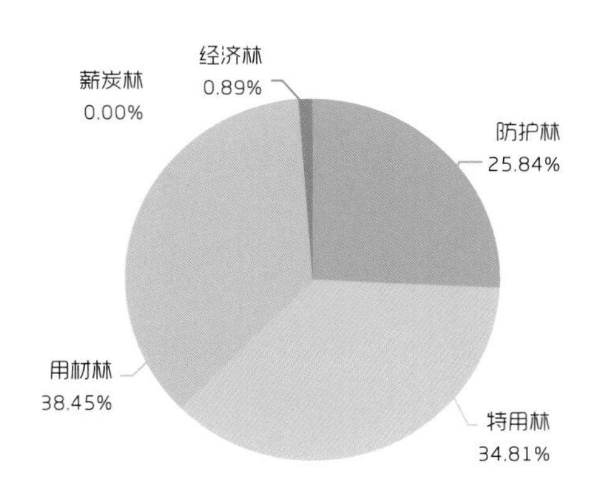

5-125 省属林场五大林种生态服务总价值分布

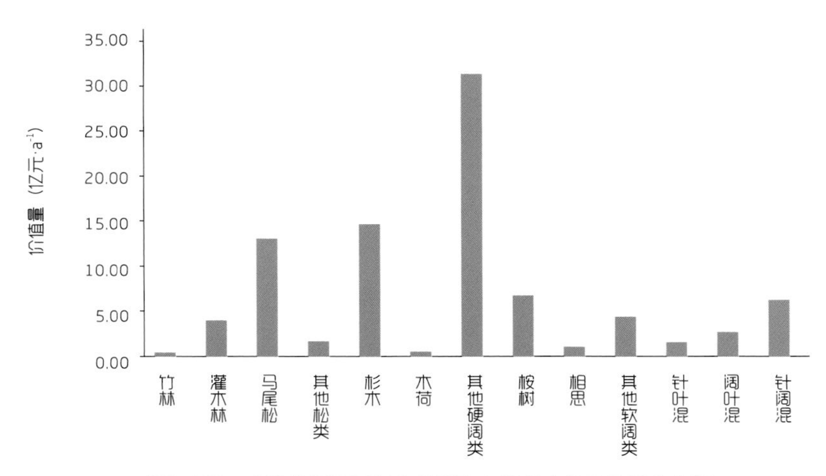

图5-126 省属林场不同林分类型生态服务功能价值量分布图

5.1.6 小 结

5.1.6.1 广东省2009年森林生态系统服务功能物质量

广东省森林生态系统每年涵养水源量为370.31亿m^3；固土32 458.65万t，减少N损失38.40万t，减少P损失17.75万t，减少K损失578.21万t，减少有机质损失614.26万t；固碳3 418.27万t（折算成吸收二氧化碳12 533.66万t），释氧8 499.73万t；林木积累N 45.12万t，积累P 5.23万t，积累K 23.81万t；提供负离子7.86×10^{25}个，吸收二氧化硫121 438.56万kg，吸收氟化物10 414.31万kg，吸收氮氧化物9 217.74万kg，滞尘3 763.43亿kg，森林防护468.28万t。

5.1.6.2 广东省2009年森林生态系统服务功能价值量

通过本次评估，得出广东省森林生态系统服务功能的总价值为7 263.01亿元·a^{-1}（7.26×10^{11}元·a^{-1}），每公顷森林提供的价值平均为7.51万元·a^{-1}。

广东省森林生态系统服务功能的总价值约为2008年广东省GDP的20.33%。2008年度广东省GDP参数指标来源于《2008年度广东省国民经济和社会发展统计公报》，

2008 年全省生产总值 35 696.46 亿元。

在 8 项森林生态系统服务功能价值的贡献之中，其从大到小的顺序为：涵养水源、生物多样性保护、固碳释氧、净化大气环境、保育土壤、森林游憩、积累营养物质、森林防护。广东省森林 8 项功能的价值量和所占比率分别为：涵养水源：3 131.41 亿元 · a^{-1}，43.11%；生物多样性保护：1 559.56 亿元 · a^{-1}，21.47%；固碳释氧：1260.17 亿元 · a^{-1}，17.00%；净化大气环境：582.97 亿元 · a^{-1}，8.03%；保育土壤：400.99 亿元 · a^{-1}，5.52%；森林游憩：197.67 亿元 · a^{-1}，2.72%；积累营养物质：96.18 亿元 · a^{-1}，1.32%；森林防护：34.06 亿元 · a^{-1}，0.47%。

广东省 21 个市的森林生态系统服务功能涵养水源、生物多样性保护、固碳释氧、保育土壤、净化大气环境、积累营养物质总价值分别为：广州市森林生态服务功能总价值为 190.59 亿元·a^{-1}；深圳市森林生态服务功能总价值为 48.67 亿元 · a^{-1}；珠海市森林生态服务功能总价值为 35.64 亿元 · a^{-1}；汕头市森林生态服务功能总价值为 39.26 亿元 · a^{-1}；韶关市森林生态服务功能总价值为 840.16 亿元 · a^{-1}；河源市森林生态服务功能总价值为 999.23 亿元 · a^{-1}；梅州市森林生态服务功能总价值为 733.77 亿元 · a^{-1}；惠州市森林生态服务功能总价值为 450.04 亿元 · a^{-1}；汕尾市森林生态服务功能总价值为 178.93 亿元 · a^{-1}；东莞市森林生态服务功能总价值为 29.06 亿元 · a^{-1}；中山市森林生态服务功能总价值为 27.71 亿元 · a^{-1}；江门市森林生态服务功能总价值为 223.48 亿元 · a^{-1}；佛山市森林生态服务功能总价值为 36.66 亿元 · a^{-1}；阳江市森林生态服务功能总价值为 258.52 亿元 · a^{-1}；湛江市森林生态服务功能总价值为 119.73 亿元 · a^{-1}；茂名市森林生态服务功能总价值为 295.95 亿元 · a^{-1}；肇庆市森林生态服务功能总价值为 611.59 亿元 · a^{-1}；清远市森林生态服务功能总价值为 1189.91 亿元·a^{-1}；潮州市森林生态服务功能总价值为 111.40 亿元·a^{-1}；揭阳市森林生态服务功能总价值为 166.42 亿元 · a^{-1}；云浮市森林生态服务功能总价值为 108.54 亿元 · a^{-1}；省属林场森林生态服务功能总价值为 84.31 亿元 · a^{-1}。

5.1.6.3 广东省2009年森林生态系统服务功能分析

（1）涵养水源功能分析

在森林生态系统涵养水源功能中，广东省森林生态系统每年的涵养水源量为 370.31 亿 m^3，相当于珠江年均径流量的 11.02%；接近北江的年均径流量。

珠江多年平均河川径流总量为 3 360 亿 m^3，其中西江 2 380 亿 m^3，北江 394 亿 m^3，东江 238 亿 m^3，三角洲 348 亿 m^3。

专家表示，广东大城市饮用水安全形势严峻，2010 年广东省全省需水缺口高达 17.77 亿 m^3，接近 2010 年需水量的 1/3。按照这个数据得出 2010 年广东省需水量约为 53.31 亿 m^3。澳门自来水股份有限公司执行董事范晓军表示，按预测报告，未来 5 年澳门的日最高用水量将由目前的 23 万 m^3 增至 30 万 m^3，但逐年用水增长将不超过 5%。按照这个数据计算，澳门年用水量最高为 1.095 亿 m^3。

引自：http://news.eastday.com/c/20071125/u1a3249808.html;

http://news.h2o-china.com/information/china/ 816961247797823_1.shtml

在森林生态系统涵养水源功能中，广东省森林生态系统每年的涵养水源量为 370.31 亿 m^3，为广东省和澳门的年需水量的 6 倍之多。

(2) 保育土壤功能分析

在森林生态系统保育土壤功能中，广东省森林生态系统年固土量 32 458.65 万 t，约为广东省 5 年水土流失量的 74%。

2007 年，专家预测广东省“十一五”期间年均开发建设项目导致水土流失面积可能高达 5 748hm²，占全省土地总面积的 3.2%，占目前水土流失总面积的 40.4%，5 年水土流失量高达 4.38 亿 t，水土流失面积、流失量分别为“十五”期间的 2.6 倍和 3.2 倍。

引自：http：//www.ycwb.com/gdjsb/2007-11/20/content_1691373.htm

(3) 固碳释氧功能分析

在森林生态系统固碳释氧功能中，广东省森林生态系统年固碳 3 418.27 万 t（折算成吸收二氧化碳 12 533.66 万 t），释氧 8 499.73 万 t。广东省森林生态系统年固定的碳约为广东省年排放量的 18%。

根据《中国统计年鉴 2006》提供的数据，2004 年和 2005 年广东省的排放量分别 1.8467 亿 t 碳和 1.907 8 亿 t 碳。

(4) 净化大气环境功能分析

在森林生态系统净化大气环境功能中，广东省森林生态系统年吸收二氧化硫 121 438.56 万 kg，滞尘 3 763.43 亿 kg。广东省森林生态系统吸收的二氧化硫量略高于广东省工业排放的废气中二氧化硫的量；广东省森林生态系统的滞尘量（滞尘能力）远远高于广东省工业排放的粉尘和烟尘的量。

根据 2008 年广东省环境统计公报，废气中二氧化硫排放总量为 113.6 万 t，烟尘排放总量为 32.5 万 t，工业粉尘排放总量为 20.1 万 t。

(5) 讨论

通过本次对广东省森林生态系统生态服务功能的评估，若要提高广东省森林涵养水源功能，应以大面积栽植阔叶混交林、灌木林和针阔混交林型；如提高森林保育土壤的功能，应栽植木麻黄、相思、其他阔叶树种和阔叶混交林；如提高固碳释氧功能，应栽植针叶混交林、软阔叶林和针阔混交林；提高林木积累营养物质，应以栽植阔叶混交林和针叶混交林为主；如以提高净化大气环境为目标，应以栽植竹林、马尾松林、杉木林和阔叶混交林为主。

总之，应当指出的是，森林生态效益是广泛的，由于受科学技术水平、计量方法和监测手段的限制，目前尚无法对森林每项效益都一一计量，其价值体现仍然是不完全的，评价也必然是部分的，但这一数值依然清楚地说明了广东省林业生态系统在维系和促进当地社会经济持续发展和环境保护中的巨大作用。

由于林业生态效益的外部性，森林生态服务价值部分作为相关部门的中间投入，已反映在相关部门的产出中，然而更多的生态效益由于监测、计量手段及其人为因素，无法精确计量和进入市场交易，因此，目前很难纳入国民经济核算体系，但不能因此忽视森林的生态效益。本项评估目的在于尽快将自然资源和环境因素纳入国民经济核算体系，最终为实现绿色 GDP 提供基础，进一步促进生态效益补偿机制的建立，为广东省林业可持续发展政策与生态环境建设发展提供科学依据。

5.2 动态评估

5.2.1 1994 ~ 2009 年广东省森林生态系统服务功能物质量动态评估

5.2.1.1 总物质量动态变化

（1）总物质量

1994 ~ 2009 年，广东省森林生态服务功能总物质量见表 5-8。1999 年、2004 年和 2009 年这 3 个时期均与 1994 年期间相比较，各项功能物质量变化为：涵养水源功能方面，调节水量增加了 2.60%，3.14%，-22.81%；固土保肥功能方面，固土量增加了 2.05%，3.41%，7.51%，保持 N 物质量增加了 2.24%，4.86%，25.62%，保持 P 物质量增加了 2.18%，3.36%，7.23%，保持 K 物质量增加了 2.13%，2.91%，3.96%，保持有机质物质量增加了 2.13%，2.91%，3.96%；固碳释氧功能方面，固碳增加了 0%，3.45%，13.79%，释氧增加了 2.82%，4.23%，13.79%；积累营养物质方面，林木积累 N 增加了 4.17%，6.44%，-6.00%，积累 P 增加了 3.28%，6.31%，32.07，积累 K 增加了 4.94%，8.76%，6.96%；净化大气环境功能方面，生产负离子能力增加了 2.60%，4.21%，-2.72%，吸收二氧化硫增加了 1.81%，1.98%，0.08%，吸收氟化物增加了 2.02%，4.04%，5.05%，吸收氮氧化物增加了 2.60%，3.90%，19.48%，滞尘增加了 2.53%，4.22%，8.26%。除 2009 年期间的调节水量、林木积累营养物质中 N、K 物质量以及生产负离子量比 1994 年有下降外，其他功能物质量均有明显增加。

（2）单位面积物质量

1994 年期间广东省森林平均每公顷调节水量为 5 235.41$m^3 \cdot a^{-1}$；固土量为 33.28$t \cdot a^{-1}$；减少土壤中 N 损失 0.033$t \cdot a^{-1}$，减少土壤中 P 损失 0.018 $t \cdot a^{-1}$，减少土壤中 K 损失 0.615$t \cdot a^{-1}$，减少土壤中有机质损失 0.627 $t \cdot a^{-1}$；固碳 3.29 $t \cdot a^{-1}$，释氧 8.06 $t \cdot a^{-1}$；林木积累 N 0.055 $t \cdot a^{-1}$，积累 P0.0045 $t \cdot a^{-1}$，积累 K0.025 $t \cdot a^{-1}$；生产负离子 91.77×10^{18} 个，吸收二氧化硫 138.77 $kg \cdot a^{-1}$，吸收氟化物 11.24 $kg \cdot a^{-1}$，吸收氮氧化物 8.75 $kg \cdot a^{-1}$，滞尘 39 482.55 $kg \cdot a^{-1}$。

1999 年期间广东省森林平均每公顷调节水量为 4727.74$m^3 \cdot a^{-1}$；固土量为 29.89$t \cdot a^{-1}$；减少土壤中 N 损失 0.030$t \cdot a^{-1}$，减少土壤中 P 损失 0.016 $t \cdot a^{-1}$，减少土壤中 K 损失 0.552 $t \cdot a^{-1}$，减少土壤中有机质损失 0.564 $t \cdot a^{-1}$；固碳 2.89 $t \cdot a^{-1}$，释氧 7.30 $t \cdot a^{-1}$；林木积累 N 0.045 $t \cdot a^{-1}$，积累 P 0.0041 $t \cdot a^{-1}$，积累 K 0.023 $t \cdot a^{-1}$；生产负离子 82.87×10^{18} 个，吸收二氧化硫 123.46 $kg \cdot a^{-1}$，吸收氟化物 10.10 $kg \cdot a^{-1}$，吸收氮氧化物 7.90 $kg \cdot a^{-1}$，滞尘 35630.11 $kg \cdot a^{-1}$。

2004 年期间广东省森林平均每公顷调节水量为 5260.97 $m^3 \cdot a^{-1}$；固土量为 33.53 $t \cdot a^{-1}$；减少土壤中 N 损失 0.034 $t \cdot a^{-1}$，减少土壤中 P 损失 0.018 $t \cdot a^{-1}$，减少土壤中 K 损失 0.616 $t \cdot a^{-1}$，减少土壤中有机质损失 0.632 $t \cdot a^{-1}$；固碳 3.32 $t \cdot a^{-1}$，释氧 8.19 $t \cdot a^{-1}$；林木积累 N 0.057 $t \cdot a^{-1}$，积累 P 0.004 7 $t \cdot a^{-1}$，积累 K 0.027 $t \cdot a^{-1}$；生产负离子 93.17×10^{18} 个，吸收二氧化硫 136.88 $kg \cdot a^{-1}$，吸收氟化物 11.40 $kg \cdot a^{-1}$，吸收氮氧化物 8.85 $kg \cdot a^{-1}$，滞尘 40 088.31 $kg \cdot a^{-1}$。

2009 年期间广东省森林平均每公顷调节水量为 3 597.69 $m^3 \cdot a^{-1}$；固土量为 31.57 $t \cdot a^{-1}$；减

少土壤中 N 损失 0.037 t · a^{-1}，减少土壤中 P 损失 0.017 t · a^{-1}，减少土壤中 K 损失 0.562 t · a^{-1}，减少土壤中有机质损失 0.597 t · a^{-1}；固碳 3.30 t · a^{-1}，释氧 8.25 t · a^{-1}；林木积累 N 0.044 t · a^{-1}，积累 P 0.005 1 t · a^{-1}，积累 K0.023 t · a^{-1}；生产负离子 76.36 × 10^{18} 个，吸收二氧化硫 117.94 kg · a^{-1}，吸收氟化物 10.10 kg · a^{-1}，吸收氮氧化物 8.94 kg · a^{-1}，滞尘 36562.98 kg · a^{-1}。

1999 年、2004 年和 2009 年这三个时期均与 1994 年期间相比较（图 5-127），各功能物

表5-8　广东省1994～2009年期间森林生态系统服务功能物质量

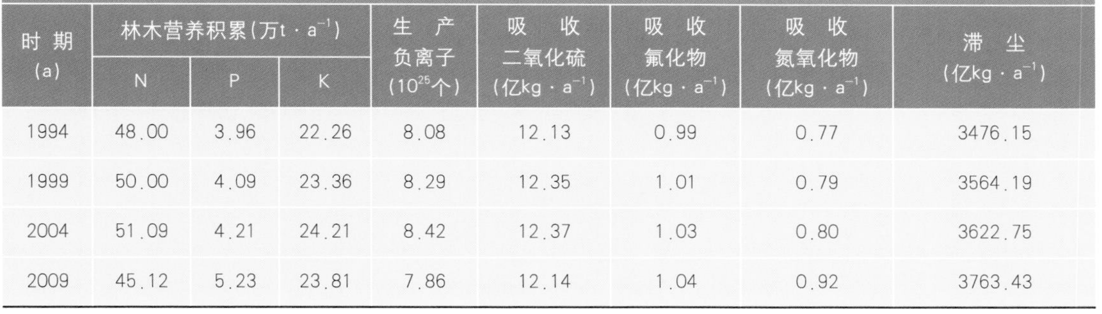

时期(a)	调节水量(亿m · a^{-1})	固土(亿t · a^{-1})	保肥(万t · a^{-1})				固碳(亿t · a^{-1})	制氧(亿t · a^{-1})
			N	P	K	有机质		
1994	460.94	2.93	29.43	16.05	541.07	552.26	0.29	0.71
1999	472.93	2.99	30.09	16.40	552.59	563.81	0.29	0.73
2004	475.43	3.03	30.86	16.59	556.81	571.37	0.30	0.74
2009	370.31	3.25	38.40	17.75	578.21	614.26	0.34	0.85

时期(a)	林木营养积累(万t · a^{-1})			生产负离子(10^{25}个)	吸收二氧化硫(亿kg · a^{-1})	吸收氟化物(亿kg · a^{-1})	吸收氮氧化物(亿kg · a^{-1})	滞尘(亿kg · a^{-1})
	N	P	K					
1994	48.00	3.96	22.26	8.08	12.13	0.99	0.77	3476.15
1999	50.00	4.09	23.36	8.29	12.35	1.01	0.79	3564.19
2004	51.09	4.21	24.21	8.42	12.37	1.03	0.80	3622.75
2009	45.12	5.23	23.81	7.86	12.14	1.04	0.92	3763.43

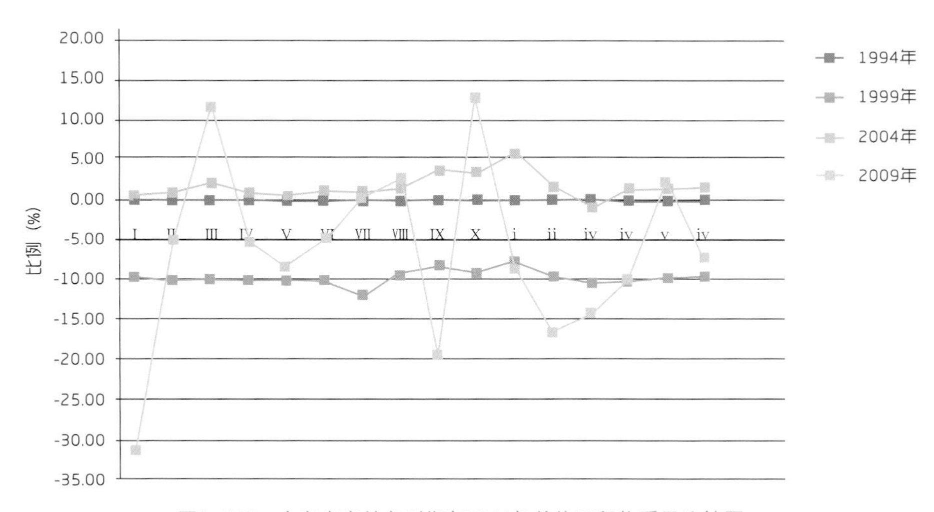

图5-127　广东省森林各时期与1994年单位面积物质量比较图

1. 调节水量；2. 固土量；3. 保持 N 物质量；4. 保持 P 物质量；5. 保持 K 物质量；6. 保持有机质物质量；7. 固碳；8. 释氧；9. 林木积累 N；10. 林木积累 P；11. 林木积累 P；12. 生产负离子；13. 吸收二氧化硫；14. 吸收氟化物；15. 吸收氮氧化物；16. 滞尘

质量平均每公顷变化为：涵养水源功能方面，调节水量增加了 -9.69%，0.49%，-31.28%；固土保肥功能方面，固土量增加了 -10.18%，0.75%，-5.12%，保持 N 物质量增加了 -10.01%，2.15%，11.61%，保持 P 物质量增加了 -10.07%，0.70%，-5.40%，保持 K 物质量增加了 -10.11%，0.26%，-8.59%，保持有机质物质量增加了 -10.15%，0.79%，-4.86%；固碳释氧功能方面，固碳增加了 -11.99%，0.79%，0.28%，释氧增加了 -9.51%，1.54%，2.40%；积累营养物质方面，林木积累 N 增加了 -8.32%，3.70%，-19.60%，积累 P 增加了 -9.10%，3.58%，12.97%，积累 K 增加了 -7.63%，5.96%，-8.51%；净化大气环境功能方面，生产负离子能力增加了 -9.70%，1.53%，-16.79%，吸收二氧化硫增加了 -10.39%，-0.65%，-14.39%，吸收氟化物增加了 -10.21%，1.36%，-10.14%，吸收氮氧化物增加了 -9.70%，1.22%，2.19%，滞尘增加了 -9.75%，1.53%，-7.39%。

5.2.1.2 分市物质量动态变化

（1）广州市

从表 5-9 可知，与 1994 年相比，1999 年广州市调节水量、固土量、减少土壤中 N 损失量、

表5-9　1994～2009年广州市森林生态系统服务功能物质量

功能类别	指标	1994年	1999年	2004年	2009年
涵养水源（亿m　·a^{-1}）	调节水量	13.79	13.23	13.12	8.56
保育土壤（万t·a^{-1}）	固土	825.61	796.10	782.51	941.66
	N	0.81	0.80	0.84	1.28
	P	0.45	0.44	0.45	0.53
	K	15.67	15.18	15.40	17.36
	有机质	15.86	15.40	16.02	18.24
固碳释氧（万t·a^{-1}）	固碳	84.84	84.72	87.92	101.21
	释氧	210.78	211.03	219.92	252.01
积累营养物质（万t·a^{-1}）	N	1.60	1.62	2.02	1.55
	P	0.13	0.13	0.15	0.17
	K	0.78	0.81	1.07	0.86
净化大气环境	提供负离子（10^{22}个·a^{-1}）	240.05	227.98	209.27	216.07
	吸收二氧化硫（万kg·a^{-1}）	3015.02	2852.26	2461.04	2917.41
	吸收氟化物（万kg·a^{-1}）	300.25	293.08	317.16	337.88
	吸收氮氧化物（万kg·a^{-1}）	206.02	199.78	185.80	260.35
	滞尘（亿kg·a^{-1}）	100.56	98.23	106.49	117.69

减少土壤中P损失量、减少土壤中K损失量、减少土壤中有机质损失量、林木积累N量、林木积累P量、林木积累K量、提供负离子量、吸收二氧化硫量、吸收氟化物量、吸收氮氧化物量、滞尘量各自的增长率为:-4.05%、-3.57%、-0.83%、-3.01%、-3.15%、-2.94%、-0.15%、0.12%、0.88%、2.59%、4.59%、-5.03%、-5.40%、-2.39%、-3.03%、-2.31%。与1999年相比,2004年广州市调节水量、固土量、减少土壤中N损失量、减少土壤中P损失量、减少土壤中K损失量、减少土壤中有机质损失量、林木积累N量、林木积累P量、林木积累K量、提供负离子量、吸收二氧化硫量、吸收氟化物量、吸收氮氧化物量、滞尘量各自的增长率为:-0.84%、-1.71%、4.93%、1.33%、1.46%、4.03%、3.78%、4.21%、25.08%、17.64%、31.00%、-8.21%、-13.72%、8.22%、-7.00%、8.40%。

与2004年相比,2009年广州市调节水量、固土量、减少土壤中N损失量、减少土壤中P损失量、减少土壤中K损失量、减少土壤中有机质损失量、林木积累N量、林木积累P量、林木积累K量、提供负离子量、吸收二氧化硫量、吸收氟化物量、吸收氮氧化物量、滞尘量各自的增长率为:-34.77%、20.34%、51.75%、18.49%、12.72%、13.88%、15.12%、14.59%、-23.29%、10.53%、-19.31%、3.25%、18.54%、6.53%、40.13%、10.52%。

(2)深圳市

从表5-10可知,与1994年相比,1999年深圳市调节水量、固土量、减少土壤中N损失量、减少土壤中P损失量、减少土壤中K损失量、减少土壤中有机质损失量、林木积累N量、林木积累P量、林木积累K量、提供负离子量、吸收二氧化硫量、吸收氟化物量、吸收氮氧化物量、滞尘量各自的增长率为:-8.52%、-4.83%、10.59%、-2.12%、0.12%、-4.14%、5.52%、6.37%、14.74%、11.77%、27.92%、-8.05%、-11.61%、3.55%、-0.23%、2.34%。与1999年相比,2004年深圳市调节水量、固土量、减少土壤中N损失量、减少土壤中P损失量、减少土壤中K损

表5-10 1994~2009年深圳市森林生态系统服务功能物质量

功能类别	指标	1994年	1999年	2004年	2009年
涵养水源($亿m^3 \cdot a^{-1}$)	调节水量	2.53	2.31	2.31	2.22
保育土壤($万t \cdot a^{-1}$)	固土	228.33	217.30	214.16	247.38
	N	0.23	0.25	0.25	0.39
	P	0.12	0.12	0.12	0.14
	K	4.06	4.06	4.09	4.70
	有机质	4.19	4.02	4.03	4.75
固碳释氧($万t \cdot a^{-1}$)	固碳	22.66	23.91	23.63	24.97
	释氧	56.18	59.76	59.08	61.84
积累营养物质($万t \cdot a^{-1}$)	N	0.41	0.47	0.49	0.41
	P	0.03	0.04	0.04	0.04
	K	0.21	0.26	0.27	0.23

（续）

功能类别	指标	1994年	1999年	2004年	2009年
净化大气环境	提供负离子（10^{22}个·a^{-1}）	54.24	49.88	50.02	48.50
	吸收二氧化硫（万kg·a^{-1}）	691.70	611.39	598.59	675.42
	吸收氟化物（万kg·a^{-1}）	77.35	80.09	81.92	94.77
	吸收氮氧化物（万kg·a^{-1}）	54.69	54.56	53.65	69.50
	滞尘（亿kg·a^{-1}）	27.08	27.71	28.14	33.11

失量、减少土壤中有机质损失量、林木积累N量、林木积累P量、林木积累K量、提供负离子量、吸收二氧化硫量、吸收氟化物量、吸收氮氧化物量、滞尘量各自的增长率为：-0.05%、-1.44%、0.58%、-0.59%、0.80%、0.19%、-1.16%、-1.14%、4.52%、1.08%、3.73%、0.29%、-2.09%、2.28%、-1.67%、1.55%。

与2004年相比，2009年深圳市调节水量、固土量、减少土壤中N损失量、减少土壤中P损失量、减少土壤中K损失量、减少土壤中有机质损失量、林木积累N量、林木积累P量、林木积累K量、提供负离子量、吸收二氧化硫量、吸收氟化物量、吸收氮氧化物量、滞尘量各自的增长率为：-3.94%、15.51%、54.93%、18.08%、14.94%、18.06%、5.66%、4.67%、-16.31%、8.07%、-15.34%、-3.04%、12.84%、15.69%、29.54%、17.64%。

（3）珠海市

由表5-11可以，与1994年相比，1999年珠海市调节水量、固土量、减少土壤中N损失量、减少土壤中P损失量、减少土壤中K损失量、减少土壤中有机质损失量、林木积累N量、林木积累P量、林木积累K量、提供负离子量、吸收二氧化硫量、吸收氟化物量、吸收氮氧化物量、滞尘量各自的增长率为：-0.35%、-0.13%、1.39%、0.48%、1.10%、-0.24%、4.44%、4.86%、7.23%、5.26%、10.78%、1.10%、-1.56%、1.93%、0.22%、1.01%。

与1999年相比，2004年珠海市调节水量、固土量、减少土壤中N损失量、减少土壤中P损失量、减少土壤中K损失量、减少土壤中有机质损失量、林木积累N量、林木积累P量、林木积累K量、提供负离子量、吸收二氧化硫量、吸收氟化物量、吸收氮氧化物量、滞尘量各自的增长率为：1.44%、1.61%、1.45%、1.57%、1.47%、1.12%、2.20%、2.26%、2.05%、1.71%、2.15%、2.32%、1.57%、1.44%、1.51%、1.48%。

与2004年相比，2009年珠海市调节水量、固土量、减少土壤中N损失量、减少土壤中P损失量、减少土壤中K损失量、减少土壤中有机质损失量、林木积累N量、林木积累P量、林木积累K量、提供负离子量、吸收二氧化硫量、吸收氟化物量、吸收氮氧化物量、滞尘量各自的增长率为：-25.17%、0.61%、20.50%、1.33%、0.01%、-2.37%、-5.12%、-5.66%、-24.83%、-10.19%、-24.72%、-17.11%、-5.88%、-5.56%、10.95%、0.47%。

表5-11　1994～2009年珠海市森林生态系统服务功能物质量

功能类别	指标	1994年	1999年	2004年	2009年
涵养水源（亿$m^3 \cdot a^{-1}$）	调节水量	3.26	3.25	3.29	2.46
保育土壤（万$t \cdot a^{-1}$）	固土	142.78	142.60	144.90	145.79
	N	0.18	0.18	0.18	0.22
	P	0.08	0.08	0.08	0.08
	K	2.70	2.73	2.77	2.77
	有机质	2.88	2.87	2.90	2.83
固碳释氧（万$t \cdot a^{-1}$）	固碳	12.43	12.98	13.27	12.59
	释氧	30.48	31.97	32.69	30.84
积累营养物质（万$t \cdot a^{-1}$）	N	0.21	0.22	0.23	0.17
	P	0.02	0.02	0.02	0.02
	K	0.12	0.13	0.13	0.10
净化大气环境	提供负离子（10^{22}个$\cdot a^{-1}$）	28.20	28.51	29.17	24.18
	吸收二氧化硫（万$kg \cdot a^{-1}$）	414.16	407.69	414.08	389.72
	吸收氟化物（万$kg \cdot a^{-1}$）	51.77	52.78	53.54	50.56
	吸收氮氧化物（万$kg \cdot a^{-1}$）	38.93	39.02	39.61	43.94
	滞尘（亿$kg \cdot a^{-1}$）	17.46	17.64	17.90	17.98

（4）汕头市

由表5-12可知，与1994年相比，1999年汕头市调节水量、固土量、减少土壤中N损失量、减少土壤中P损失量、减少土壤中K损失量、减少土壤中有机质损失量、林木积累N量、林木积累P量、林木积累K量、提供负离子量、吸收二氧化硫量、吸收氟化物量、吸收氮氧化物量、滞尘量各自的增长率为：3.41%、3.27%、3.29%、3.06%、3.11%、3.29%、2.33%、2.26%、2.02%、2.73%、2.85%、3.19%、3.32%、3.13%、3.17%、2.70%。

与1999年相比，2004年汕头市调节水量、固土量、减少土壤中N损失量、减少土壤中P损失量、减少土壤中K损失量、减少土壤中有机质损失量、林木积累N量、林木积累P量、林木积累K量、提供负离子量、吸收二氧化硫量、吸收氟化物量、吸收氮氧化物量、滞尘量各自的增长率为：0.40%、0.34%、0.50%、0.40%、0.41%、0.40%、0.27%、0.26%、0.80%、0.37%、0.59%、0.29%、0.53%、0.43%、0.31%、0.60%。

与2004年相比，2009年汕头市调节水量、固土量、减少土壤中N损失量、减少土壤中

表5-12　1994～2009年汕头市森林生态系统服务功能物质量

功能类别	指标	1994年	1999年	2004年	2009年
涵养水源（亿$m^3 \cdot a^{-1}$）	调节水量	1.62	1.68	1.68	1.81
保育土壤（万$t \cdot a^{-1}$）	固土	161.61	166.89	167.46	198.70
	N	0.15	0.15	0.15	0.29
	P	0.09	0.09	0.09	0.11
	K	3.01	3.10	3.11	3.75
	有机质	2.92	3.01	3.02	3.51
固碳释氧（万$t \cdot a^{-1}$）	固碳	16.72	17.11	17.15	20.21
	释氧	41.57	42.51	42.62	50.09
积累营养物质（万$t \cdot a^{-1}$）	N	0.28	0.29	0.29	0.33
	P	0.02	0.02	0.02	0.03
	K	0.14	0.15	0.15	0.20
净化大气环境	提供负离子（10^{22}个$\cdot a^{-1}$）	47.16	48.66	48.81	46.76
	吸收二氧化硫（万$kg \cdot a^{-1}$）	533.93	551.65	554.57	589.18
	吸收氟化物（万$kg \cdot a^{-1}$）	57.33	59.13	59.38	76.73
	吸收氮氧化物（万$kg \cdot a^{-1}$）	38.74	39.97	40.09	52.88
	滞尘（亿$kg \cdot a^{-1}$）	18.19	18.68	18.79	24.94

P损失量、减少土壤中K损失量、减少土壤中有机质损失量、林木积累N量、林木积累P量、林木积累K量、提供负离子量、吸收二氧化硫量、吸收氟化物量、吸收氮氧化物量、滞尘量各自的增长率为：7.63%、18.66%、86.06%、24.69%、20.57%、16.19%、17.79%、17.52%、14.29%、22.66%、34.07%、-4.18%、6.24%、29.23%、31.89%、32.70%。

（5）韶关市

由表5-13可知，与1994年相比，1999年韶关市调节水量、固土量、减少土壤中N损失量、减少土壤中P损失量、减少土壤中K损失量、减少土壤中有机质损失量、林木积累N量、林木积累P量、林木积累K量、提供负离子量、吸收二氧化硫量、吸收氟化物量、吸收氮氧化物量、滞尘量各自的增长率为：4.46%、4.64%、4.10%、4.50%、3.89%、4.10%、6.09%、6.20%、5.14%、5.41%、5.93%、5.53%、5.36%、3.92%、4.47%、4.29%。

与1999年相比，2004年韶关市调节水量、固土量、减少土壤中N损失量、减少土壤中P损失量、减少土壤中K损失量、减少土壤中有机质损失量、林木积累N量、林木积累P量、林木积累K量、提供负离子量、吸收二氧化硫量、吸收氟化物量、吸收氮氧化物量、滞尘量各自的增长率为：0.52%、0.49%、0.71%、0.48%、0.51%、0.53%、0.54%、0.54%、0.45%、0.48%、

表5-13 1994～2009年韶关市森林生态系统服务功能物质量

功能类别	指标	1994年	1999年	2004年	2009年
涵养水源（亿m^3·a^{-1}）	调节水量	84.43	88.20	88.66	38.44
保育土壤（万t·a^{-1}）	固土	3 910.13	4 091.71	4 111.73	4 091.03
	N	4.11	4.27	4.30	4.82
	P	2.19	2.28	2.29	2.26
	K	74.76	77.66	78.06	77.75
	有机质	76.64	79.78	80.20	83.92
固碳释氧（万t·a^{-1}）	固碳	403.87	428.48	430.79	451.37
	释氧	1 002.86	1 065.07	1 070.84	1 126.63
积累营养物质（万t·a^{-1}）	N	7.47	7.86	7.89	6.66
	P	0.59	0.62	0.62	0.72
	K	3.67	3.88	3.90	3.63
净化大气环境	提供负离子（10^{22}个·a^{-1}）	1 113.80	1 175.35	1 184.00	1 089.15
	吸收二氧化硫（万kg·a^{-1}）	17 457.16	18 393.50	18 523.57	17 248.40
	吸收氟化物（万kg·a^{-1}）	1 397.21	1 451.95	1 460.10	1 396.82
	吸收氮氧化物（万kg·a^{-1}）	1 050.82	1 097.81	1 104.76	1 217.71
	滞尘（亿kg·a^{-1}）	489.82	510.84	513.63	493.38

0.49%、0.74%、0.71%、0.56%、0.63%、0.55%。

与2004年相比，2009年韶关市调节水量、固土量、减少土壤中N损失量、减少土壤中P损失量、减少土壤中K损失量、减少土壤中有机质损失量、林木积累N量、林木积累P量、林木积累K量、提供负离子量、吸收二氧化硫量、吸收氟化物量、吸收氮氧化物量、滞尘量各自的增长率为:-56.65%、-0.50%、11.96%、-1.36%、-0.39%、4.63%、4.78%、5.21%、-15.62%、14.91%、-7.11%、-8.01%、-6.88%、-4.33%、10.22%、-3.94%。

（6）河源市

由表5-14可知，与1994年相比，1999年河源市调节水量、固土量、减少土壤中N损失量、减少土壤中P损失量、减少土壤中K损失量、减少土壤中有机质损失量、林木积累N量、林木积累P量、林木积累K量、提供负离子量、吸收二氧化硫量、吸收氟化物量、吸收氮氧化物量、滞尘量各自的增长率为:2.01%、1.96%、2.19%、1.86%、1.85%、1.90%、2.50%、2.55%、2.90%、2.51%、3.18%、3.28%、1.28%、2.59%、1.61%、2.23%。

与1999年相比，2004年河源市调节水量、固土量、减少土壤中N损失量、减少土壤中P损失量、减少土壤中K损失量、减少土壤中有机质损失量、林木积累N量、林木积累P量、

表5-14 1994～2009年河源市森林生态系统服务功能物质量

功能类别	指标	1994年	1999年	2004年	2009年
涵养水源（亿$m^3 \cdot a^{-1}$）	调节水量	58.59	59.77	60.13	65.00
保育土壤（万$t \cdot a^{-1}$）	固土	3 458.64	3 526.40	3 554.90	3 620.05
	N	3.27	3.34	3.37	3.90
	P	1.91	1.94	1.96	1.98
	K	65.03	66.24	66.58	64.71
	有机质	64.78	66.01	66.55	68.61
固碳释氧（万$t \cdot a^{-1}$）	固碳	351.09	359.87	365.01	420.98
	释氧	870.90	893.08	906.28	1054.77
积累营养物质（万$t \cdot a^{-1}$）	N	6.34	6.52	6.63	5.73
	P	0.49	0.50	0.51	0.67
	K	2.90	3.00	3.07	3.02
净化大气环境	提供负离子（10^{22}个$\cdot a^{-1}$）	1 002.98	1 035.83	1 037.36	942.89
	吸收二氧化硫（万$kg \cdot a^{-1}$）	1 4470.36	1 4655.97	1 4689.43	1 4357.27
	吸收氟化物（万$kg \cdot a^{-1}$）	1 197.31	1 228.35	1 236.61	1 136.33
	吸收氮氧化物（万$kg \cdot a^{-1}$）	882.40	896.61	901.51	1017.72
	滞尘（亿$kg \cdot a^{-1}$）	415.34	424.59	428.27	412.57

林木积累K量、提供负离子量、吸收二氧化硫量、吸收氟化物量、吸收氮氧化物量、滞尘量各自的增长率为：0.61%、0.81%、0.88%、0.84%、0.51%、0.83%、1.43%、1.48%、1.59%、1.93%、2.51%、0.15%、0.23%、0.67%、0.55%、0.87%。

与2004年相比，2009年河源市调节水量、固土量、减少土壤中N损失量、减少土壤中P损失量、减少土壤中K损失量、减少土壤中有机质损失量、林木积累N量、林木积累P量、林木积累K量、提供负离子量、吸收二氧化硫量、吸收氟化物量、吸收氮氧化物量、滞尘量各自的增长率为：8.09%、1.83%、15.72%、0.96%、-2.80%、3.10%、15.33%、16.38%、-13.53%、31.20%、-1.61%、-9.11%、-2.26%、-8.11%、12.89%、-3.67%。

（7）梅州市

由表5-15可知，与1994年相比，1999年梅州市调节水量、固土量、减少土壤中N损失量、减少土壤中P损失量、减少土壤中K损失量、减少土壤中有机质损失量、林木积累N量、林

表5-15　1994～2009年梅州市森林生态系统服务功能物质量

功能类别	指标	1994年	1999年	2004年	2009年
涵养水源（亿$m^3 \cdot a^{-1}$）	调节水量	34.10	34.53	34.85	32.65
保育土壤（万$t \cdot a^{-1}$）	固土	3 531.86	3 565.71	3 623.17	3 625.06
	N	3.49	3.51	3.53	3.78
	P	1.93	1.95	1.98	1.96
	K	65.95	66.74	67.36	64.84
	有机质	66.57	67.26	67.97	67.68
固碳释氧（万$t \cdot a^{-1}$）	固碳	348.29	354.02	360.47	384.63
	释氧	862.30	876.97	893.13	957.74
积累营养物质（万$t \cdot a^{-1}$）	N	6.31	6.53	6.58	5.35
	P	0.50	0.51	0.51	0.58
	K	2.93	3.04	3.06	2.61
净化大气环境	提供负离子（10^{22}个$\cdot a^{-1}$）	1 039.11	1 057.36	1 067.50	981.52
	吸收二氧化硫（万$kg \cdot a^{-1}$）	13 406.50	13 524.26	13 663.62	13 225.57
	吸收氟化物（万$kg \cdot a^{-1}$）	1 263.34	1 283.66	1 291.84	1 168.16
	吸收氮氧化物（万$kg \cdot a^{-1}$）	889.22	891.62	902.84	980.08
	滞尘（亿$kg \cdot a^{-1}$）	426.28	432.68	436.90	409.85

木积累P量、林木积累K量、提供负离子量、吸收二氧化硫量、吸收氟化物量、吸收氮氧化物量、滞尘量各自的增长率为：1.28%、0.96%、0.42%、1.11%、1.19%、1.03%、1.65%、1.70%、3.51%、2.17%、3.66%、1.76%、0.88%、1.61%、0.27%、1.50%。

与1999年相比，2004年梅州市调节水量、固土量、减少土壤中N损失量、减少土壤中P损失量、减少土壤中K损失量、减少土壤中有机质损失量、林木积累N量、林木积累P量、林木积累K量、提供负离子量、吸收二氧化硫量、吸收氟化物量、吸收氮氧化物量、滞尘量各自的增长率为：0.93%、1.61%、0.82%、1.44%、0.93%、1.06%、1.82%、1.84%、0.76%、1.36%、0.81%、0.96%、1.03%、0.64%、1.26%、0.98%。

与2004年相比，2009年梅州市调节水量、固土量、减少土壤中N损失量、减少土壤中P损失量、减少土壤中K损失量、减少土壤中有机质损失量、林木积累N量、林木积累P量、

林木积累 K 量、提供负离子量、吸收二氧化硫量、吸收氟化物量、吸收氮氧化物量、滞尘量各自的增长率为:-6.32%、0.05%、7.00%、-1.20%、-3.74%、-0.43%、6.70%、7.23%、-18.76%、12.59%、-14.81%、-8.05%、-3.21%、-9.57%、8.55%、-6.19%。

(8) 惠州市

由表 5-16 可知，与 1994 年相比，1999 年惠州市调节水量、固土量、减少土壤中 N 损失量、减少土壤中 P 损失量、减少土壤中 K 损失量、减少土壤中有机质损失量、林木积累 N 量、林木积累 P 量、林木积累 K 量、提供负离子量、吸收二氧化硫量、吸收氟化物量、吸收氮氧化物量、滞尘量各自的增长率为:4.31%、4.75%、3.19%、4.40%、3.75%、3.59%、5.00%、5.02%、2.58%、3.21%、2.00%、4.81%、5.35%、3.02%、4.63%、3.49%。

与 1999 年相比，2004 年惠州市调节水量、固土量、减少土壤中 N 损失量、减少土壤中

表5-16 1994～2009年惠州市森林生态系统服务功能物质量

功能类别	指标	1994年	1999年	2004年	2009年
涵养水源 (亿$m^3 \cdot a^{-1}$)	调节水量	37.13	38.73	39.67	19.47
保育土壤 (万$t \cdot a^{-1}$)	固土	1 932.89	2 024.79	2 093.24	2 216.35
	N	1.84	1.90	2.02	2.54
	P	1.06	1.11	1.15	1.21
	K	36.57	37.94	39.00	40.09
	有机质	36.82	38.14	39.44	43.05
固碳释氧 (万$t \cdot a^{-1}$)	固碳	188.87	198.32	210.21	248.05
	释氧	467.43	490.91	521.43	620.15
积累营养物质 (万$t \cdot a^{-1}$)	N	3.83	3.93	4.08	3.30
	P	0.29	0.30	0.32	0.42
	K	1.78	1.81	1.93	1.80
净化大气环境	提供负离子 (10^{22}个$\cdot a^{-1}$)	551.85	578.37	586.11	532.26
	吸收二氧化硫 (万$kg \cdot a^{-1}$)	6 823.96	7 188.89	7 263.53	7 118.92
	吸收氟化物 (万$kg \cdot a^{-1}$)	707.63	729.01	748.89	713.56
	吸收氮氧化物 (万$kg \cdot a^{-1}$)	461.14	482.48	504.95	618.57
	滞尘 (亿$kg \cdot a^{-1}$)	238.01	246.32	255.28	251.03

P 损失量、减少土壤中 K 损失量、减少土壤中有机质损失量、林木积累 N 量、林木积累 P 量、林木积累 K 量、提供负离子量、吸收二氧化硫量、吸收氟化物量、吸收氮氧化物量、滞尘量各自的增长率为：2.42%、3.38%、6.70%、3.46%、2.78% 、3.42%、6.00%、6.22%、3.89%、9.16%、6.34%、1.34%、1.04%、2.73%、4.66%、3.64%。

与 2004 年相比，2009 年惠州市调节水量、固土量、减少土壤中 N 损失量、减少土壤中 P 损失量、减少土壤中 K 损失量、减少土壤中有机质损失量、林木积累 N 量、林木积累 P 量、林木积累 K 量、提供负离子量、吸收二氧化硫量、吸收氟化物量、吸收氮氧化物量、滞尘量各自的增长率为：-50.91%、5.88%、25.73%、5.03%、2.81%、9.14%、18.00%、18.93%、-19.02%、29.92%、-6.47%、-9.19%、-1.99%、-4.72%、22.50%、-1.66%。

(9) 汕尾市

由表 5-17 可知，与 1994 年相比，1999 年汕尾市调节水量、固土量、减少土壤中 N 损

表5–17 1994～2009年汕尾市森林生态系统服务功能物质量

功能类别	指标	1994年	1999年	2004年	2009年
涵养水源 (亿$m^3 \cdot a^{-1}$)	调节水量	13.20	15.05	15.62	12.14
保育土壤 (万$t \cdot a^{-1}$)	固土	625.92	710.84	740.88	689.56
	N	0.62	0.70	0.74	0.82
	P	0.34	0.38	0.40	0.38
	K	11.29	12.89	13.51	12.09
	有机质	11.30	12.89	13.40	12.68
固碳释氧 (万$t \cdot a^{-1}$)	固碳	54.55	64.32	68.18	69.75
	释氧	133.70	158.16	167.90	173.00
积累营养物质 (万$t \cdot a^{-1}$)	N	0.88	1.09	1.17	0.92
	P	0.07	0.09	0.09	0.10
	K	0.35	0.46	0.51	0.49
净化大气环境	提供负离子 (10^{22}个$\cdot a^{-1}$)	166.62	191.54	198.51	148.52
	吸收二氧化硫 (万$kg \cdot a^{-1}$)	2 278.30	2 619.81	2 696.90	2 189.79
	吸收氟化物 (万$kg \cdot a^{-1}$)	204.97	235.68	248.13	218.23
	吸收氮氧化物 (万$kg \cdot a^{-1}$)	159.46	178.60	187.24	186.78
	滞尘 (亿$kg \cdot a^{-1}$)	72.34	83.02	87.32	78.60

失量、减少土壤中 P 损失量、减少土壤中 K 损失量、减少土壤中有机质损失量、林木积累 N 量、林木积累 P 量、林木积累 K 量、提供负离子量、吸收二氧化硫量、吸收氟化物量、吸收氮氧化物量、滞尘量各自的增长率为：14.03%、13.57%、11.60%、14.22%、14.20%、14.04%、17.91%、18.30%、24.23%、20.85%、30.22%、14.96%、14.99%、14.99%、12.01%、14.77%。

与 1999 年相比，2004 年汕尾市调节水量、固土量、减少土壤中 N 损失量、减少土壤中 P 损失量、减少土壤中 K 损失量、减少土壤中有机质损失量、林木积累 N 量、林木积累 P 量、林木积累 K 量、提供负离子量、吸收二氧化硫量、吸收氟化物量、吸收氮氧化物量、滞尘量各自的增长率为：3.77%、4.23%、6.69%、4.58%、4.80%、3.98%、5.99%、6.15%、7.33%、7.08%、10.73%、3.64%、2.94%、5.28%、4.83%、5.18%。

与 2004 年相比，2009 年汕尾市调节水量、固土量、减少土壤中 N 损失量、减少土壤中 P 损失量、减少土壤中 K 损失量、减少土壤中有机质损失量、林木积累 N 量、林木积累 P 量、林木积累 K 量、提供负离子量、吸收二氧化硫量、吸收氟化物量、吸收氮氧化物量、滞尘量各自的增长率为：-22.25%、-6.93%、11.01%、-6.26%、-10.51%、-5.38%、2.30%、3.04%、-21.71%、12.19%、-4.43%、-25.18%、-18.80%、-12.05%、-0.24%、-9.98%。

（10）东莞市

由表 5-18 可知，与 1994 年相比，1999 年东莞市调节水量、固土量、减少土壤中 N 损失量、减少土壤中 P 损失量、减少土壤中 K 损失量、减少土壤中有机质损失量、林木积累 N 量、林木积累 P 量、林木积累 K 量、提供负离子量、吸收二氧化硫量、吸收氟化物量、吸收氮氧化物量、滞尘量各自的增长率为：-1.93%、1.61%、16.09%、2.70%、2.00%、-1.96%、8.04%、8.62%、8.60%、9.49%、23.46%、-4.43%、-4.85%、2.27%、6.61%、4.68%。

与 1999 年相比，2004 年东莞市调节水量、固土量、减少土壤中 N 损失量、减少土壤中

表5-18　1994～2009年东莞市森林生态系统服务功能物质量

功能类别	指标	1994年	1999年	2004年	2009年
涵养水源（亿$m^3 \cdot a^{-1}$）	调节水量	2.65	2.60	2.73	1.48
保育土壤（万$t \cdot a^{-1}$）	固土	107.51	109.24	115.52	170.59
	N	0.09	0.11	0.12	0.31
	P	0.06	0.06	0.06	0.10
	K	1.78	1.82	1.97	2.93
	有机质	1.82	1.79	1.89	2.84
固碳释氧（万$t \cdot a^{-1}$）	固碳	10.15	10.96	11.92	14.62
	释氧	25.05	27.21	29.64	35.61
积累营养物质（万$t \cdot a^{-1}$）	N	0.14	0.15	0.17	0.19
	P	0.01	0.01	0.02	0.02
	K	0.06	0.07	0.09	0.11

（续）

功能类别	指标	1994年	1999年	2004年	2009年
净化大气环境	提供负离子（10^{22}个 · a^{-1}）	28.22	26.97	28.18	28.12
	吸收二氧化硫（万kg · a^{-1}）	361.63	344.09	351.42	487.95
	吸收氟化物（万kg · a^{-1}）	31.79	32.51	35.93	62.76
	吸收氮氧化物（万kg · a^{-1}）	26.06	27.78	29.91	47.80
	滞尘（亿kg · a^{-1}）	11.22	11.74	12.95	22.75

P 损失量、减少土壤中 K 损失量、减少土壤中有机质损失量、林木积累 N 量、林木积累 P 量、林木积累 K 量、提供负离子量、吸收二氧化硫量、吸收氟化物量、吸收氮氧化物量、滞尘量各自的增长率为：4.82%、5.75%、13.42%、7.07%、8.40%、6.00%、8.71%、8.95%、17.47%、12.38%、22.53%、4.50%、2.13%、10.51%、7.65%、10.26%。

与 2004 年相比，2009 年东莞市调节水量、固土量、减少土壤中 N 损失量、减少土壤中 P 损失量、减少土壤中 K 损失量、减少土壤中有机质损失量、林木积累 N 量、林木积累 P 量、林木积累 K 量、提供负离子量、吸收二氧化硫量、吸收氟化物量、吸收氮氧化物量、滞尘量各自的增长率为：-45.60%、47.67%、153.32%、59.71%、48.76%、49.81%、22.73%、20.13%、10.86%、29.87%、24.29%、-0.23%、38.85%、74.69%、59.83%、75.68%。

（11）中山市

由表 5-19 可知，与 1994 年相比，1999 年中山市调节水量、固土量、减少土壤中 N 损失量、减少土壤中 P 损失量、减少土壤中 K 损失量、减少土壤中有机质损失量、林木积累 N 量、林木积累 P 量、林木积累 K 量、提供负离子量、吸收二氧化硫量、吸收氟化物量、吸收氮氧化物量、

表5-19　1994～2009年中山市森林生态系统服务功能物质量

功能类别	指标	1994年	1999年	2004年	2009年
涵养水源（亿m^3 · a^{-1}）	调节水量	1.53	1.72	1.48	1.81
保育土壤（万t · a^{-1}）	固土	87.85	99.78	85.44	100.27
	N	0.10	0.11	0.09	0.12
	P	0.05	0.05	0.05	0.06
	K	1.57	1.78	1.59	1.93
	有机质	1.61	1.83	1.57	1.89

（续）

功能类别	指标	1994年	1999年	2004年	2009年
固碳释氧 （万t·a^{-1}）	固碳	7.95	9.43	8.82	11.05
	释氧	19.54	23.29	21.94	27.58
积累营养物质 （万t·a^{-1}）	N	0.12	0.14	0.16	0.23
	P	0.01	0.01	0.01	0.02
	K	0.06	0.07	0.09	0.12
净化大气环境	提供负离子 （10^{22}个·a^{-1}）	21.42	24.30	21.41	25.61
	吸收二氧化硫 （万kg·a^{-1}）	290.92	321.67	265.64	302.58
	吸收氟化物 （万kg·a^{-1}）	29.19	33.47	30.78	39.38
	吸收氮氧化物 （万kg·a^{-1}）	23.60	26.45	21.74	25.03
	滞尘 （亿kg·a^{-1}）	10.18	11.68	10.58	13.32

滞尘量各自的增长率为：-1.93%、1.61%、16.09%、2.70%、2.00%、-1.96%、8.04%、8.62%、8.60%、9.49%、23.46%、-4.43%、-4.85%、2.27%、6.61%、4.68%。

与1999年相比，2004年中山市调节水量、固土量、减少土壤中N损失量、减少土壤中P损失量、减少土壤中K损失量、减少土壤中有机质损失量、林木积累N量、林木积累P量、林木积累K量、提供负离子量、吸收二氧化硫量、吸收氟化物量、吸收氮氧化物量、滞尘量各自的增长率为：4.82%、5.75%、13.42%、7.07%、8.40%、6.00%、8.71%、8.95%、17.47%、12.38%、22.53%、4.50%、2.13%、10.51%、7.65%、10.26%。

与2004年相比，2009年中山市调节水量、固土量、减少土壤中N损失量、减少土壤中P损失量、减少土壤中K损失量、减少土壤中有机质损失量、林木积累N量、林木积累P量、林木积累K量、提供负离子量、吸收二氧化硫量、吸收氟化物量、吸收氮氧化物量、滞尘量各自的增长率为：-45.60%、47.67%、153.32%、59.71%、48.76%、49.81%、22.73%、20.13%、10.86%、29.87%、24.29%、-0.23%、38.85%、74.69%、59.83%、75.68%。

（12）江门市

由表5-20可知，与1994年相比，1999年江门市调节水量、固土量、减少土壤中N损失量、减少土壤中P损失量、减少土壤中K损失量、减少土壤中有机质损失量、林木积累N量、林木积累P量、林木积累K量、提供负离子量、吸收二氧化硫量、吸收氟化物量、吸收氮氧化物量、滞尘量各自的增长率为:3.18%、3.46%、3.76%、3.89%、3.71%、3.57%、6.51%、6.82%、12.45%、9.80%、18.56%、2.95%、0.09%、5.21%、1.95%、4.88%。

与1999年相比，2004年江门市调节水量、固土量、减少土壤中N损失量、减少土壤中

表5-20　1994～2009年江门市森林生态系统服务功能物质量

功能类别	指标	1994年	1999年	2004年	2009年
涵养水源（亿$m^3 \cdot a^{-1}$）	调节水量	32.59	33.63	32.58	10.33
保育土壤（万$t \cdot a^{-1}$）	固土	1 235.65	1 278.46	1 257.69	1 301.81
	N	1.24	1.29	1.25	1.42
	P	0.66	0.69	0.67	0.69
	K	21.99	22.81	21.58	21.06
	有机质	22.65	23.46	22.67	23.13
固碳释氧（万$t \cdot a^{-1}$）	固碳	104.30	111.09	114.18	129.50
	释氧	254.79	272.16	280.87	320.98
积累营养物质（万$t \cdot a^{-1}$）	N	1.60	1.79	1.72	1.39
	P	0.14	0.15	0.15	0.19
	K	0.63	0.74	0.76	0.73
净化大气环境	提供负离子（10^{22}个$\cdot a^{-1}$）	321.84	331.33	304.50	262.66
	吸收二氧化硫（万$kg \cdot a^{-1}$）	4 712.88	4 717.01	4 530.43	4 227.92
	吸收氟化物（万$kg \cdot a^{-1}$）	395.87	416.49	387.61	356.47
	吸收氮氧化物（万$kg \cdot a^{-1}$）	322.06	328.33	320.60	353.07
	滞尘（亿$kg \cdot a^{-1}$）	141.60	148.52	142.17	137.32

P 损失量、减少土壤中 K 损失量、减少土壤中有机质损失量、林木积累 N 量、林木积累 P 量、林木积累 K 量、提供负离子量、吸收二氧化硫量、吸收氟化物量、吸收氮氧化物量、滞尘量各自的增长率为：-3.12%　、-1.62%、-3.29%、-2.05%、-5.38%、-3.35%、2.78%、3.20%、-4.03%、2.87%、2.65%、-8.10%、-3.96%、-6.93%、-2.36%、-4.27%。

与 2004 年相比，2009 年江门市调节水量、固土量、减少土壤中 N 损失量、减少土壤中 P 损失量、减少土壤中 K 损失量、减少土壤中有机质损失量、林木积累 N 量、林木积累 P 量、林木积累 K 量、提供负离子量、吸收二氧化硫量、吸收氟化物量、吸收氮氧化物量、滞尘量各自的增长率为：-68.30%、3.51%、14.25%、2.69%、-2.43%、2.00%、13.42%、14.28%、-19.27%、21.44%、-4.84%、-13.74%、-6.68%、-8.03%、10.13%、-3.41%。

（13）佛山市

由表5-21可知，与1994年相比，1999年佛山市调节水量、固土量、减少土壤中N损失量、减少土壤中P损失量、减少土壤中K损失量、减少土壤中有机质损失量、林木积累N量、林木积累P量、林木积累K量、提供负离子量、吸收二氧化硫量、吸收氟化物量、吸收氮氧化物量、滞尘量各自的增长率为：4.98%、5.15%、2.67%、5.24%、5.10%、4.43%、5.82%、5.88%、6.44%、5.57%、6.14%、4.56%、5.43%、4.04%、4.41%、4.38%。

与1999年相比，2004年佛山市调节水量、固土量、减少土壤中N损失量、减少土壤中P损失量、减少土壤中K损失量、减少土壤中有机质损失量、林木积累N量、林木积累P量、林木积累K量、提供负离子量、吸收二氧化硫量、吸收氟化物量、吸收氮氧化物量、滞尘量各自的增长率为：-10.89%、-9.32%、-9.32%、-8.28%、-10.43%、-8.26%、1.32%、2.28%、

表5-21　1994～2009年佛山市森林生态系统服务功能物质量

功能类别	指标	1994年	1999年	2004年	2009年
涵养水源（亿$m^3 \cdot a^{-1}$）	调节水量	2.70	2.83	2.52	1.80
保育土壤（万$t \cdot a^{-1}$）	固土	201.45	211.83	192.10	209.42
	N	0.19	0.20	0.18	0.21
	P	0.11	0.11	0.10	0.11
	K	3.39	3.57	3.19	3.48
	有机质	3.50	3.65	3.35	3.65
固碳释氧（万$t \cdot a^{-1}$）	固碳	18.16	19.22	19.48	21.08
	释氧	44.61	47.23	48.31	52.24
积累营养物质（万$t \cdot a^{-1}$）	N	0.22	0.23	0.25	0.25
	P	0.02	0.02	0.02	0.03
	K	0.08	0.09	0.12	0.12
净化大气环境	提供负离子（10^{22}个$\cdot a^{-1}$）	57.88	60.52	51.19	53.09
	吸收二氧化硫（万$kg \cdot a^{-1}$）	925.42	975.70	856.37	916.11
	吸收氟化物（万$kg \cdot a^{-1}$）	57.70	60.03	53.89	57.88
	吸收氮氧化物（万$kg \cdot a^{-1}$）	55.00	57.42	51.38	57.16
	滞尘（亿$kg \cdot a^{-1}$）	21.71	22.66	20.69	22.33

（续）

8.68%、15.28%、34.45%、-15.41%、-12.23%、-10.23%、-10.52%、-8.71%。

与2004年相比，2009年佛山市调节水量、固土量、减少土壤中N损失量、减少土壤中P损失量、减少土壤中K损失量、减少土壤中有机质损失量、林木积累N量、林木积累P量、林木积累K量、提供负离子量、吸收二氧化硫量、吸收氟化物量、吸收氮氧化物量、滞尘量各自的增长率为：-28.73%、9.02%、15.13%、9.35%、8.92%、8.86%、8.24%、8.14%、-0.63%、8.74%、0.55%、3.71%、6.98%、7.40%、11.25%、7.93%。

（14）阳江市

由表5-22可知，与1994年相比，1999年阳江市调节水量、固土量、减少土壤中N损失量、减少土壤中P损失量、减少土壤中K损失量、减少土壤中有机质损失量、林木积累N量、林木积累P量、林木积累K量、提供负离子量、吸收二氧化硫量、吸收氟化物量、吸收氮

表5-22　1994～2009年阳江市森林生态系统服务功能物质量

功能类别	指标	1994年	1999年	2004年	2009年
涵养水源（亿$m^3 \cdot a^{-1}$）	调节水量	39.85	43.01	42.19	11.80
保育土壤（万$t \cdot a^{-1}$）	固土	1155.66	1244.25	1220.84	1370.26
	N	1.17	1.25	1.23	1.68
	P	0.63	0.68	0.67	0.75
	K	20.65	22.37	22.03	24.38
	有机质	21.18	22.84	22.43	25.07
固碳释氧（万$t \cdot a^{-1}$）	固碳	102.00	111.47	109.92	146.34
	释氧	250.01	273.60	269.90	364.29
积累营养物质（万$t \cdot a^{-1}$）	N	1.44	1.65	1.64	1.83
	P	0.13	0.14	0.14	0.23
	K	0.61	0.71	0.71	0.95
净化大气环境	提供负离子（10^{22}个$\cdot a^{-1}$）	284.14	311.52	305.22	323.46
	吸收二氧化硫（万$kg \cdot a^{-1}$）	5332.90	5735.04	5664.88	5524.93
	吸收氟化物（万$kg \cdot a^{-1}$）	343.46	375.63	369.64	415.58
	吸收氮氧化物（万$kg \cdot a^{-1}$）	321.75	342.47	337.99	400.83
	滞尘（亿$kg \cdot a^{-1}$）	130.18	141.48	139.43	157.06

氧化物量、滞尘量各自的增长率为：7.93%、7.67%、6.42%、7.98%、8.36%、7.86%、9.29%、9.43%、14.92%、10.84%、16.26%、9.64%、7.54%、9.37%、6.44%、8.68%。

与1999年相比，2004年阳江市调节水量、固土量、减少土壤中N损失量、减少土壤中P损失量、减少土壤中K损失量、减少土壤中有机质损失量、林木积累N量、林木积累P量、林木积累K量、提供负离子量、吸收二氧化硫量、吸收氟化物量、吸收氮氧化物量、滞尘量各自的增长率为：-1.90%、-1.88%、-0.89%、-1.69%、-1.53%、-1.81%、-1.39%、-1.35%、-0.88%、-1.16%、0.19%、-2.02%、-1.22%、-1.59%、-1.31%、-1.45%。

与2004年相比，2009年阳江市调节水量、固土量、减少土壤中N损失量、减少土壤中P损失量、减少土壤中K损失量、减少土壤中有机质损失量、林木积累N量、林木积累P量、林木积累K量、提供负离子量、吸收二氧化硫量、吸收氟化物量、吸收氮氧化物量、滞尘量各自的增长率为：-72.02%、12.24%、35.80%、13.16%、10.67%、11.76%、33.14%、34.97%、11.92%、59.44%、33.87%、5.98%、-2.47%、12.43%、18.59%、12.65%。

（15）湛江市

由表5-23可知，与1994年相比，1999年湛江市调节水量、固土量、减少土壤中N损失量、减少土壤中P损失量、减少土壤中K损失量、减少土壤中有机质损失量、林木积累N量、林木积累P量、林木积累K量、提供负离子量、吸收二氧化硫量、吸收氟化物量、吸收氮氧化物量、滞尘量各自的增长率为：-8.10%、-6.38%、-8.79%、-6.72%、-8.81%、-7.20%、-5.10%、-5.00%、-8.34%、-5.13%、-5.77%、-8.73%、-7.08%、-10.15%、-6.93%、-8.27%。

与1999年相比，2004年湛江市调节水量、固土量、减少土壤中N损失量、减少土壤中P损失量、减少土壤中K损失量、减少土壤中有机质损失量、林木积累N量、林木积累P量、林木积累K量、提供负离子量、吸收二氧化硫量、吸收氟化物量、吸收氮氧化物量、滞尘量各自的增长率为：0.01%、0.66%、1.40%、0.67%、-0.19%、-0.01%、1.75%、1.83%、0.42%、1.95%、

表5-23 1994～2009年湛江市森林生态系统服务功能物质量

功能类别	指标	1994年	1999年	2004年	2009年
涵养水源（亿$m^3 \cdot a^{-1}$）	调节水量	6.61	6.07	6.07	5.16
保育土壤（万$t \cdot a^{-1}$）	固土	658.18	616.20	620.27	828.99
	N	0.54	0.49	0.50	0.80
	P	0.33	0.31	0.31	0.42
	K	8.63	7.87	7.85	9.99
	有机质	9.30	8.63	8.63	11.79
固碳释氧（万$t \cdot a^{-1}$）	固碳	71.22	67.59	68.78	90.58
	释氧	177.86	168.96	172.06	226.17
积累营养物质（万$t \cdot a^{-1}$）	N	0.62	0.57	0.57	0.62
	P	0.08	0.08	0.08	0.11
	K	0.35	0.33	0.34	0.44

（续）

功能类别	指标	1994年	1999年	2004年	2009年
净化大气环境	提供负离子（10^{22}个·a^{-1}）	121.73	111.10	109.02	112.82
	吸收二氧化硫（万kg·a^{-1}）	1 844.29	1 713.68	1 714.16	2 115.10
	吸收氟化物（万kg·a^{-1}）	132.17	118.76	117.50	142.98
	吸收氮氧化物（万kg·a^{-1}）	150.01	139.60	140.62	186.24
	滞尘（亿kg·a^{-1}）	58.15	53.34	53.44	68.23

3.15%、-1.88%、0.03%、-1.06%、0.73%、0.18%。

与2004年相比，2009年湛江市调节水量、固土量、减少土壤中N损失量、减少土壤中P损失量、减少土壤中K损失量、减少土壤中有机质损失量、林木积累N量、林木积累P量、林木积累K量、提供负离子量、吸收二氧化硫量、吸收氟化物量、吸收氮氧化物量、滞尘量各自的增长率为:-14.96%、33.65%、59.59%、35.31%、27.21%、36.64%、31.70%、31.45%、8.93%、37.16%、29.60%、3.49%、23.39%、21.68%、32.44%、27.69%。

（16）茂名市

由表5-24可知，与1994年相比，1999年茂名市调节水量、固土量、减少土壤中N损失量、减少土壤中P损失量、减少土壤中K损失量、减少土壤中有机质损失量、林木积累N量、林木积累P量、林木积累K量、提供负离子量、吸收二氧化硫量、吸收氟化物量、吸收氮氧化物量、滞尘量各自的增长率为:-8.48%、-8.93%、-6.16%、-8.51%、-7.94%、-7.43%、-9.01%、-9.02%、-6.09%、-6.17%、-1.80%、-10.10%、-9.43%、-6.96%、-8.27%、-7.49%。

表5-24 1994～2009年茂名市森林生态系统服务功能物质量

功能类别	指标	1994年	1999年	2004年	2009年
涵养水源（亿m^3·a^{-1}）	调节水量	16.17	14.80	14.96	15.17
保育土壤（万t·a^{-1}）	固土	1 496.60	1 362.92	1 388.20	1 750.32
	N	1.28	1.20	1.21	2.31
	P	0.79	0.72	0.73	0.96
	K	25.14	23.15	23.36	28.86
	有机质	25.01	23.15	23.46	29.18
固碳释氧（万t·a^{-1}）	固碳	137.50	125.11	128.86	157.10
	释氧	338.34	307.83	317.38	384.96

（续）

功能类别	指标	1994年	1999年	2004年	2009年
积累营养物质（万t·a^{-1}）	N	1.69	1.59	1.62	1.68
	P	0.15	0.14	0.15	0.19
	K	0.59	0.58	0.61	0.79
净化大气环境	提供负离子（10^{22}个·a^{-1}）	419.78	377.39	442.59	378.52
	吸收二氧化硫（万kg·a^{-1}）	6 432.89	5 826.36	5 891.54	6 211.43
	吸收氟化物（万kg·a^{-1}）	416.03	387.06	389.54	535.78
	吸收氮氧化物（万kg·a^{-1}）	386.77	354.77	359.67	472.75
	滞尘（亿kg·a^{-1}）	155.96	144.28	146.04	198.85

与 1999 年相比，2004 年茂名市调节水量、固土量、减少土壤中 N 损失量、减少土壤中 P 损失量、减少土壤中 K 损失量、减少土壤中有机质损失量、林木积累 N 量、林木积累 P 量、林木积累 K 量、提供负离子量、吸收二氧化硫量、吸收氟化物量、吸收氮氧化物量、滞尘量各自的增长率为：1.10%、1.86%、1.19%、1.74%、0.94%、1.31% 、3.00%、3.10%、2.08%、3.36%、4.69%、17.28%、1.12%、0.64%、1.38%、1.22%。

与 2004 年相比，2009 年茂名市调节水量、固土量、减少土壤中 N 损失量、减少土壤中 P 损失量、减少土壤中 K 损失量、减少土壤中有机质损失量、林木积累 N 量、林木积累 P 量、林木积累 K 量、提供负离子量、吸收二氧化硫量、吸收氟化物量、吸收氮氧化物量、滞尘量各自的增长率为:1.41%、26.09%、90.38%、30.55%、23.54%、24.39%、21.91%、21.30%、3.54%、31.06%、29.83%、-14.48%、5.43%、37.54%、31.44%、36.15%。

（17）肇庆市

由表 5-25 可知，与 1994 年相比，1999 年肇庆市调节水量、固土量、减少土壤中 N 损失量、减少土壤中 P 损失量、减少土壤中 K 损失量、减少土壤中有机质损失量、林木积累 N 量、林木积累 P 量、林木积累 K 量、提供负离子量、吸收二氧化硫量、吸收氟化物量、吸收氮氧化物量、滞尘量各自的增长率为:3.29%、3.44%、4.34%、3.35%、3.06%、3.52%、2.62%、2.56%、2.77%、2.80%、2.69%、3.08%、3.19%、3.41%、3.46%、3.72%。

与 1999 年相比，2004 年肇庆市调节水量、固土量、减少土壤中 N 损失量、减少土壤中 P 损失量、减少土壤中 K 损失量、减少土壤中有机质损失量、林木积累 N 量、林木积累 P 量、林木积累 K 量、提供负离子量、吸收二氧化硫量、吸收氟化物量、吸收氮氧化物量、滞尘量各自的增长率为：-0.25%、0.27%、0.38%、0.05%、-0.46%、-0.06%、0.39%、0.41%、-0.35%、0.54%、0.53%、-0.27%、-1.14%、-0.16%、-0.13%、-0.07%。

与 2004 年相比，2009 年肇庆市调节水量、固土量、减少土壤中 N 损失量、减少土壤

表5–25　1994～2009年肇庆市森林生态系统服务功能物质量

功能类别	指标	1994年	1999年	2004年	2009年
涵养水源（亿m^3 · a^{-1}）	调节水量	36.65	37.85	37.76	29.08
保育土壤（万t · a^{-1}）	固土	2 845.70	2 943.47	2 951.40	3 303.15
	N	3.11	3.24	3.25	4.26
	P	1.54	1.59	1.59	1.77
	K	51.99	53.58	53.34	55.98
	有机质	54.24	56.15	56.11	61.46
固碳释氧（万t · a^{-1}）	固碳	285.59	293.07	294.21	336.86
	释氧	707.67	725.77	728.71	835.68
积累营养物质（万t · a^{-1}）	N	4.23	4.34	4.33	4.00
	P	0.37	0.38	0.38	0.49
	K	1.98	2.03	2.04	2.06
净化大气环境	提供负离子（10^{22}个 · a^{-1}）	878.80	905.85	903.37	894.14
	吸收二氧化硫（万kg · a^{-1}）	12 287.15	12 679.12	12 535.08	11 978.15
	吸收氟化物（万kg · a^{-1}）	970.77	1003.83	1002.24	1076.98
	吸收氮氧化物（万kg · a^{-1}）	799.60	827.30	826.24	946.82
	滞尘（亿kg · a^{-1}）	338.18	350.76	350.52	387.784

中 P 损失量、减少土壤中 K 损失量、减少土壤中有机质损失量、林木积累 N 量、林木积累 P 量、林木积累 K 量、提供负离子量、吸收二氧化硫量、吸收氟化物量、吸收氮氧化物量、滞尘量各自的增长率为：-22.97%、11.92%、31.04%、11.29%、4.95%、9.54%、14.50%、14.68%、-7.58%、27.52%、0.68%、-1.02%、-4.44%、7.46%、14.59%、10.63%。

(18) 清远市

由表 5-26 可知，与 1994 年相比，1999 年清远市调节水量、固土量、减少土壤中 N 损失量、减少土壤中 P 损失量、减少土壤中 K 损失量、减少土壤中有机质损失量、林木积累 N 量、林木积累 P 量、林木积累 K 量、提供负离子量、吸收二氧化硫量、吸收氟化物量、吸收氮氧化物量、滞尘量各自的增长率为：3.02%、3.21%、2.13%、2.99%、2.69%、2.50%、3.36%、3.37%、4.06%、2.92%、3.35%、4.68%、2.07%、3.24%、2.05%、3.05%。

表5-26 1994～2009年清远市森林生态系统服务功能物质量

功能类别	指标	1994年	1999年	2004年	2009年
涵养水源（亿$m^3 \cdot a^{-1}$）	调节水量	34.97	36.03	36.22	80.41
保育土壤（万$t \cdot a^{-1}$）	固土	3 783.84	3 905.16	3 931.90	4 407.07
	N	4.26	4.35	4.38	5.62
	P	2.13	2.20	2.21	2.47
	K	73.74	75.72	76.16	83.15
	有机质	77.85	79.79	80.39	91.21
固碳释氧（万$t \cdot a^{-1}$）	固碳	354.82	366.73	371.89	446.07
	释氧	874.34	903.83	917.08	1106.03
积累营养物质（万$t \cdot a^{-1}$）	N	6.32	6.57	6.65	6.23
	P	0.55	0.57	0.57	0.76
	K	3.19	3.30	3.36	3.46
净化大气环境	提供负离子（10^{22}个$\cdot a^{-1}$）	875.36	916.31	918.99	926.25
	吸收二氧化硫（万$kg \cdot a^{-1}$）	16 905.58	17 254.90	17 521.84	18 053.38
	吸收氟化物（万$kg \cdot a^{-1}$）	1 307.74	1 350.11	1 354.10	1 450.26
	吸收氮氧化物（万$kg \cdot a^{-1}$）	1 079.41	1 101.49	1 111.76	1 341.32
	滞尘（亿$kg \cdot a^{-1}$）	470.10	484.43	487.65	532.24

与1999年相比，2004年清远市调节水量、固土量、减少土壤中N损失量、减少土壤中P损失量、减少土壤中K损失量、减少土壤中有机质损失量、林木积累N量、林木积累P量、林木积累K量、提供负离子量、吸收二氧化硫量、吸收氟化物量、吸收氮氧化物量、滞尘量各自的增长率为:0.53%、0.68%、0.69%、0.77%、0.58%、0.75%、1.41%、1.47%、1.15%、1.42%、1.80%、0.29%、1.55%、0.30%、0.93%、0.66%。

与2004年相比，2009年清远市调节水量、固土量、减少土壤中N损失量、减少土壤中P损失量、减少土壤中K损失量、减少土壤中有机质损失量、林木积累N量、林木积累P量、林木积累K量、提供负离子量、吸收二氧化硫量、吸收氟化物量、吸收氮氧化物量、滞尘量各自的增长率为：122.00%、12.08%、28.31%、11.42%、9.19%、13.46%、19.95%、20.60%、-6.37%、31.40%、2.91%、0.79%、3.03%、7.10%、20.65%、9.15%。

（续）

(19) 潮州市

由表 5-27 可知，与 1994 年相比，1999 年潮州市调节水量、固土量、减少土壤中 N 损失量、减少土壤中 P 损失量、减少土壤中 K 损失量、减少土壤中有机质损失量、林木积累 N 量、林木积累 P 量、林木积累 K 量、提供负离子量、吸收二氧化硫量、吸收氟化物量、吸收氮氧化物量、滞尘量各自的增长率为:-2.36%、-2.53%、-2.88%、-2.34%、-2.21%、-2.30%、-2.09%、-2.05%、-1.38%、-1.55%、-0.75%、-2.89%、-1.77%、-2.45%、-2.53%、-2.43%。

与 1999 年相比，2004 年潮州市调节水量、固土量、减少土壤中 N 损失量、减少土壤中 P 损失量、减少土壤中 K 损失量、减少土壤中有机质损失量、林木积累 N 量、林木积累 P 量、林木积累 K 量、提供负离子量、吸收二氧化硫量、吸收氟化物量、吸收氮氧化物量、滞尘量各自的增长率为:-1.06%、-1.09%、-0.97%、-1.07%、-1.06%、-1.02%、-1.09%、-1.09%、-0.73%、-0.94%、-0.74%、-1.02%、-1.28%、-0.91%、-1.18%、-0.92%。

表5-27　1994～2009年潮州市森林生态系统服务功能物质量

功能类别	指标	1994年	1999年	2004年	2009年
涵养水源 (亿$m^3 \cdot a^{-1}$)	调节水量	7.96	7.77	7.69	5.45
保育土壤 (万$t \cdot a^{-1}$)	固土	502.31	489.58	484.26	455.41
	N	0.50	0.49	0.48	0.42
	P	0.27	0.27	0.26	0.25
	K	9.25	9.04	8.95	8.50
	有机质	9.36	9.14	9.05	8.45
固碳释氧 (万$t \cdot a^{-1}$)	固碳	49.09	48.07	47.54	57.46
	释氧	121.46	118.96	117.66	141.99
积累营养物质 (万$t \cdot a^{-1}$)	N	0.85	0.84	0.83	0.79
	P	0.07	0.07	0.07	0.08
	K	0.39	0.39	0.39	0.43
净化大气环境	提供负离子 (10^{22}个$\cdot a^{-1}$)	149.55	145.22	143.75	142.63
	吸收二氧化硫 (万$kg \cdot a^{-1}$)	1 949.47	1 915.02	1 890.51	2 051.91
	吸收氟化物 (万$kg \cdot a^{-1}$)	176.04	171.73	170.17	204.31
	吸收氮氧化物 (万$kg \cdot a^{-1}$)	128.47	125.22	123.74	162.73
	滞尘 (亿$kg \cdot a^{-1}$)	59.89	58.44	57.90	69.27

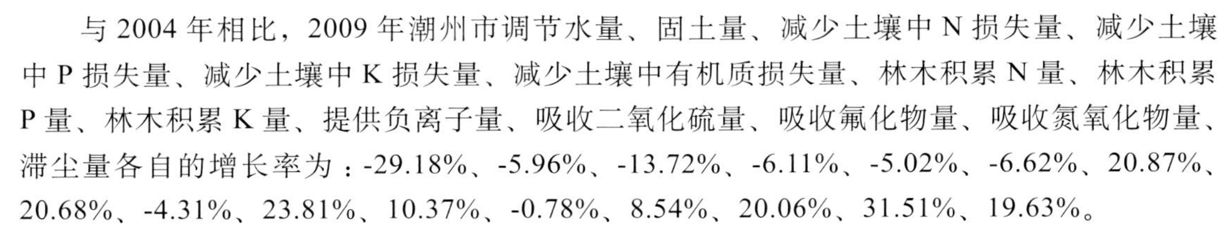

与2004年相比，2009年潮州市调节水量、固土量、减少土壤中N损失量、减少土壤中P损失量、减少土壤中K损失量、减少土壤中有机质损失量、林木积累N量、林木积累P量、林木积累K量、提供负离子量、吸收二氧化硫量、吸收氟化物量、吸收氮氧化物量、滞尘量各自的增长率为：-29.18%、-5.96%、-13.72%、-6.11%、-5.02%、-6.62%、20.87%、20.68%、-4.31%、23.81%、10.37%、-0.78%、8.54%、20.06%、31.51%、19.63%。

（20）揭阳市

由表5-28可知，与1994年相比，1999年揭阳市调节水量、固土量、减少土壤中N损失量、减少土壤中P损失量、减少土壤中K损失量、减少土壤中有机质损失量、林木积累N量、林木积累P量、林木积累K量、提供负离子量、吸收二氧化硫量、吸收氟化物量、吸收氮氧化物量、滞尘量各自的增长率为：-0.81%、-0.84%、-0.85%、-0.82%、-0.82%、-0.72%、-0.79%、

表5-28　1994～2009年揭阳市森林生态系统服务功能物质量

功能类别	指标	1994年	1999年	2004年	2009年
涵养水源（亿$m^3 \cdot a^{-1}$）	调节水量	11.29	11.19	11.14	8.10
保育土壤（万$t \cdot a^{-1}$）	固土	712.76	706.78	703.26	891.08
	N	0.69	0.68	0.68	1.18
	P	0.38	0.38	0.38	0.50
	K	12.86	12.76	12.69	16.25
	有机质	12.66	12.57	12.53	16.28
固碳释氧（万$t \cdot a^{-1}$）	固碳	66.09	65.57	65.18	85.45
	释氧	162.83	161.55	160.57	210.80
积累营养物质（万$t \cdot a^{-1}$）	N	1.01	1.01	1.00	1.19
	P	0.08	0.08	0.08	0.12
	K	0.42	0.42	0.42	0.64
净化大气环境	提供负离子（10^{22}个$\cdot a^{-1}$）	201.41	199.65	198.87	205.35
	吸收二氧化硫（万$kg \cdot a^{-1}$）	2 723.72	2 698.91	2 695.82	3 031.37
	吸收氟化物（万$kg \cdot a^{-1}$）	231.35	229.64	228.41	310.78
	吸收氮氧化物（万$kg \cdot a^{-1}$）	183.71	182.05	181.07	246.98
	滞尘（亿$kg \cdot a^{-1}$）	80.66	80.06	79.63	107.01

-0.79%、-0.45%、-0.54%、-0.27%、-0.87%、-0.91%、-0.74%、-0.91%、-0.75%。

与1999年相比，2004年揭阳市调节水量、固土量、减少土壤中N损失量、减少土壤中P损失量、减少土壤中K损失量、减少土壤中有机质损失量、林木积累N量、林木积累P量、林木积累K量、提供负离子量、吸收二氧化硫量、吸收氟化物量、吸收氮氧化物量、滞尘量各自的增长率为:-0.49%、-0.50%、-0.97%、-0.49%、-0.52%、-0.32%、-0.59%、-0.60%、-0.33%、-0.45%、-0.52%、-0.39%、-0.11%、-0.54%、-0.54%、-0.53%。

与2004年相比，2009年揭阳市调节水量、固土量、减少土壤中N损失量、减少土壤中P损失量、减少土壤中K损失量、减少土壤中有机质损失量、林木积累N量、林木积累P量、林木积累K量、提供负离子量、吸收二氧化硫量、吸收氟化物量、吸收氮氧化物量、滞尘量各自的增长率为：-27.31%、26.71%、74.36%、31.23%、28.02%、29.95%、31.10%、31.28%、18.54%、44.10%、51.55%、3.26%、12.45%、36.06%、36.40%、34.39%。

（21）云浮市

由表5-29可知，与1994年相比，1999年云浮市调节水量、固土量、减少土壤中N损失量、减少土壤中P损失量、减少土壤中K损失量、减少土壤中有机质损失量、林木积累N量、林木积累P量、林木积累K量、提供负离子量、吸收二氧化硫量、吸收氟化物量、吸收氮氧化物量、滞尘量各自的增长率为:6.73%、6.63%、6.62%、6.71%、6.82%、6.80%、6.87%、6.90%、9.79%、8.38%、11.19%、6.74%、4.83%、7.86%、5.70%、7.30%。

与1999年相比，2004年云浮市调节水量、固土量、减少土壤中N损失量、减少土壤中P损失量、减少土壤中K损失量、减少土壤中有机质损失量、林木积累N量、林木积累P量、林木积累K量、提供负离子量、吸收二氧化硫量、吸收氟化物量、吸收氮氧化物量、滞尘量各自的增长率为:10.89%、11.01%、37.87%、9.35%、8.37%、15.29%、10.16%、10.08%、3.64%、10.17%、9.91%、21.90%、5.94%、20.77%、17.23%、18.23%。

与2004年相比，2009年云浮市调节水量、固土量、减少土壤中N损失量、减少土壤中P损失量、减少土壤中K损失量、减少土壤中有机质损失量、林木积累N量、林木积累P量、

表5-29 1994～2009年云浮市森林生态系统服务功能物质量

功能类别	指标	1994年	1999年	2004年	2009年
涵养水源（亿$m^3 \cdot a^{-1}$）	调节水量	11.35	12.12	13.44	13.24
保育土壤（万$t \cdot a^{-1}$）	固土	1 260.75	1 344.30	1 492.29	1 473.38
	N	1.13	1.20	1.66	1.62
	P	0.68	0.72	0.79	0.80
	K	22.47	24.01	26.02	25.62
	有机质	22.24	23.76	27.39	25.67
固碳释氧（万$t \cdot a^{-1}$）	固碳	114.12	121.96	134.34	140.99
	释氧	280.28	299.63	329.83	347.81

（续）

功能类别	指标	1994年	1999年	2004年	2009年
积累营养物质（万t·a^{-1}）	N	1.60	1.76	1.83	1.73
	P	0.13	0.14	0.16	0.18
	K	0.58	0.65	0.71	0.73
净化大气环境	提供负离子（10^{22}个·a^{-1}）	364.70	389.29	474.56	381.54
	吸收二氧化硫（万kg·a^{-1}）	6 048.80	6 341.09	6 717.45	5 865.19
	吸收氟化物（万kg·a^{-1}）	372.31	401.58	485.00	449.80
	吸收氮氧化物（万kg·a^{-1}）	339.38	358.71	420.51	400.42
	滞尘（亿kg·a^{-1}）	138.41	148.51	175.59	163.96

林木积累K量、提供负离子量、吸收二氧化硫量、吸收氟化物量、吸收氮氧化物量、滞尘量各自的增长率为:-1.52%、-1.27%、-2.05%、0.99%、-1.52%、-6.26%、4.95%、5.45%、-5.33%、17.46%、3.12%、-19.60%、-12.69%、-7.26%、-4.78%、-6.62%。

（22）*省属林场*

由表5-30可知，与1994年相比，1999年省属林场调节水量、固土量、减少土壤中N损失量、减少土壤中P损失量、减少土壤中K损失量、减少土壤中有机质损失量、林木积累N量、林木积累P量、林木积累K量、提供负离子量、吸收二氧化硫量、吸收氟化物量、吸收氮氧化物量、滞尘量各自的增长率为:-17.89%、-19.93%、-12.48%、-17.00%、-11.42%、-13.56%、-19.24%、-19.23%、-2.95%、-12.87%、-3.18%、-13.93%、-11.50%、-7.94%、-16.45%、-11.42%。

与1999年相比，2004年省属林场调节水量、固土量、减少土壤中N损失量、减少土壤中P损失量、减少土壤中K损失量、减少土壤中有机质损失量、林木积累N量、林木积累P量、

表5-30　1994～2009年省属林场森林生态系统服务功能物质量

功能类别	指标	1994年	1999年	2004年	2009年
涵养水源（亿m^3·a^{-1}）	调节水量	7.99	6.56	7.32	3.73
保育土壤（万t·a^{-1}）	固土	477.81	382.58	418.66	421.33
	N	0.44	0.39	0.42	0.41
	P	0.27	0.22	0.24	0.23
	K	8.56	7.58	8.20	8.00

（续）

功能类别	指标	1994年	1999年	2004年	2009年
	有机质	8.89	7.68	8.37	8.37
固碳释氧（万t·a⁻¹）	固碳	51.85	41.88	45.98	47.42
	释氧	129.20	104.35	114.65	118.52
积累营养物质（万t·a⁻¹）	N	0.85	0.83	0.93	0.56
	P	0.07	0.06	0.07	0.07
	K	0.45	0.43	0.49	0.31
净化大气环境	提供负离子（10^{22}个·a⁻¹）	114.40	98.46	106.90	97.86
	吸收二氧化硫（万kg·a⁻¹）	2 410.47	2 133.36	2 156.41	1 960.86
	吸收氟化物（万kg·a⁻¹）	140.97	129.78	144.31	118.32
	吸收氮氧化物（万kg·a⁻¹）	128.78	107.60	113.21	129.06
	滞尘（亿kg·a⁻¹）	54.83	48.57	53.44	44.14

林木积累K量、提供负离子量、吸收二氧化硫量、吸收氟化物量、吸收氮氧化物量、滞尘量各自的增长率为：11.60%、9.43%、8.04%、8.99%、8.16%、8.89%、9.80%、9.87%、12.91%、11.84%、12.49%、8.57%、1.08%、11.19%、5.22%、10.02%。

与2004年相比，2009年省属林场调节水量、固土量、减少土壤中N损失量、减少土壤中P损失量、减少土壤中K损失量、减少土壤中有机质损失量、林木积累N量、林木积累P量、林木积累K量、提供负离子量、吸收二氧化硫量、吸收氟化物量、吸收氮氧化物量、滞尘量各自的增长率为：-49.04%、0.64%、-2.61%、-3.81%、-2.45%、0.04%、3.13%、3.37%、-39.75%、-6.25%、-36.20%、-8.46%、-9.07%、-18.01%、14.00%、-17.40%。

5.2.1.3 不同龄组林分物质量动态变化

不同龄组林分调节水量见图5-128。1994年广东省林分提供的涵养水源功能中调节水量为415.00亿$m^3 \cdot a^{-1}$：其中幼龄林提供201.43亿$m^3 \cdot a^{-1}$，中龄林提供155.77亿$m^3 \cdot a^{-1}$，成熟林提供39.52亿$m^3 \cdot a^{-1}$，近熟林提供10.93亿$m^3 \cdot a^{-1}$，过熟林提供7.35亿$m^3 \cdot a^{-1}$。

1999年广东省林分提供的涵养水源功能中调节水量为425.98亿$m^3 \cdot a^{-1}$：其中幼龄林提供134.51亿$m^3 \cdot a^{-1}$，中龄林提供169.98亿$m^3 \cdot a^{-1}$，成熟林提供83.39亿$m^3 \cdot a^{-1}$，近熟林提供24.86亿$m^3 \cdot a^{-1}$，过熟林提供13.24亿$m^3 \cdot a^{-1}$。

2004年广东省林分提供的涵养水源功能中调节水量为427.59亿$m^3 \cdot a^{-1}$：其中幼龄林提供99.26亿$m^3 \cdot a^{-1}$，中龄林提供148.34亿$m^3 \cdot a^{-1}$，成熟林提供106.86亿$m^3 \cdot a^{-1}$，近熟林提供53.31亿$m^3 \cdot a^{-1}$，过熟林提供19.82亿$m^3 \cdot a^{-1}$。

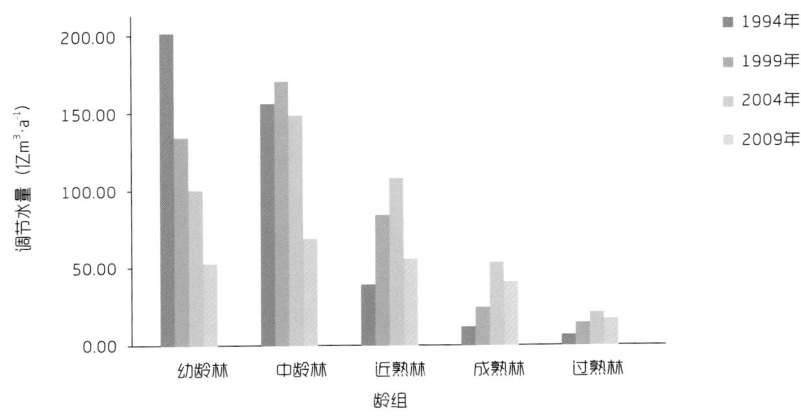

图5–128　1994～2009年不同龄组林分调节水量

2009 年广东省林分提供的涵养水源功能中调节水量为 231.32 亿 $m^3 \cdot a^{-1}$：其中幼龄林提供 51.44 亿 $m^3 \cdot a^{-1}$，中龄林提供 68.67 亿 $m^3 \cdot a^{-1}$，成熟林提供 55.45 亿 $m^3 \cdot a^{-1}$，近熟林提供 39.86 亿 $m^3 \cdot a^{-1}$，过熟林提供 15.89 亿 $m^3 \cdot a^{-1}$。

1994 ～ 2009 年，广东省森林中，幼龄林在涵养水源功能中的调节水量在逐年减少，成熟林、近熟林、过熟林调节水量在 1994 ～ 2004 年间逐年增加。这说明随着时间的增加，广东的林分中幼龄林的功能逐渐减弱，成熟林、近熟林、过熟林提供的服务功能逐渐加强。

不同龄组林分固土量见图 5-129。1994 年广东省林分提供的保育土壤功能中固土量为 26 222.89 万 $t \cdot a^{-1}$：其中幼龄林提供 12 583.54 万 $t \cdot a^{-1}$，中龄林提供 9 859.95 万 $t \cdot a^{-1}$，成熟林提供 2 573.41 万 $t \cdot a^{-1}$，近熟林提供 714.60 万 $t \cdot a^{-1}$，过熟林提供 491.39 万 $t \cdot a^{-1}$。

1999 年广东省林分提供的保育土壤功能中固土量为 26 920.37 万 $t \cdot a^{-1}$：其中幼龄林提供 8 261.48 万 $t \cdot a^{-1}$，中龄林提供 10 706.12 万 $t \cdot a^{-1}$，成熟林提供 5 397.56 万 $t \cdot a^{-1}$，近熟林提供 1 629.71 万 $t \cdot a^{-1}$，过熟林提供 925.50 万 $t \cdot a^{-1}$。

2004 年广东省林分提供的保育土壤功能中固土量为 27 124.44 万 $t \cdot a^{-1}$：其中幼龄林提供 6 149.43 万 $t \cdot a^{-1}$，中龄林提供 9 225.28 万 $t \cdot a^{-1}$，成熟林提供 6 939.45 万 $t \cdot a^{-1}$，近熟林提供 3 426.06 万 $t \cdot a^{-1}$，过熟林提供 1 384.22 万 $t \cdot a^{-1}$。

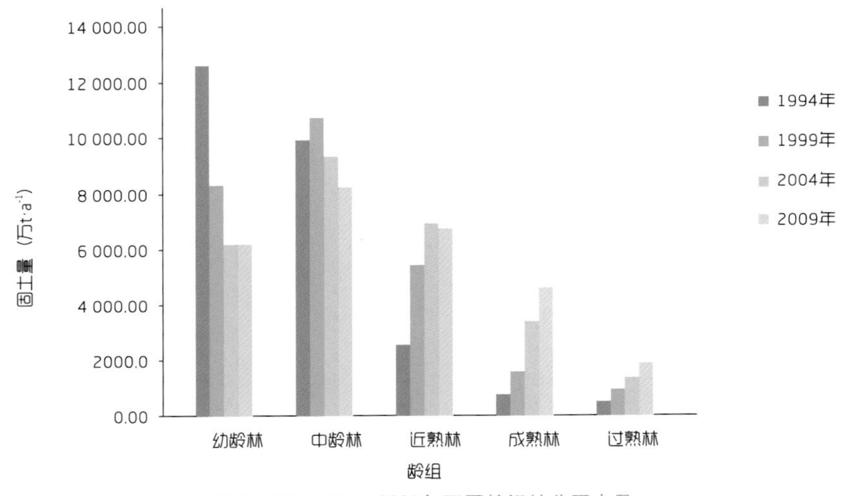

图5–129　1994～2009年不同龄组林分固土量

2009 年广东省林分提供的保育土壤功能中固土量为 27 408.17 万 t · a^{-1}：其中幼龄林提供 6 102.26 万 t · a^{-1}，中龄林提供 8 168.69 万 t · a^{-1}，成熟林提供 6 708.54 万 t · a^{-1}，近熟林提供 4 572.79 万 t · a^{-1}，过熟林提供 1 855.88 万 t · a^{-1}。

不同龄组林分减少 N 损失量见图 5-130。1994 年广东省林分提供的保育土壤功能中减少 N 损失量为 23.10 万 t·a^{-1}：其中幼龄林提供 11.39 万 t·a^{-1}，中龄林提供 8.53 万 t·a^{-1}，成熟林提供 2.16 万 t · a^{-1}，近熟林提供 0.62 万 t · a^{-1}，过熟林提供 0.41 万 t · a^{-1}。

1999 年广东省林分提供的保育土壤功能中减少 N 损失量为 23.87 万 t · a^{-1}：其中幼龄林提供 7.78 万 t · a^{-1}，中龄林提供 9.41 万 t · a^{-1}，成熟林提供 4.51 万 t · a^{-1}，近熟林提供 1.38 万 t · a^{-1}，过熟林提供 0.78 万 t · a^{-1}。

2004 年广东省林分提供的保育土壤功能中减少 N 损失量为 24.18 万 t · a^{-1}：其中幼龄林提供 5.86 万 t · a^{-1}，中龄林提供 8.42 万 t · a^{-1}，成熟林提供 5.78 万 t · a^{-1}，近熟林提供 2.94 万 t · a^{-1}，过熟林提供 1.18 万 t · a^{-1}。

2009 年广东省林分提供的保育土壤功能中减少 N 损失量为 26.37 万 t · a^{-1}：其中幼龄林提供 5.53 万 t · a^{-1}，中龄林提供 7.31 万 t · a^{-1}，成熟林提供 6.28 万 t · a^{-1}，近熟林提供 5.15 万 t · a^{-1}，过熟林提供 2.10 万 t · a^{-1}。

不同龄组林分减少 P 损失量见图 5-131。1994 年广东省林分提供的保育土壤功能中减少 P 损失量为 14.40 万 t·a^{-1}：其中幼龄林提供 6.99 万 t·a^{-1}，中龄林提供 5.40 万 t·a^{-1}，成熟林提供 1.37 万 t · a^{-1}，近熟林提供 0.38 万 t · a^{-1}，过熟林提供 0.26 万 t · a^{-1}。

1999 年广东省林分提供的保育土壤功能中减少 P 损失量为 14.81 万 t · a^{-1}：其中幼龄林提供 4.68 万 t · a^{-1}，中龄林提供 5.89 万 t · a^{-1}，成熟林提供 2.88 万 t · a^{-1}，近熟林提供 0.88 万 t · a^{-1}，过熟林提供 0.49 万 t · a^{-1}。

2004 年广东省林分提供的保育土壤功能中减少 P 损失量为 14.94 万 t · a^{-1}：其中幼龄林提供 3.69 万 t · a^{-1}，中龄林提供 5.16 万 t · a^{-1}，成熟林提供 3.69 万 t · a^{-1}，近熟林提供 1.86 万 t · a^{-1}，过熟林提供 0.73 万 t · a^{-1}。

2009 年广东省林分提供的保育土壤功能中减少 P 损失量为 14.91 万 t · a^{-1}：其中幼龄林提供 3.33 万 t · a^{-1}，中龄林提供 4.44 万 t · a^{-1}，成熟林提供 3.60 万 t · a^{-1}，近熟林提供 2.52 万 t · a^{-1}，

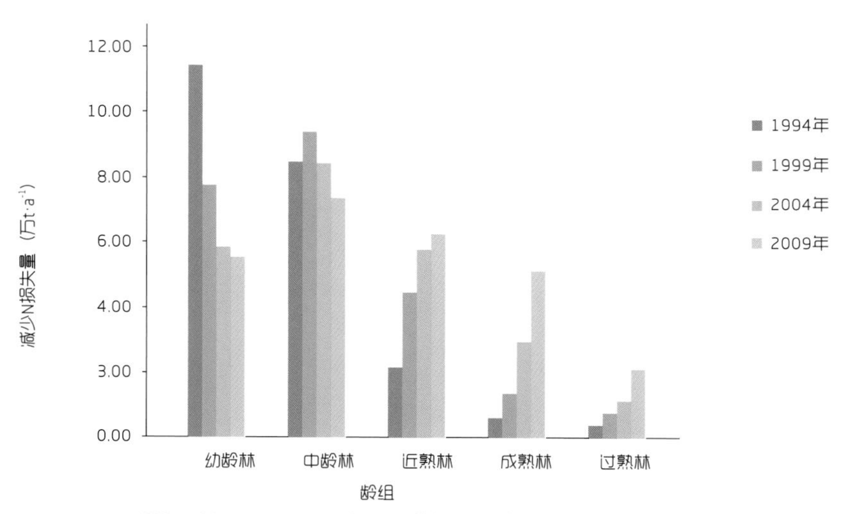

图5−130 1994～2009年不同龄组林分减少N损失量

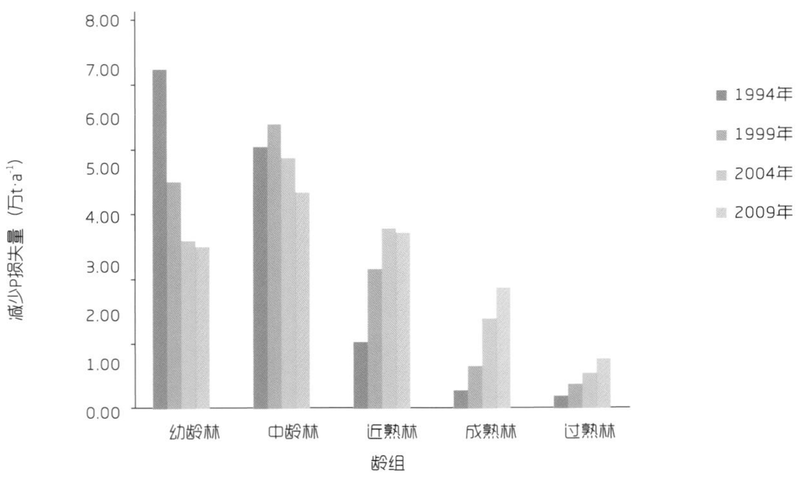

图5-131 1994～2009年不同龄组林分减少P损失量

过熟林提供 1.03 万 t · a^{-1}。

不同龄组林分减少 K 损失量见图 5-132。1994 年广东省林分提供的保育土壤功能中减少 K 损失量为 485.42 万 t · a^{-1}：其中幼龄林提供 237.60 万 t · a^{-1}，中龄林提供 180.66 万 t · a^{-1}，成熟林提供 45.46 万 t · a^{-1}，近熟林提供 12.98 万 t · a^{-1}，过熟林提供 8.72 万 t · a^{-1}。

1999 年广东省林分提供的保育土壤功能中减少 K 损失量为 499.35 万 t · a^{-1}：其中幼龄林提供 161.36 万 t·a^{-1}, 中龄林提供 197.93 万 t·a^{-1}, 成熟林提供 95.03 万 t·a^{-1}, 近熟林提供 28.67 万 t·a^{-1}, 过熟林提供 16.36 万 t · a^{-1}。

2004 年广东省林分提供的保育土壤功能中减少 K 损失量为 501.50 万 t · a^{-1}：其中幼龄林提供 119.34 万 t · a^{-1}，中龄林提供 175.42 万 t · a^{-1}，成熟林提供 121.66 万 t · a^{-1}，近熟林提供 61.02 万 t · a^{-1}，过熟林提供 24.06 万 t · a^{-1}。

2009 年广东省林分提供的保育土壤功能中减少 K 损失量为 490.94 万 t · a^{-1}：其中幼龄林提供 110.26 万 t · a^{-1}，中龄林提供 145.77 万 t · a^{-1}，成熟林提供 114.52 万 t · a^{-1}，近熟林提供 85.03 万 t · a^{-1}，过熟林提供 35.35 万 t · a^{-1}。

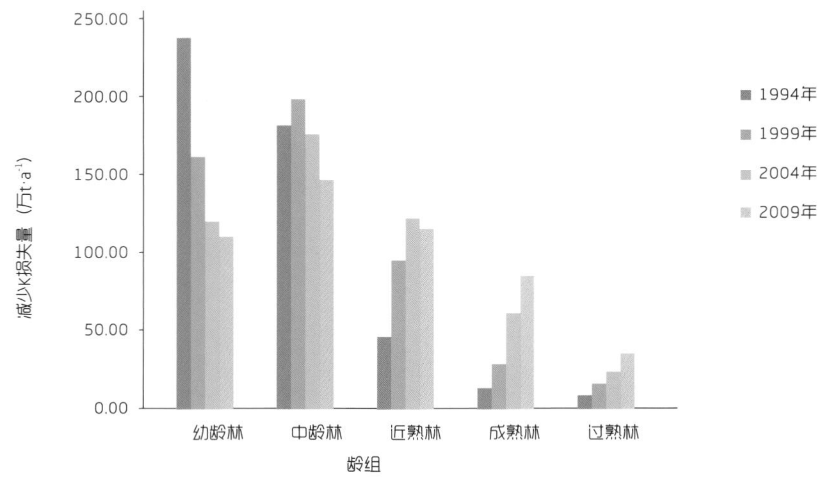

图5-132 1994～2009年不同龄组林分减少K损失量

不同龄组林分减少有机质损失量见图 5-133。1994 年广东省林分提供的保育土壤功能中减少有机质损失量为 478.41 万 t·a^{-1}：其中幼龄林提供 235.66 万 t·a^{-1}，中龄林提供 176.87 万 t·a^{-1}，成熟林提供 44.43 万 t·a^{-1}，近熟林提供 12.88 万 t·a^{-1}，过熟林提供 8.56 万 t·a^{-1}。

1999 年广东省林分提供的保育土壤功能中减少有机质损失量为 492.46 万 t·a^{-1}：其中幼龄林提供 161.18 万 t·a^{-1}，中龄林提供 194.33 万 t·a^{-1}，成熟林提供 91.89 万 t·a^{-1}，近熟林提供 28.36 万 t·a^{-1}，过熟林提供 16.69 万 t·a^{-1}。

2004 年广东省林分提供的保育土壤功能中减少有机质损失量为 496.37 万 t·a^{-1}：其中幼龄林提供 120.69 万 t·a^{-1}，中龄林提供 174.07 万 t·a^{-1}，成熟林提供 117.60 万 t·a^{-1}，近熟林提供 59.59 万 t·a^{-1}，过熟林提供 24.43 万 t·a^{-1}。

2009 年广东省林分提供的保育土壤功能中减少有机质损失量为 509.26 万 t·a^{-1}：其中幼龄林提供 113.23 万 t·a^{-1}，中龄林提供 148.42 万 t·a^{-1}，成熟林提供 118.99 万 t·a^{-1}，近熟林提供 91.12 万 t·a^{-1}，过熟林提供 37.50 万 t·a^{-1}。

不同龄组林分固碳量见图 5-134。1994 年广东省林分提供的固碳释氧功能中固碳量为

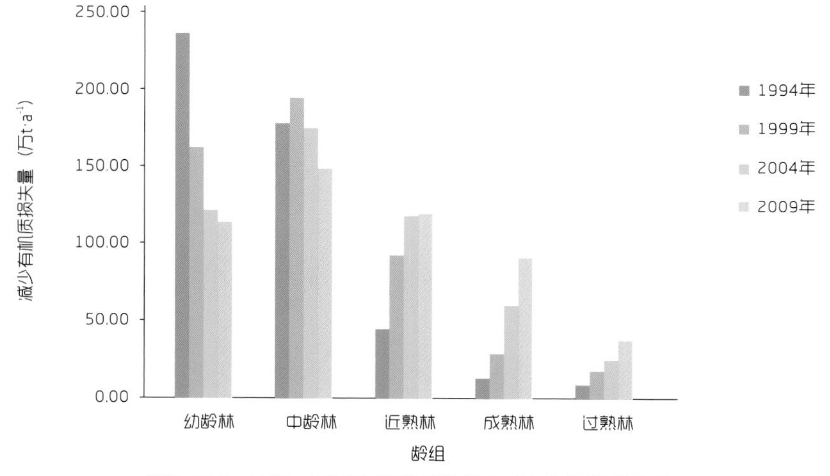

图5-133　1994～2009年不同龄组林分减少有机质损失量

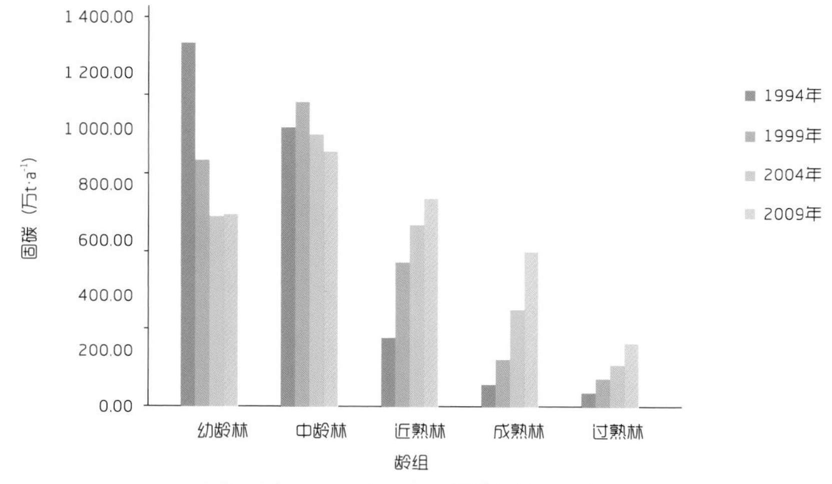

图5-134　1994～2009年不同龄组林分固碳量

2 677.35 万 t · a^{-1}：其中幼龄林提供 1306.81 万 t · a^{-1}，中龄林提供 1 004.39 万 t · a^{-1}，成熟林提供 245.96 万 t · a^{-1}，近熟林提供 73.43 万 t · a^{-1}，过熟林提供 46.76 万 t · a^{-1}。

1999 年广东省林分提供的固碳释氧功能中固碳量为 2 759.76 万 t · a^{-1}：其中幼龄林提供 886.96 万 t·a^{-1}, 中龄林提供 1092.53 万 t·a^{-1}, 成熟林提供 515.58 万 t·a^{-1}, 近熟林提供 166.70 万 t·a^{-1}, 过熟林提供 97.99 万 t · a^{-1}。

2004 年广东省林分提供的固碳释氧功能中固碳量为 2808.76 万 t · a^{-1}：其中幼龄林提供 682.65 万 t·a^{-1}, 中龄林提供 976.52 万 t·a^{-1}, 成熟林提供 653.40 万 t·a^{-1}, 近熟林提供 349.81 万 t·a^{-1}, 过熟林提供 146.38 万 t · a^{-1}。

2009 年广东省林分提供的固碳释氧功能中固碳量为 3136.84 万 t · a^{-1}：其中幼龄林提供 692.82 万 t·a^{-1}, 中龄林提供 918.16 万 t·a^{-1}, 成熟林提供 746.80 万 t·a^{-1}, 近熟林提供 555.33 万 t·a^{-1}, 过熟林提供 223.73 万 t · a^{-1}。

不同龄组林分释氧量见图 5-135。1994 年广东省林分提供的固碳释氧功能中释氧量为 6644.57 万 t · a^{-1}：其中幼龄林提供 3248.09 万 t · a^{-1}，中龄林提供 2491.14 万 t · a^{-1}，成熟林提供 607.38 万 t · a^{-1}，近熟林提供 182.43 万 t · a^{-1}，过熟林提供 115.53 万 t · a^{-1}。

1999 年广东省林分提供的固碳释氧功能中释氧量为 6851.39 万 t · a^{-1}：其中幼龄林提供 2210.10 万 t · a^{-1}，中龄林提供 2710.63 万 t · a^{-1}，成熟林提供 1272.63 万 t · a^{-1}，近熟林提供 413.77 万 t · a^{-1}，过熟林提供 244.25 万 t · a^{-1}。

2004 年广东省林分提供的固碳释氧功能中释氧量为 6978.75 万 t · a^{-1}：其中幼龄林提供 1705.41 万 t · a^{-1}，中龄林提供 2429.86 万 t · a^{-1}，成熟林提供 1611.17 万 t · a^{-1}，近熟林提供 867.57 万 t · a^{-1}，过熟林提供 364.74 万 t · a^{-1}。

2009 年广东省林分提供的固碳释氧功能中释氧量为 7853.18 万 t · a^{-1}：其中幼龄林提供 1733.85 万 t · a^{-1}，中龄林提供 2294.98 万 t · a^{-1}，成熟林提供 1866.10 万 t · a^{-1}，近熟林提供 1395.89 万 t · a^{-1}，过熟林提供 562.37 万 t · a^{-1}。

不同龄组林分林木积累 N 物质量见图 5-136。1994 年广东省林分提供的积累营养物质功能中林木积累 N 物质量为 46.33 万 t·a^{-1}：其中幼龄林提供 25.48 万 t·a^{-1}，中龄林提供 15.79 万 t·a^{-1}，成熟林提供 3.42 万 t · a^{-1}，近熟林提供 1.05 万 t · a^{-1}，过熟林提供 0.59 万 t · a^{-1}。

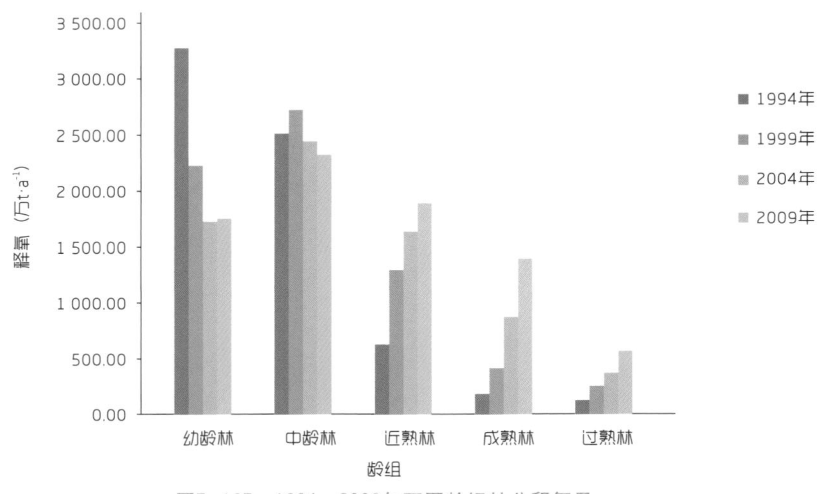

图5—135　1994～2009年不同龄组林分释氧量

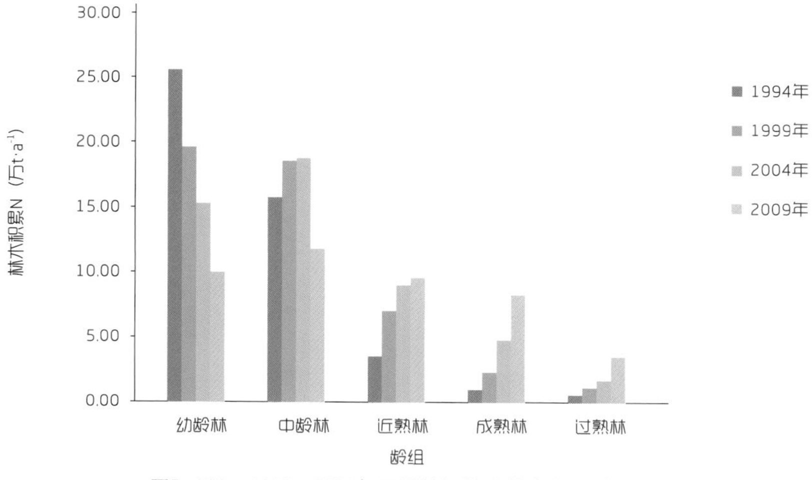

图5-136　1994～2009年不同龄组林分林木积累N物质量

1999 年广东省林分提供的积累营养物质功能中林木积累 N 物质量为 48.40 万 t·a^{-1}；其中幼龄林提供 19.55 万 t·a^{-1}，中龄林提供 18.54 万 t·a^{-1}，成熟林提供 6.96 万 t·a^{-1}，近熟林提供 2.24 万 t·a^{-1}，过熟林提供 1.09 万 t·a^{-1}。

2004 年广东省林分提供的积累营养物质功能中林木积累 N 物质量为 49.42 万 t·a^{-1}；其中幼龄林提供 15.23 万 t·a^{-1}，中龄林提供 18.72 万 t·a^{-1}，成熟林提供 8.99 万 t·a^{-1}，近熟林提供 4.77 万 t·a^{-1}，过熟林提供 1.71 万 t·a^{-1}。

2009 年广东省林分提供的积累营养物质功能中林木积累 N 物质量为 43.07 万 t·a^{-1}；其中幼龄林提供 9.92 万 t·a^{-1}，中龄林提供 11.77 万 t·a^{-1}，成熟林提供 9.50 万 t·a^{-1}，近熟林提供 8.35 万 t·a^{-1}，过熟林提供 3.53 万 t·a^{-1}。

不同龄组林分林木积累 P 物质量见图 5-137。1994 年广东省林分提供的积累营养物质功能中林木积累 P 物质量为 3.63 万 t·a^{-1}；其中幼龄林提供 1.91 万 t·a^{-1}，中龄林提供 1.28 万 t·a^{-1}，成熟林提供 0.30 万 t·a^{-1}，近熟林提供 0.10 万 t·a^{-1}，过熟林提供 0.06 万 t·a^{-1}。

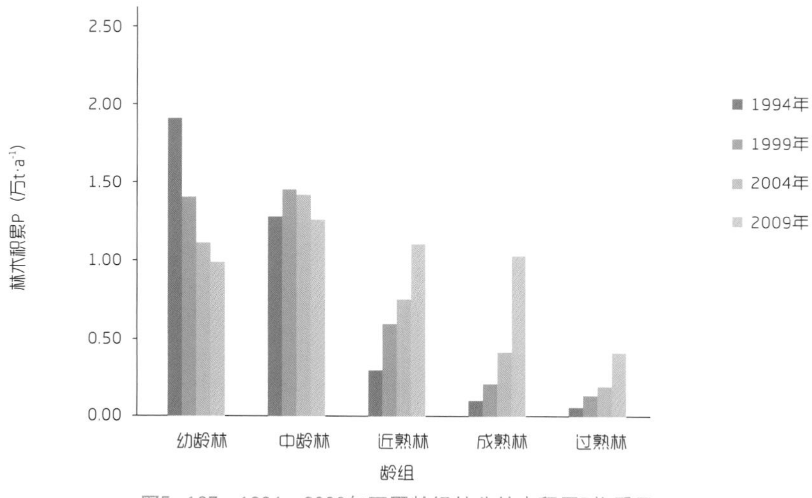

图5-137　1994～2009年不同龄组林分林木积累P物质量

1999 年广东省林分提供的积累营养物质功能中林木积累 P 物质量为 3.78 万 $t \cdot a^{-1}$：其中幼龄林提供 1.40 万 $t \cdot a^{-1}$，中龄林提供 1.45 万 $t \cdot a^{-1}$，成熟林提供 0.60 万 $t \cdot a^{-1}$，近熟林提供 0.20 万 $t \cdot a^{-1}$，过熟林提供 0.13 万 $t \cdot a^{-1}$。

2004 年广东省林分提供的积累营养物质功能中林木积累 P 物质量为 3.89 万 $t \cdot a^{-1}$：其中幼龄林提供 1.11 万 $t \cdot a^{-1}$，中龄林提供 1.42 万 $t \cdot a^{-1}$，成熟林提供 0.75 万 $t \cdot a^{-1}$，近熟林提供 0.42 万 $t \cdot a^{-1}$，过熟林提供 0.19 万 $t \cdot a^{-1}$。

2009 年广东省林分提供的积累营养物质功能中林木积累 P 物质量为 4.79 万 $t \cdot a^{-1}$：其中幼龄林提供 0.99 万 $t \cdot a^{-1}$，中龄林提供 1.26 万 $t \cdot a^{-1}$，成熟林提供 1.10 万 $t \cdot a^{-1}$，近熟林提供 1.03 万 $t \cdot a^{-1}$，过熟林提供 0.41 万 $t \cdot a^{-1}$。

不同龄组林分林木积累 P(K) 物质量见图 5-138。1994 年广东省林分提供的积累营养物质功能中林木积累 K 物质量为 21.20 万 $t \cdot a^{-1}$：其中幼龄林提供 12.10 万 $t \cdot a^{-1}$，中龄林提供 7.01 万 $t \cdot a^{-1}$，成熟林提供 1.38 万 $t \cdot a^{-1}$，近熟林提供 0.48 万 $t \cdot a^{-1}$，过熟林提供 0.23 万 $t \cdot a^{-1}$。

1999 年广东省林分提供的积累营养物质功能中林木积累 P(K) 物质量为 22.34 万 $t \cdot a^{-1}$：其中幼龄林提供 9.68 万 $t \cdot a^{-1}$，中龄林提供 8.44 万 $t \cdot a^{-1}$，成熟林提供 2.68 万 $t \cdot a^{-1}$，近熟林提供 1.02 万 $t \cdot a^{-1}$，过熟林提供 0.52 万 $t \cdot a^{-1}$。

2004 年广东省林分提供的积累营养物质功能中林木积累 P(K) 物质量为 23.13 万 $t \cdot a^{-1}$：其中幼龄林提供 7.77 万 $t \cdot a^{-1}$，中龄林提供 9.06 万 $t \cdot a^{-1}$，成熟林提供 3.37 万 $t \cdot a^{-1}$，近熟林提供 2.12 万 $t \cdot a^{-1}$，过熟林提供 0.82 万 $t \cdot a^{-1}$。

2009 年广东省林分提供的积累营养物质功能中林木积累 P(K) 物质量为 22.31 万 $t \cdot a^{-1}$：其中幼龄林提供 5.30 万 $t \cdot a^{-1}$，中龄林提供 5.93 万 $t \cdot a^{-1}$，成熟林提供 4.65 万 $t \cdot a^{-1}$，近熟林提供 4.53 万 $t \cdot a^{-1}$，过熟林提供 1.89 万 $t \cdot a^{-1}$。

不同龄组林分林木提供负离子量见图 5-139。1994 年广东省林分提供的净化大气环境功能中提供负离子物质量为 $7\,435.32 \times 10^{22}$ 个 $\cdot a^{-1}$：其中幼龄林提供 3567.91×10^{22} 个 $\cdot a^{-1}$，中龄林提供 $2\,798.31 \times 10^{22}$ 个 $\cdot a^{-1}$，成熟林提供 734.73×10^{22} 个 $\cdot a^{-1}$，近熟林提供 195.82×10^{22} 个 $\cdot a^{-1}$，过熟林提供 138.55×10^{22} 个 $\cdot a^{-1}$。

1999 年广东省林分提供的净化大气环境功能中提供负离子物质量为 $7\,614.16 \times 10^{22}$ 个 $\cdot a^{-1}$：

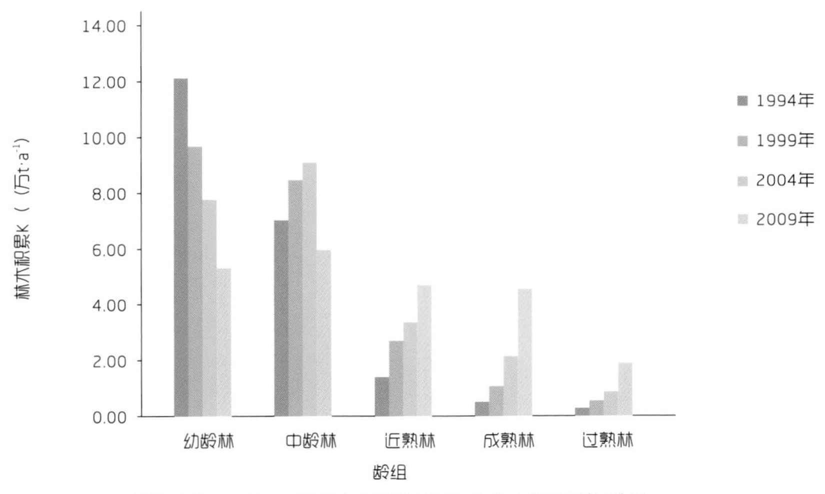

图5—138　1994～2009年不同龄组林分林木积累K物质量

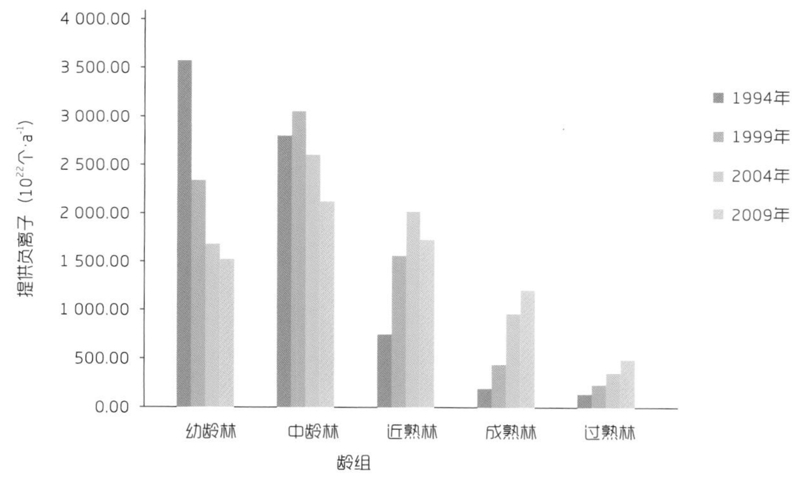

图5-139　1994～2009年不同龄组林分林木提供负离子量

其中幼龄林提供 2 331.84 × 10^{22} 个 · a^{-1}，中龄林提供 3 049.37 × 10^{22} 个 · a^{-1}，成熟林提供 1 560.47 × 10^{22} 个 · a^{-1}，近熟林提供 442.07 × 10^{22} 个 · a^{-1}，过熟林提供 230.41 × 10^{22} 个 · a^{-1}。

2004 年广东省林分提供的净化大气环境功能中提供负离子物质量为 7 584.52 × 10^{22} 个 · a^{-1}：其中幼龄林提供 1 679.84 × 10^{22} 个 · a^{-1}，中龄林提供 2 600.23 × 10^{22} 个 · a^{-1}，成熟林提供 2 014.13 × 10^{22} 个 · a^{-1}，近熟林提供 946.65 × 10^{22} 个 · a^{-1}，过熟林提供 343.67 × 10^{22} 个 · a^{-1}。

2009 年广东省林分提供的净化大气环境功能中提供负离子物质量为 7 028.27 × 10^{22} 个 · a^{-1}：其中幼龄林提供 1 514.03 × 10^{22} 个 · a^{-1}，中龄林提供 2 110.48 × 10^{22} 个 · a^{-1}，成熟林提供 1 727.86 × 10^{22} 个 · a^{-1}，近熟林提供 1 194.50 × 10^{22} 个 · a^{-1}，过熟林提供 481.40 × 10^{22} 个 · a^{-1}。

不同龄组林分林木吸收二氧化硫量见图 5-140。1994 年广东省林分提供的净化大气环境功能中吸收二氧化硫量为 11.32 亿 kg · a^{-1}：其中幼龄林提供 5.09 亿 kg · a^{-1}，中龄林提供 4.74 亿 kg · a^{-1}，成熟林提供 1.05 亿 kg · a^{-1}，近熟林提供 0.28 亿 kg · a^{-1}，过熟林提供 0.16 亿 kg · a^{-1}。

1999 年广东省林分提供的净化大气环境功能中吸收二氧化硫量为 11.56 亿 kg · a^{-1}：其中幼

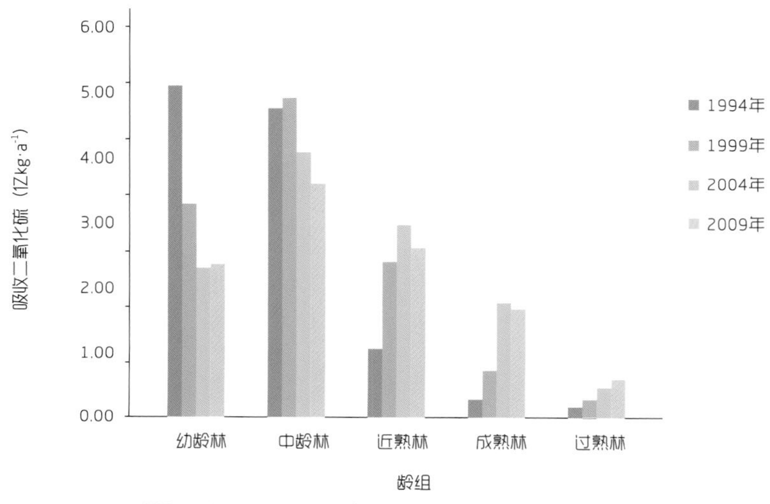

图5-140　1994～2009年不同龄组林分林木吸收二氧化硫量

龄林提供 3.27 亿 kg·a^{-1}，中龄林提供 4.90 亿 kg·a^{-1}，成熟林提供 2.39 亿 kg·a^{-1}，近熟林提供 0.73 亿 kg·a^{-1}，过熟林提供 0.28 亿 kg·a^{-1}。

2004 年广东省林分提供的净化大气环境功能中吸收二氧化硫量为 11.54 亿 kg·a^{-1}：其中幼龄林提供 2.30 亿 kg·a^{-1}，中龄林提供 4.07 亿 kg·a^{-1}，成熟林提供 2.96 亿 kg·a^{-1}，近熟林提供 1.76 亿 kg·a^{-1}，过熟林提供 0.45 亿 kg·a^{-1}。

2009 年广东省林分提供的净化大气环境功能中吸收二氧化硫量为 10.84 亿 kg·a^{-1}：其中幼龄林提供 2.37 亿 kg·a^{-1}，中龄林提供 3.60 亿 kg·a^{-1}，成熟林提供 2.61 亿 kg·a^{-1}，近熟林提供 1.67 亿 kg·a^{-1}，过熟林提供 0.58 亿 kg·a^{-1}。

不同龄组林分林木吸收氟化物量见图 5-141。1994 年广东省林分提供的净化大气环境功能中吸收氟化物量为 0.86 亿 kg·a^{-1}：其中幼龄林提供 0.44 亿 kg·a^{-1}，中龄林提供 0.30 亿 kg·a^{-1}，成熟林提供 0.08 亿 kg·a^{-1}，近熟林提供 0.02 亿 kg·a^{-1}，过熟林提供 0.01 亿 kg·a^{-1}。

1999 年广东省林分提供的净化大气环境功能中吸收氟化物量为 0.89 亿 kg·a^{-1}：其中幼龄林提供 0.31 亿 kg·a^{-1}，中龄林提供 0.34 亿 kg·a^{-1}，成熟林提供 0.16 亿 kg·a^{-1}，近熟林提供 0.05 亿 kg·a^{-1}，过熟林提供 0.03 亿 kg·a^{-1}。

2004 年广东省林分提供的净化大气环境功能中吸收氟化物量为 0.89 亿 kg·a^{-1}：其中幼龄林提供 0.23 亿 kg·a^{-1}，中龄林提供 0.32 亿 kg·a^{-1}，成熟林提供 0.20 亿 kg·a^{-1}，近熟林提供 0.10 亿 kg·a^{-1}，过熟林提供 0.04 亿 kg·a^{-1}。

2009 年广东省林分提供的净化大气环境功能中吸收氟化物量为 0.82 亿 kg·a^{-1}：其中幼龄林提供 0.18 亿 kg·a^{-1}，中龄林提供 0.23 亿 kg·a^{-1}，成熟林提供 0.19 亿 kg·a^{-1}，近熟林提供 0.15 亿 kg·a^{-1}，过熟林提供 0.06 亿 kg·a^{-1}。

不同龄组林分林木吸收氮氧化物量见图 5-142。1994 年广东省林分提供的净化大气环境功能中吸收氮氧化物量为 0.66 亿 kg·a^{-1}：其中幼龄林提供 0.31 亿 kg·a^{-1}，中龄林提供 0.26 亿 kg·a^{-1}，成熟林提供 0.07 亿 kg·a^{-1}，近熟林提供 0.02 亿 kg·a^{-1}，过熟林提供 0.01 亿 kg·a^{-1}。

1999 年广东省林分提供的净化大气环境功能中吸收氮氧化物量为 0.68 亿 kg·a^{-1}：其中幼龄林提供 0.20 亿 kg·a^{-1}，中龄林提供 0.28 亿 kg·a^{-1}，成熟林提供 0.14 亿 kg·a^{-1}，近熟林提供 0.04 亿 kg·a^{-1}，过熟林提供 0.02 亿 kg·a^{-1}。

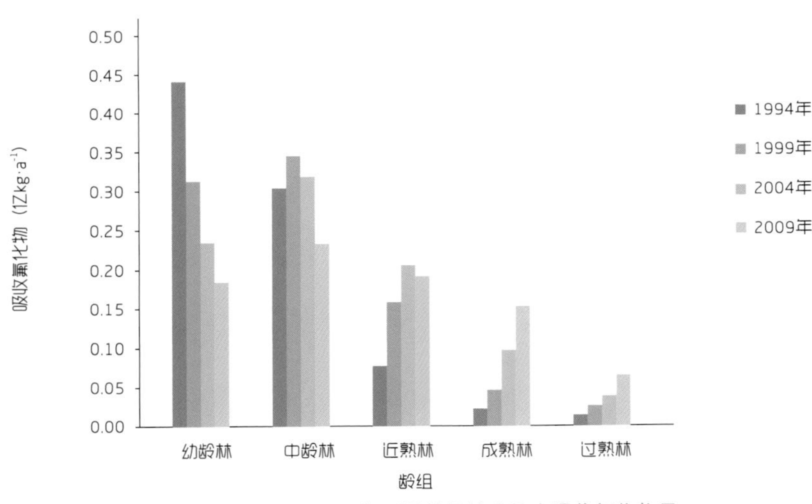

图5-141 1994～2009年不同龄组林分林木吸收氟化物量

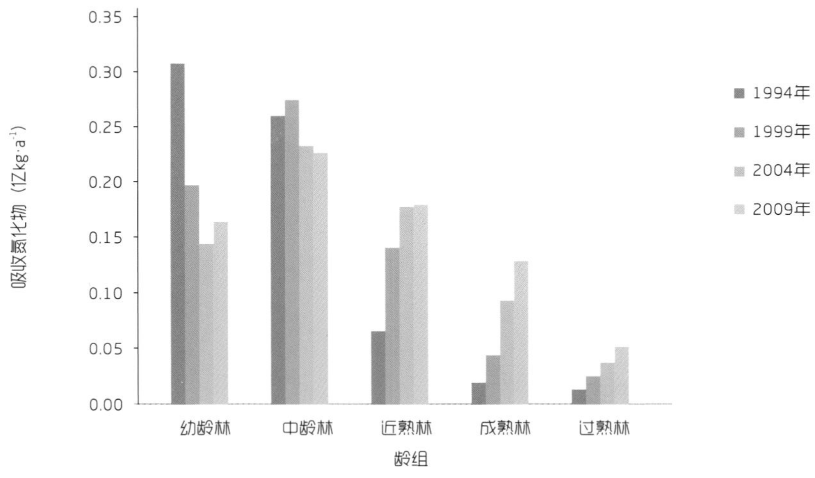

图5-142　1994-2009年不同龄组林分林木吸收氮氧化物量

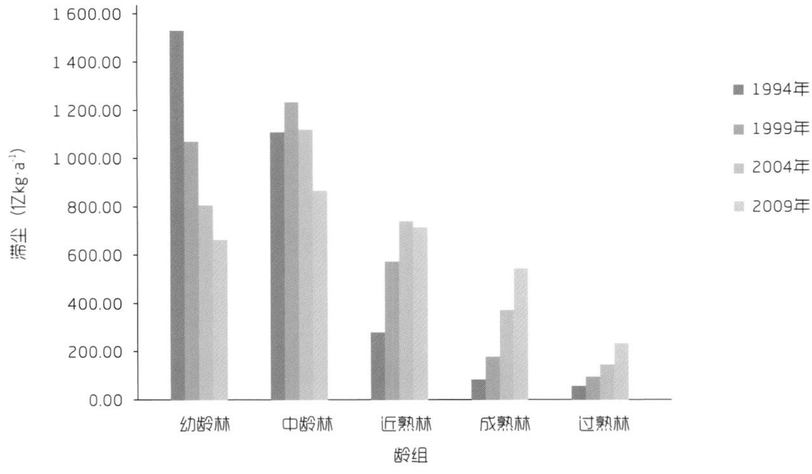

图5-143　1994～2009年不同龄组林分林木滞尘量

2004 年广东省林分提供的净化大气环境功能中吸收氮氧化物量为 0.68 亿 kg · a^{-1}：其中幼龄林提供 0.14 亿 kg·a^{-1}，中龄林提供 0.23 亿 kg·a^{-1}，成熟林提供 0.18 亿 kg·a^{-1}，近熟林提供 0.09 亿 kg · a^{-1}，过熟林提供 0.04 亿 kg · a^{-1}。

2009 年广东省林分提供的净化大气环境功能中吸收氮氧化物量为 0.75 亿 kg · a^{-1}：其中幼龄林提供 0.16 亿 kg·a^{-1}，中龄林提供 0.23 亿 kg·a^{-1}，成熟林提供 0.18 亿 kg·a^{-1}，近熟林提供 0.13 亿 kg · a^{-1}，过熟林提供 0.05 亿 kg · a^{-1}。

不同龄组林分林木滞尘量见图 5-143。1994 年广东省林分提供的净化大气环境功能中滞尘量为 3 025.63 亿 kg · a^{-1}：其中幼龄林提供 1 523.71 亿 kg · a^{-1}，中龄林提供 1 103.38 亿 kg · a^{-1}，成熟林提供 272.12 亿 kg · a^{-1}，近熟林提供 76.29 亿 kg · a^{-1}，过熟林提供 50.14 亿 kg · a^{-1}。

1999 年广东省林分提供的净化大气环境功能中滞尘量为 3 124.43 亿 kg · a^{-1}：其中幼龄林提供 1 063.45 亿 kg · a^{-1}，中龄林提供 129.14 亿 kg · a^{-1}，成熟林提供 570.22 亿 kg · a^{-1}，近熟林提供 171.06 亿 kg · a^{-1}，过熟林提供 90.57 亿 kg · a^{-1}。

2004 年广东省林分提供的净化大气环境功能中滞尘量为 3 155.21 亿 kg · a^{-1}：其中幼龄林

提供 799.67 亿 kg · a^{-1}，中龄林提供 1 116.37 亿 kg · a^{-1}，成熟林提供 735.61 亿 kg · a^{-1}，近熟林提供 365.58 亿 kg · a^{-1}，过熟林提供 137.98 亿 kg · a^{-1}。

2009 年广东省林分提供的净化大气环境功能中滞尘量为 2 991.39 亿 kg · a^{-1} ：其中幼龄林提供 657.56 亿 kg · a^{-1}，中龄林提供 858.70 亿 kg · a^{-1}，成熟林提供 711.34 亿 kg · a^{-1}，近熟林提供 541.02 亿 kg · a^{-1}，过熟林提供 222.78 亿 kg · a^{-1}。

5.2.2 1994 ～ 2009 年广东省森林生态系统服务功能价值量动态评估

5.2.2.1 总价值量动态变化

广东省在 1994 年、1999 年、2004 年和 2009 年四个时期的森林生态系统服务功能总价量和单位价值量分别为：7 041.77 亿元 · a^{-1}，8.00 万元 hm^{-2} · a^{-1} ；7 228.01 亿元 · a^{-1}，7.23 万元 hm^{-2} · a^{-1} ；7 274.53 亿元 · a^{-1}，8.05 万元 hm^{-2} · a^{-1} ；7 031.27 亿元 · a^{-1}，6.83 万元 hm^{-2} · a^{-1}（表 5-31）。

1999 年、2004 年和 2009 年这三个时期均与 1994 年相比较，各功能价值变化为：涵养水源价值增加了 2.64%，2.82%，-17.15% ；保育土壤价值增加了 2.13%，2.66%，10.94% ；固碳释氧价值增加了 2.83%，4.60%，20.13% ；积累营养物质增加了 4.19%，6.50%，-2.28% ；净化大气环境价值增加了 4.19%，6.49%，-2.28% ；生物多样性保护增加了 2.58%，3.60%，28.57% ；总价值量增加了 2.64%，3.30%，-0.15%。

1994 ～ 2004 年期间，广东省森林生态系统服务功能的总价值有逐渐增加的趋势，2009 年总价量明显降低，造成这一结果的直接原因是 2009 年涵养水源功能和积累营养物质功能的价值量的减少。

表5—31　1994～2009年期间广东省森林生态系统服务功能价值量　（单位：亿元 · a^{-1}）

时期	涵养水源	保育土壤	固碳释氧	积累营养物质	净化大气环境	生物多样性保护	总价值
1994年	3 780.04	361.44	1 048.96	98.42	539.90	1 213.01	7 041.77
1999年	3 879.89	369.17	1 078.69	102.54	553.47	1 244.25	7 228.01
2004年	3 886.81	371.04	1 097.26	104.81	557.92	1 256.69	7 274.53
2009年	3 131.41	400.99	1 260.17	96.18	582.97	1 559.56	7 031.27

5.2.2.2 分市价值量动态变化

1994 ～ 2009 年各市价值量见表 5-32。广州市 1999 年的森林生态服务功能价值量比 1994 年减少了 2.49%，2004 年比 1999 年增加了 1.78%，2009 年比 2004 年减少了 10.01% ；深圳市 1999 年森林生态服务功能价值量比 1994 年减少了 1.31%，2004 年比 1999 年减少了 0.02%，2009 比 2004 年增加了 6.31% ；珠海市 1999 年的森林生态服务功能价值量比 1994 年增加了 1.17%，2004 年比 1999 年增加了 1.56%，2009 年比 2004 年减少了 18.52% ；汕头市 1999 年的森林生态服务功能价值量比 1994 年增加了 3.18%，2004 年比 1999 年增加了 0.26。%，2009 年比 2004 年增加了 13.83%；韶关市 1999 年的森林生态服务功能价值量比 1994 年增加了 4.68%，2004 年比 1999 年增加了 0.52%，2009 年比 2004 年减少了 30.87% ；河源市 1999 年的森林生态服务功能价值量比 1994 年增加了 2.20%，2004 年比 1999 年增加了 0.83%，2009 年比 2004

表5-32 1994～2009年各市价值量 （单位：亿元·a^{-1}）

各市	1994年	1999年	2004年	2009年
广州市	213.40	208.08	211.78	190.59
深圳市	46.40	45.79	45.78	48.67
珠海市	42.57	43.07	43.74	35.64
汕头市	33.34	34.40	34.49	39.26
韶关市	1154.92	1208.99	1215.33	840.16
河源市	881.40	900.80	908.26	999.23
梅州市	687.76	697.69	706.24	733.77
惠州市	530.04	552.11	571.56	450.04
汕尾市	171.32	197.34	206.11	178.93
东莞市	32.87	32.84	34.84	29.06
中山市	21.71	24.96	22.17	27.71
江门市	388.01	403.70	393.22	223.48
佛山市	41.31	43.45	40.78	36.66
阳江市	439.63	476.26	467.64	258.52
湛江市	116.86	108.47	109.04	119.73
茂名市	276.95	254.21	258.31	295.95
肇庆市	622.54	640.49	639.89	1032.48
清远市	713.17	734.54	740.30	863.61
潮州市	122.13	119.45	118.18	111.40
揭阳市	167.83	166.52	165.68	166.42
云浮市	217.67	232.97	229.99	265.64
省属林场	119.92	101.89	111.20	84.31

年增加了10.02%；梅州市1999年的森林生态服务功能价值量比1994年增加了1.44%，2004年比1999年增加了1.23%，2009年比2004年增加了3.90%；惠州市1999年的森林生态服务功能价值量比1994年增加了4.16%，2004年比1999年增加了3.52%，2009年比2004年减少了21.26%；汕尾市1999年的森林生态服务功能价值量比1994年增加了15.19%，2004年比1999年增加了4.44%，2009年比2004年减少了13.19%；东莞市1999年的森林生态服务功能价值量比1994年减少了0.09%，2004年比1999年增加了6.09%，2009年比2004年减少了16.59%；中山市1999年的森林生态服务功能价值量比1994年增加了14.97%，2004年比1999年减少了11.18%，2009年比2004年减少了24.99%；江门市1999年的森林生态服务功

能价值量比 1994 年增加了 4.04%，2004 年比 1999 年减少了 6.14%，2009 年比 2004 年减少了 10.10%；阳江市 1999 年的森林生态服务功能价值量比 1994 年增加了 8.33%，2004 年比 1999 年减少了 1.81%，2009 年比 2004 年减少了 44.72%；湛江市 1999 年的森林生态服务功能价值量比 1994 年减少了 7.18%，2004 年比 1999 年增加了 0.53%，2009 年比 2004 年增加了 9.80%；茂名市 1999 年的森林生态服务功能价值量比 1994 年减少了 8.21%，2004 年比 1999 年增加了 1.61%，2009 年比 2004 年增加了 14.57%；肇庆市 1999 年的森林生态服务功能价值量比 1994 年增加了 2.88%，2004 年比 1999 年减少了 0.09%，2009 年比 2004 年增加了 61.35%；清远市 1999 年的森林生态服务功能价值量比 1994 年增加了 3.00%，2004 年比 1999 年增加了 0.78%，2009 年比 2004 年增加了 16.66%；潮州市 1999 年的森林生态服务功能价值量比 1994 年减少了 2.19%，2004 年比 1999 年减少了 1.06%，2009 年比 2004 年减少了 5.74%；揭阳市 1999 年的森林生态服务功能价值量比 1994 年减少了 0.78%，2004 年比 1999 年减少了 0.50%，2009 年比 2004 年增加了 0.45%；云浮市 1999 年的森林生态服务功能价值量比 1994 年增加了 7.03%，2004 年比 1999 年减少了 1.28%，2009 年比 2004 年增加了 15.50%；省属林场 1999 年的森林生态服务功能价值量比 1994 年减少了 15.04%，2004 年比 1999 年增加了 9.14%，2009 年比 2004 年减少了 24.18%。

5.2.2.3 不同林分类型价值量动态变化

广东省各树种组提供的森林生态系统服务功能总价值量由 1994 年期间的 7 041.77 亿元·a^{-1}，到 2009 年期间的 7 031.27 亿元·a^{-1}，总价值量下降了 0.15%。马尾松组林分的生态服务功能价值量下降了 49.03%；其他松类组林分的生态服务功能价值量下降了 50.88%；杉木组林分的生态服务功能价值量下降了 20.12%；木麻黄组林分的生态服务功能价值量下降了 46.26%；阔叶混组林分的生态服务功能价值量下降了 33.30%；竹林组林分的生态服务功能价值量下降了 11.83%。森林生态系统服务功能价值量增加的树种组为：其他软阔叶组林分，生态服务功能价值量增加了 16 032.70%；硬阔类组林分生态服务功能价值量增加了 441.85%；桉树组林分的生态服务功能价值量增加了 230.65%；相思组林分的生态服务功能价值量增加了 149.82%；灌木林组的生态服务功能价值量增加了 12.60%；针阔混组林分的生态服务功能价值量增加了 0.68%。

在 1994 年、1999 年、2004 年和 2009 年四个时期内，马尾松组是提供森林生态系统服务功能最大的树种组，阔叶混组次之，再次为针叶混组。在 1994 年、1999 年和 2004 年这三个时期中，各树种组提供的生态系统服务功能价值上相对差别较小，说明 1994 年至 2004 年，广东省森林生态系统服务功能基本保持稳定。而在 2009 年期间的各树种组提供的生态系统服务功能价值的比重与前三个时期相比有了明显的变化。其中降低的树种组有马尾松组、其他松类组、硬阔类组、桉树组、其他软阔叶类组、阔叶混组。生态系统服务功能价值减少幅度最大的是马尾松组，比 1994 年期间减少了 1 174.66 亿元·a^{-1}。而其他软阔叶类组的森林提供生态系统服务功能价值比 1994 年期间增加了 1 027.07 亿元·a^{-1}（图 5-144）。

从森林生态各项服务功能来看，马尾松等针叶树种组和阔叶混交林林分面积分别减少 34.33% 和 60.69%，导致了 2009 年涵养水源功能和积累营养物质功能的减弱，与 2004 年相比，涵养水源功能和积累营养物质价值量分别下降了 19.44% 和 8.24%；硬阔类组、桉树组面积分别增加了 445.84% 和 159.94%，其他软阔叶组林分面积提高了约 40 倍，这使得森林生态系统服务功能中的保育土壤功能、固碳释氧功能、净化大气环境功能和生物多样性保护功能明显的增加，价值量分别比 2004 年增加了 8.07%、14.85%、4.49% 和 24.10%。总的来说 2009 年广东

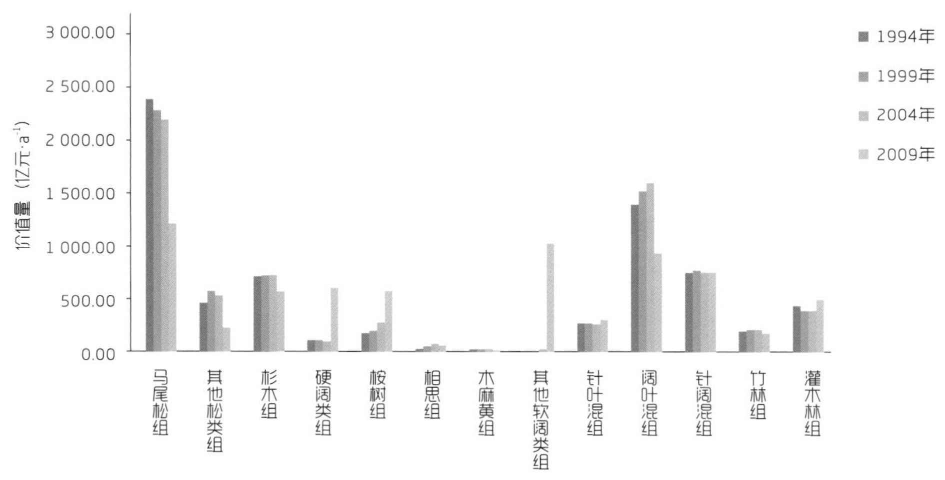

图5-144　1994～2009年广东省各树种组提供生态系统服务功能价值量图

省森林生态系统服务功能比2004年略有下降，总价值量下降了3.34%。这一结果的原因是由于广东省森林林分类型组成发生了根本的变化。

森林的经营应该按森林生态服务主导功能进行造林，不同树种的林分在发挥各项生态系统服务功能时存在着差异，如阔叶混交林和针叶林的涵养水源功能和积累营养物质功能的比桉树林要强，但桉树林、软阔叶林和硬阔类的固碳释氧功能、净化大气环境要比针叶林强，所以根据地方的实际情况选择所需要的树种，进行造林，使经济效益以及生态效益共同发挥出来，为发展林业生产力注入了新活力。

5.3 讨论

本次对1994～2009年间广东省森林生态系统服务功能的评估，是首次按照中华人民共和国林业行业标准《森林生态系统服务功能评估规范》（LY/ T 1721-2008），依据广东省林业局提供的森林资源二类清查数据，采用CFERN为主的森林生态站按照中华人民共和国林业行业标准《森林生态系统定位观测指标体系》（LY/ T 1606-2003）获得的长期连续观测研究数据，结合国家权威部门发布的社会公共数据，利用分布式测算方法进行测算。

1997年，Costanza等人在*Nature*上发表*The Value of World’s Ecosystem Services and Natural Capital*一文，估计目前地球上的生态系统每年至少提供总价值33万亿美元的服务，其中大多来自海岸系统，另外约38%来自陆地生态系统，主要来自森林（每年4.7万亿美元）和湿地（每年4.9万亿美元），Costanza等人估计每年全球生态系统服务总价值在l6万亿～54万亿美元之间。

以中国林业科学研究院首席专家王兵研究员为项目首席科学家、60多名国内外专家共同参与的学术团队历时5年开展了“中国森林生态服务功能评估”的数据测算与报告编写工作。2009年11月17日，在国务院新闻办举行的第七次全国森林资源清查新闻发布会上，国家林业局贾治邦局长公布了我国森林生态系统服务功能的评估结果为10.01万亿·a^{-1}。

2009年7月30日，中国森林生态系统定位研究网络中心、河南省林业科学研究院、北京林业大学等单位的专家，按照国家林业局2008年3月31日最新发布的《森林生态系统服务功能评估规范》(LY/T 1721-2008) 和河南省林木及湿地资源等资料，共同完成了河南省林业生态效益评估 (2009 年年度) 项目。2009 年河南林业生态效益总价值达到 4 376.83 亿元 · a^{-1}。

2010 年 3 月 25 日，广西自治区林业厅在南宁组织由国家林业局中国森林生态系统定位研究网络管理中心和广西林业勘察设计院共同完成的《广西壮族自治区森林生态系统服务功能及其价值评估报告》专家评审会。广西壮族自治区森林生态系统服务功能年价值量为 8 388.93 亿元。

2010 年 3 月 12 日，中国森林生态系统定位研究网络（CFERN）管理中心，根据大连市森林资源调查最新数据，对全市森林资源涵养水源、保育土壤、固碳释氧、积累营养物质、净化大气环境、保护生物多样性等 6 项一级指标和 11 项二级指标进行全面评价。经过测算，全市森林生态系统服务功能总价值年约 205.82 亿元。

2008 年广东省林业调查规划院对广东省森林生态效益进行评价，测得广东省森林生态效益总值为 7 212.34 亿元。其中，森林同化二氧化碳效益总值为 1 749.34 亿元；森林放氧效益总值为 2 183.00 亿元；森林调节水量涵养水源效益总值为 1 936.69 亿元；森林降尘净化大气效益总值为 9.10 亿元；森林保土效益总值为 5.03 亿元；森林生态旅游效益总值为 100.00 亿元；森林储能效益总值为 805.92 亿元；森林生物多样性保护效益总值为 107.60 亿元；森林减轻水灾旱灾效益总值为 63.60 亿元。

评估指标体系的不同和评价方法的差异，决定着生态系统服务功能评估结果的不同。本次评估的指标体系符合“三可”原则，即“可测度、可描述、可计量”。本次对 1994 ～ 2009 年间广东省森林生态系统服务功能的评估，按照中华人民共和国林业行业标准《森林生态系统服务功能评估规范》（LY/ T 1721-2008）进行评估，采用分布式测算方法，充分反映了本次评估结果的针对性、科学性和代表性。

参考文献

[1] 王兵，胡文，等 . 中国森林资源生态服务功能评估 [M] . 北京：中国林业出版社，2010.

[2] 张永利，杨锋伟，王兵，等，中国森林生态系统服务功能研究 [M] . 北京：科学出版社，2010.

[3] 王兵，杨锋伟，郭浩森林生态系统服务功能评估规范 [M] . 北京：中国标准出版社，2008.

[4] 王兵，周梅，冯林寒温带森林生态系统定位观测指标体系 [M] . 北京：中国标准出版社，2008.

[5] 广西壮族自治区林业勘测设计院广西壮族自治区重点公益林资源与生态状况监测报告 .2008.

[6] 王兵，余新晓，饶良懿 . 干旱半干旱区森林生态系统定位观测指标体系 [M] . 北京：中国标准出版社，2007.

[7] 王兵，李意德，李少宁 . 热带森林生态系统定位观测指标体系 [M] . 北京：中国标准出版社，2007.

[8] 王兵，德永军，杨锋伟 . 暖温带森林生态系统定位观测指标体系 [M] . 北京：中国标准出版社，2007.

[9] 王兵，李海静，郭泉水，夏良放 . 大岗山森林生物多样性研究 [M] . 北京：中国林业出版社，2005.

[10] 王兵，陈步峰，杨锋伟，崔向慧，李少宁 . 森林生态站建设技术标准 [M] . 北京：中国标准出版社，2005.

[11] 广西壮族自治区林业勘测设计院 . 广西壮族自治区森林资源连续清查第七次复查报告，2005.

[12] 王兵，郭泉水，杨锋伟，蒋有绪，等 . 森林生态系统定位观测指标体系 [M] . 北京：中国标准出版社，2004.

[13] 王兵，崔向慧，包永红，杨锋伟 . 生态系统长期观测与研究网络 . 北京：中国科学技术出版社，2003

[14] 王兵，崔向慧，马全林 . 绿洲荒漠过渡区水热平衡规律级及其耦合模拟研究 [M] . 北京：中国科学技术出版社，2003.

[15] 王兵，聂道平，郭泉水，夏良放，等 . 大岗山森林生态系统研究 [M] . 北京：中国科学技术出版社，2003.

[16] 刘世荣，温远光，王兵，周光益，等 . 中国森林生态系统水文生态功能规律 [M] . 北京：中国林业出版社，1996.

[17] 王兵，魏江生，胡文 . 贵州省黔东南州森林生态系统服务功能评估 [J] . 贵州大学学报（自然科学版），2009，26(5)：42 － 47.

[18] 王兵，王燕，郭浩．江西大岗山毛竹林碳储量及其分配特征 [J]．北京林业大学学报，2009，31(6)：39 － 42.

[19] 王兵，鲁绍伟．中国经济林生态系统服务价值评估 [J]．应用生态学报，2009，20（2）：417 － 425.

[20] 王兵，郭浩．影响丝栗栲树干液流速度的环境因子分析[J]．南京林业大学学报，2009，33(1)：43 － 48.

[21] 王兵，高鹏，郭浩．江西大岗山林区樟树年轮对气候变化的响应 [J]. 应用生态学报，2009，20（1）：71 － 76.

[22] 王兵，魏文俊，等．中国竹林生态系统的碳储量 [J]. 生态环境，2008，17（4）：1680 － 1684.

[23] 王兵，魏文俊，李少宁．中国杉木林生态系统碳储量研究．中山大学学报（自然科学版）（EI 收录源刊），2008，47（2）：93 － 98.

[24] Wang Bing，WEI Wen-jun，LI Shao-ning. Carbon Storage of Bamboo Forest Ecosystem in China. Journal of Life Sciences, 2008,2(1).

[25] 王兵，郑秋红，郭浩．基于 Shannon-Wiener 指数的中国森林物种多样性保育价值评估方法 [J]. 林业科学研究，2008，(2)：268 － 274.

[26] 王兵，魏文俊．江西省森林碳储量与碳密度研究 [J]. 江西科学，2007，(6)：681—687.

[27] 王兵，李少宁，郭浩．江西省森林生态系统服务功能及其价值评估研究 [J]. 江西科学，2007，(5)：553 － 559.

[28] 王兵，郭浩，王燕．森林生态系统健康评估研究进展 [J]. 水土保持科学，2007，(3)：114 － 121.

[29] Bing Wang，Mei Zhou，et al. A Preliminary Study on Soil Erosion of the Longdong Loess Plateau Region Based on MODIS. Remote Sensing and Modeling of Ecosystems for Sustainability II，2005，480 － 485（EI 收录）.

[30] 王兵，李少宁．数字化森林生态站构建技术研究 [J]. 林业科学，2006，42(1)：116—121.

[31] 王兵，赵广东，等．极端困难立地植被综合恢复技术研究 [J]. 水土保持学报，2006. 20（1）：151 － 154.

[32] 王兵，赵广东，杨锋伟．基于样带观测理念的森林生态站构建和布局模式研究 [J]. 林业科学研究，2006，19(3)：385 － 390.

[33] 王兵，赵广东，李少宁，等．江西大岗山常绿阔叶林优势种丝栗栲和苦槠栲光合日动态特征研究 [J]. 江西农业大学学报，2005，27（4）：576 － 579.

[34] 王兵，李海静，李少宁，等．大岗山中亚热带常绿阔叶林物种多样性研究 [J]. 江西农业大学学报，2005，27（5）：678 － 682，699.

[35] 王兵，李少宁，崔向慧，等．大岗山森林生态系统优化管理模式研究 [J]. 江西农业大学学报，2005，27（5）：683 － 688.

[36] 王兵，周梅等．以植被指数为主要依据的黄土高原土壤侵蚀研究 [J]. 东北林业大学学报，2005，33（增刊）：151 － 152.

[37] 王兵，刘世荣，郭泉水，温远光．中国若干森林水文要素地理分布规律的模拟 [J]. 生态学报，1997，17（4）：344 － 348.

[38] 王兵,郭泉水,等.气候变化对我国森林降水截留规律的可能影响[J]林业科学,1997,33(4):299 — 306.

[39] 王兵，崔向慧.民勤绿洲—荒漠过渡区水量平衡规律研究[J].生态学报，2004，24（2）：235 — 240.

[40] 王兵，崔向慧，包永红.民勤绿洲荒漠过渡区辐射特征与热量平衡规律研究[J].林业科学，2004，40（3）：26 — 32.

[41] 王兵，崔向慧，杨锋伟．中国森林生态系统定位研究网络的建设与发展[J].生态学杂志，2004，23（4）：84 — 91.

[42] 王兵.大岗山森林生态系统定位研究站[J].林业科学研究，1999，12（5）：561 — 562.

[43] 王兵，崔向慧，白秀兰，等.大岗山人工针阔混交林与常绿阔叶林水文动态变化研究[J].林业科学研究，2002，15（1）：13 — 20.

[44] 王兵，崔向慧，白秀兰，马全林.荒漠化地区土壤水分时空格局及其动态规律研究[J].林业科学研究，2002，15(2)：143 — 149.

[45] 王兵，崔向慧，李海静，等.大岗山森林生态站区气象要素分析[J].林业科学研究，2002，15（6）：693 — 699.

[46] 王兵，李少宁，白秀兰，等.森林生态系统管理的发展回顾与展望[J].世界林业研究，2002，15（4）：1 — 6.

[47] 王兵，刘世荣，崔相慧，等.全球陆地生态系统水热平衡规律研究进展[J].世界林业研究，2002，15(1)：19 — 28.

[48] 王兵，崔向慧，杨锋伟.从第21届国际林联世界大会看全球"森林与水"研究进展[J].世界林业研究，2001，14（5）：1 — 7.

[49] 王兵.野外观测台站规范化与标准化研究［M］.北京：中国标准出版社，2002，5：1 — 123.

[50] 王兵.退耕还林（草）科技培训教材汇编.2001,8：195 — 223.

[51] 王兵，崔向慧，杨锋伟.全球陆地生态系统定位研究网络的发展[J].林业科技管理，2003，2：15 — 21.

[52] 王兵，董娜.林业生态环境监测数据采集[J].林业科技管理，2003，3：31 — 38.

[53] 王兵，肖文发.中国森林生态环境监测现状及环境质量[J].世界林业研究，1996，9(5)：52 — 60.

[54] Wang Bing，Zhao Guangdong，Cui Xianghui，Bai Xiulan. Construction and Development of the Dagangshan Forest Ecosystem Research Station[J]. Chinese Forestry Science and Technology，2002，1（4）：58 — 62.

[55] Wang Bing，Cui Xianghui，Bao Yonghong. Research Temporal and Spatial Patterns and Dynamic Laws of Soil Water at Eco-tope between Oasis and Desert. Chinese Forestry Science and Technology. 2002，1（2）：27 — 33.

[56] Wang Bing，Cui Xianghui，Li Shaoning，Bai Xiulan，Li Haijing，Zhong Biao. Study on Optimized Pattern of Forest Ecosystem Management in Dagangshan[J]. Chinese Forestry Science and Technology.2003，2（4）：27 — 37.

[57] Wang Bing，Cui Xianghui，Yang Fengwei.Chinese Forest Ecosystem Research Network and

Its Development[J] . Chinese Forestry Science and Technology. 2004，3（1）：25 － 30.

[58] Lishaoning，Wang Bing，Zhao Guangdong，Cui Xianghui，Bai Xiulan，.Review of Researches in Terrestrial Ecosystem Services ——Theories and Methods[J] . Chinese Forestry Science and Technology，2003，2（3）：50 － 57.

[59] Xianfeng Su，Wang Bing. A study on the Ecological and Environmental Quality in the Main Managerial Areas of Plantations in China[J] . Forests and Society：The Role of Research XXI IUFRO World Congress，2000：322 － 325.

[60] 李少宁 . 江西省暨大岗山森林生态系统服务功能研究 [D]. 北京：中国林业科学研究院 (博士论文)，2007.

[61] 魏文俊，王兵，白秀兰 . 杉木人工林碳密度特征与分配规律研究 [J]. 江西农业大学学报，2008，30(1)：73 － 80.

[62] 魏文俊，王兵，李少宁，等 . 江西省森林植被乔木层碳储量与碳密度研究 [J]. 江西农业大学学报，2007，29(5)：767 － 772.

[63] 魏文俊，王兵，冷冷 . 宁夏六盘山落叶森林凋落与枯落物分布及持水特性的研究 [J]. 内蒙古农业大学学报（自然科学版），2006，27(3)：19 － 23.

[64] Daily G C. et al. Ecosystem Service：Benefits Supplied to Human Societies by Natural Ecosystems[R]. 1999.

[65] Costanza，R. The Value of the World’s Ecosystem Services and Natural Capital[J]. Nature，1997b，387 (15)：253 － 260.

[66] Bolund P，Hunhammar S. Ecosystem Services Inurban Areas[J]. Ecological Economics，1999，29：293 － 301.

[67] PostW，Izaurralde R，Mann L，et al. Monitoring and Verifying Soil Organic Carbon Sequestration[A]. In：RosenbergN，Izaurralde R，Malone E. Carbon sequestration in soils - science，monitoring，and beyond[C].Proceedings of the St. MichaelsWorkshop. Columbus：Battelle Press，1998，41 － 46.

[68] Trumbore S E. Age of Soil Organic Matter and Soil Respiration：Radiocarbon Constrants on Belowground C Dynamics[J]. Ecological App lications，2000，10：399 － 411.

[69] Farquhar G D, Eh leringer J R, Hubick K T. Carbon Isotope D Iscrimination and Photo Synthesis [J]. AnnuRev. Plant Physio. lP lantMolBiol. ，1989，(40)：503 － 537.

[70] James R，Eh leringer，Stephen Klassen，et al. Carbon Isotope D Iscrim Ination and Transpiration Efficiency in Common Bean[J]. CropScience，1991，(31)：1161 － 615.

[71] Balesdent J，et al. Effect of Tillage on Soil Organic Mineralization Estimated from 13C Abundance Inmaize Fields[J]. J. Soil Sci. ，1990，41：587 － 596.

[72] Jolivet C，et al. Soil Organic Carbon Dynamics in Cleared Temperate Forest Spodosols Converted to Maize Cropping[J]. Plant and Soil. ，1997，191：225 － 231.

[73] Collins H P，et al. Soil Carbon Dynamics in Corn -based Agroecosystems：Results from Carbon213 Natural Abundance[J]. Soil. Sci. Soc. A m. J. ，1999，63：584 － 591.

[74] Martin A. et al. Estimates of Soil Organic Matter Turnover Rate in a Savanna Soil by 13C Natural Abundance Measurements[J] . Soil. Biol. Biochem. ，1990，22：517 － 523.

[75] Kellman L M, Hillaire - Marcel C. Evaluation of Nitrogen Isotopes as Indicators of Nitrate Contamination Sources in an Agricultural Watershed [J]. Agriculture Ecosysytems and Environment, 2003, 95 : 87 — 102.

[76] 福冈胜夫 . 应用系统动态学进行森林与水的最佳控制和公共效益评价 . 徐智, 李周, 等译 . 林业数量经济 [M]. 北京 : 中国林业出版社, 1990 : 221 — 228.

[77] 中华人民共和国国家统计局 . 中国统计年鉴 [M]. 北京 : 中国统计出版社, 2008.

[78] 赵晟, 红华生, 张珞平, 等 . 中国红树林生态系统服务的功能价值 [J]. 资源科学, 2007, 29 (1): 147 — 154.

[79] 韩维栋, 高秀梅, 卢昌义, 等 . 中国红树林生态系统生态价值评估 [J]. 生态科学, 2000, 19 (1): 40 — 46.

[80] 张小红, 杨志峰, 毛显强, 等 . 广州市公益林生态效益价值分析及管理对策 [J]. 林业科学, 2004, 40(4) : 22 — 26.

[81] 许文安, 曾绮微, 郑康振, 等 . 广东中山市森林生态效益评价 [J]. 中南林业调查规划, 2009, 28(3) : 63 — 66.

[82] 吴章文, 罗艳菊 . 鼎湖山风景区森林游憩价值评价研究 [J] . 林业经济, 2002(9) : 40 — 42.

[83] 鲁绍伟 . 中国森林生态服务功能动态分析与仿真预测 [D]. 北京 : 北京林业大学, 2006.

[84] 中国生物多样性国情研究报告编写组 . 中国生物多样性国情研究报告 [M]. 北京 : 中国环境科学出版社, 1998.

附件一

ICS 65.020
B65

LY
中华人民共和国林业行业标准

LY/T 1721 — 2008

森林生态系统服务功能评估规范

Specifications for assessment of forest ecosystem services in China

2008-04 -28 发布　　　　2008-05-xx 实施

国家林业局发布

LY/T 1721-2008

前　言

本标准由国家林业局提出并归口。

本标准负责起草单位：中国林业科学研究院森林生态环境与保护研究所。

本标准参加起草单位：北京林业大学、北京中林资产评估有限公司。

本标准主要起草人：王兵、杨锋伟、郭浩、李少宁、王燕、马向前、余新晓、鲁绍伟、王宏伟、魏文俊。

本标准为首次发布。

森林生态系统服务功能评估规范

1 范围

本规范界定了森林生态系统服务功能评估的数据来源、评估指标体系、评估公式等。

本规范适用于中华人民共和国范围内森林生态系统主要生态服务功能评估工作，但不涉及林木资源价值、林副产品和林地自身价值。

2 术语和定义

以下术语和定义适用于本标准。

2.1 森林生态系统服务功能 forest ecosystem services

森林生态系统与生态过程所形成及维持的人类赖以生存的自然环境条件与效用。主要包括森林在涵养水源、保育土壤、固碳释氧、积累营养物质、净化大气环境、森林防护、生物多样性保护和森林游憩等方面提供的生态服务功能。

2.2 森林生态系统服务功能评估 assessment of forest ecosystem services

采用森林生态系统长期连续定位观测数据、森林资源清查数据及社会公共数据对森林生态系统服务功能开展的实物量与价值量评估。

2.3 涵养水源 water conservation

森林对降水的截留、吸收和贮存，将地表水转为地表径流或地下水的作用。主要功能表现在增加可利用水资源、净化水质和调节径流三个方面。

2.4 保育土壤 soil conservation

森林中活地被物和凋落物层层截留降水，降低水滴对表土的冲击和地表径流的侵蚀作用；同时林木根系固持土壤，防止土壤崩塌泻溜，减少土壤肥力损失以及改善土壤结构的功能。

2.5 固碳释氧 carbon fixation，oxygen released

森林生态系统通过森林植被、土壤动物和微生物固定碳素、释放氧气的功能。

2.6 积累营养物质 nutrient accumulation

森林植物通过生化反应，在大气、土壤和降水中吸收 N、P、K 等营养物质并贮存在体内各器官的功能。森林植被的积累营养物质功能对降低下游面源污染及水体富营养化有重要作用。

2.7净化大气环境 atmosphere environmental purification

森林生态系统对大气污染物（如二氧化硫、氟化物、氮氧化物、粉尘、重金属等）的吸收、过滤、阻隔和分解，以及降低噪音、提供负离子和萜烯类（如芬多精）物质等功能。

2.8 森林防护 action of forest against natural calamities

防风固沙林、农田牧场防护林、护岸林、护路林等防护林降低风沙、干旱、洪水、台风、盐碱、霜冻、沙压等自然灾害危害的功能。

2.9 物种保育 species conservation

森林生态系统为生物物种提供生存与繁衍的场所，从而对其起到保育作用的功能。

2.10 森林游憩 forest recreation

森林生态系统为人类提供休闲和娱乐的场所，使人消除疲劳、愉悦身心、有益健康的功能。

2.11 净初级生产力 Net primary production (NPP)

为绿色植物光合作用固定的有机物总量与植物自养呼吸的有机物质之差。

2.12 提供负离子 negative-ion supply

空气负离子就是大气中的中性分子或原子，在自然界电离源的作用下，其外层电子脱离原子核的束缚而成为自由电子，自由电子很快会附着在气体分子或原子上，特别容易附着在氧分子和水分子上，而成为空气负离子。

森林的树冠、枝叶的尖端放电以及光合作用过程的光电效应均会促使空气电解，产生大量的空气负离子。植物释放的挥发性物质如植物精气(又叫芬多精)等也能促进空气电离，从而增加空气负离子浓度。

3 数据来源

根据我国森林生态系统研究现状，本规范推荐在森林生态系统服务功能评估中最大限度地使用森林生态站长期连续观测的实测数据，以保证评估结果的准确性。

本规范所用数据主要有三个来源：

(1) 中国森林生态系统定位研究网络（CFERN）所属森林生态站依据森林生态系统定位观测指标体系（LY/T 1606-2003）开展的长期定位连续观测研究数据集；

(2) 国家林业局森林资源清查数据；

(3) 权威机构公布的社会公共资源数据。

4 评估指标体系

其评估指标体系见图 1，共包括 8 个类别 14 个评估指标。

5 评估公式

森林生态系统服务功能实物量评估公式见表 1，森林生态系统服务功能价值量评估公式见表 2，数据汇总表详见附表 1 ～ 9，森林生态系统服务功能评估社会公共数据表（推荐使用价格）见附表 10。

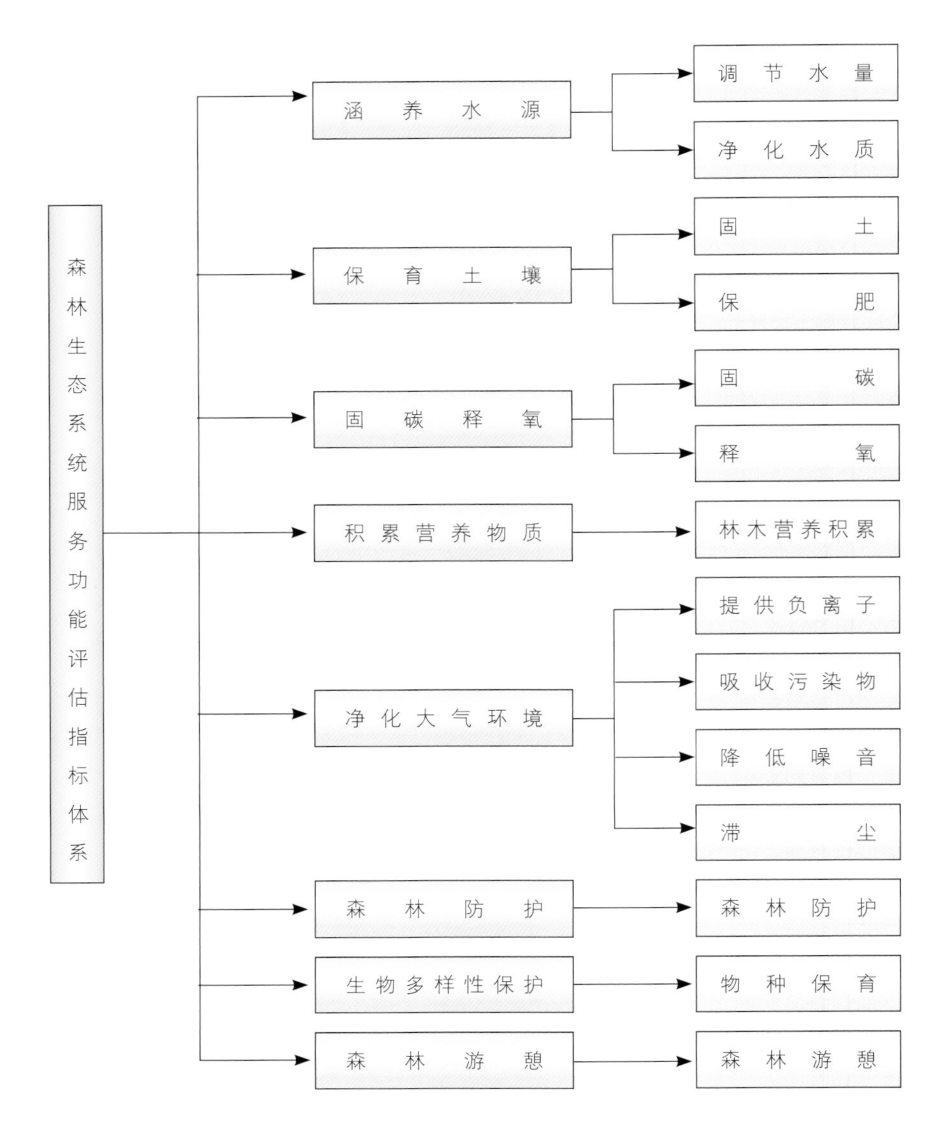

图1　森林生态系统服务功能评估指标体系

表1　森林生态系统服务功能实物量评估公式及参数设置

功能类别	指标	计算公式和参数说明	
涵养水源	调节水量	$G_{调}=10A(P-E-C)$　$G_{调}$为林分调节水量功能，单位：$m^3 \cdot a^{-1}$；P 为降水量，单位：$mm \cdot a^{-1}$； E为林分蒸散量，单位：$mm \cdot a^{-1}$；C为地表径流量，单位：$mm \cdot a^{-1}$；A为林分面积，单位：hm^2	
保育土壤	固土 保肥	$G_{固土}=A(X_2-X_1)$　$G_N=AN(X_2-X_1)$　$G_P=AP(X_2-X_1)$　$G_K=AK(X_2-X_1)$ $G_{固土}$为林分年固土量，单位：$t \cdot a^{-1}$；X_1为林地土壤侵蚀模数，单位：$t \cdot hm^{-2} \cdot a^{-1}$；$X_2$为无林地土壤侵蚀模数，单位：$t \cdot hm^{-2} \cdot a^{-1}$；$G_N$为减少的氮流失量：$t \cdot a^{-1}$；$G_P$为减少的磷流失量：$t \cdot a^{-1}$；$G_K$为减少的钾流失量：$t \cdot a^{-1}$；$N$为土壤含氮量，单位：%； P为土壤含磷量，单位：%；K为土壤含钾量，单位：%；A为林分面积，单位：hm^2。	
固碳释氧	固碳	植被固碳	$G_{植被固碳}=1.63R_{碳}AB_{年}$ $G_{植被固碳}$为植被年固碳量，单位：$t \cdot a^{-1}$； $R_{碳}$为CO_2中碳的含量，为27.27%；$B_{年}$为林分净生产力，单位：$t \cdot hm^{-2} \cdot a^{-1}$；$A$为林分面积，单位：$hm^2$。
		土壤固碳	$G_{土壤固碳}=AF_{土壤}$ $G_{土壤固碳}$为土壤年固碳量，单位：$t \cdot a^{-1}$； $F_{土壤}$为单位面积林分土壤年固碳量，单位：$t \cdot hm^{-2} \cdot a^{-1}$； A为林分面积，单位：hm^2。
	释氧	$G_{氧气}=1.19AB_{年}$　$G_{氧气}$为林分年释氧量，单位：$t \cdot a^{-1}$；$B_{年}$为林分净生产力，单位：$t \cdot hm^{-2} \cdot a^{-1}$；$A$为林分面积，单位：$hm^2$	
积累营养物质	林木营养积累	固氮量 固磷量 固钾量	$G_{氮}=AN_{营养}B_{年}$　$G_{磷}=AP_{营养}B_{年}$　$G_{钾}=AK_{营养}B_{年}$ $G_{氮}$为林分固氮量，单位：$t \cdot a^{-1}$；$G_{磷}$为林分固磷量，单位：$t \cdot a^{-1}$； $G_{钾}$为林分固钾量，单位：$t \cdot a^{-1}$；$N_{营养}$为林木氮元素含量，单位：%； $P_{营养}$为林木磷元素含量，单位：%；$K_{营养}$为林木钾元素含量，单位：%； $B_{年}$为林分净生产力，单位：$t \cdot hm^{-2} \cdot a^{-1}$；$A$为林分面积，单位：$hm^2$

（续）

功能类别	指标		计算公式和参数说明
净化大气环境	生产负离子量		$G_{负离子}=5.256\times10^{15}\times Q_{负离子}AH/L$　$G_{负离子}$为林分年提供负离子个数，单位：个·a^{-1}； $Q_{负离子}$为林分负离子浓度，单位：个·cm^{-3}；H为林分高度，单位：m； L为负离子寿命，单位：分钟；A为林分面积，单位：hm^2
	吸收污染物	吸收二氧化硫量	$G_{二氧化硫}=Q_{二氧化硫}A$ $G_{二氧化硫}$为林分年吸收二氧化硫量，单位：t·a^{-1}； $Q_{二氧化硫}$为单位面积林分吸收二氧化硫量，单位：kg·hm^{-2}·a^{-1}； A为林分面积，单位：hm^2
		吸收氟化物量	$G_{氟化物}=Q_{氟化物}A$ $G_{氟化物}$为林分年吸收氟化物量，单位：t·a^{-1}； $Q_{氟化物}$为单位面积林分吸收氟化物量，单位：kg·hm^{-2}·a^{-1}；A为林分面积，单位：hm^2
		吸收氮氧化物量	$G_{氮氧化物}=Q_{氮氧化物}A$ $G_{氮氧化物}$为林分年吸收氮氧化物量，单位：t·a^{-1}； $Q_{氮氧化物}$为单位面积林分年吸收氮氧化物量，单位：kg·hm^{-2}·a^{-1}；A为林分面积，单位：hm^2
		吸收重金属量	$G_{重金属}=Q_{重金属}A$ $G_{重金属}$为林分年吸收重金属量，单位：t·a^{-1}； $Q_{重金属}$为单位面积林分年吸收重金属量，单位：kg·hm^{-2}·a^{-1}；A为林分面积，单位：hm^2
	降低噪音		林分降低噪音量由森林生态站直接测定，单位：dB
森林防护	滞尘		$G_{滞尘}=Q_{滞尘}A$ $G_{滞尘}$为林分年滞尘量，单位：t·a^{-1}； $Q_{滞尘}$为单位面积林分年滞尘量，单位：kg·hm^{-2}·a^{-1}；A为林分面积，单位：hm^2
	森林防护		农田防护林森林防护的实物量可折算为农作物产量，单位：t·a^{-1}；防风固沙林可折算为牧草产量，单位：t·a^{-1}；海岸防护林可折算为其他实物量

表2 森林生态系统服务功能价值量评估公式及参数设置

功能类别	指标	计算公式和参数说明
涵养水源	调节水量 净化水质	$U_{\text{调}}=10C_{\text{库}}A\ (P-E-C)$　　$U_{\text{水质}}=10KA\ (P-E-C)$ $U_{\text{调}}$为林分年调节水量价值，单位：元·a^{-1}； $U_{\text{水质}}$为林分年净化水质价值，单位：元·a^{-1}；P为降水量，单位：mm·a^{-1}；E为林分蒸散量，单位：mm·a^{-1}； C为地表径流量，单位：mm·a^{-1}；$C_{\text{库}}$为水库建设单位库容投资（占地拆迁补偿、工程造价、维护费用等等），元·m^{-3}； K为水的净化费用，单位：元·t^{-1}；A 为林分面积，单位：hm^2
保育土壤	固土 保肥	$U_{\text{固土}}=AC_{\text{土}}(X_2-X_1)/\rho$　　$U_{\text{肥}}=A\ (X_2-X_1)\ (NC_1/R_1+PC_1/R_2+KC_2/R_3+MC_3)$ $U_{\text{固土}}$为林分年固土价值，单位：元·a^{-1}；$U_{\text{肥}}$为林分年保肥价值，单位：元·a^{-1}；X_1为林地土壤侵蚀模数，单位：t·hm^{-2}·a^{-1}； X_2为无林地土壤侵蚀模数，单位：t·hm^{-2}·a^{-1}；$C_{\text{土}}$为挖取和运输单位体积土方所需费用，元·m^{-3}；A为林分面积，单位：hm^2； ρ为林地土壤密度，单位：t·m^{-3}；N为林分土壤平均含氮量，单位：%；P为林分土壤平均含磷量，单位：%； K为林分土壤含钾量，单位：%；M为林分土壤有机质含量，单位：%；R_1为磷酸二铵化肥含氮量，单位：%； R_2为磷酸二铵化肥含磷量，单位：%；R_3为氯化钾化肥含钾量，单位：%；C_1为磷酸二铵化肥价格，单位：元·t^{-1} C_2为氯化钾化肥价格，单位：元·t^{-1}；C_3为有机质价格，单位：元·t^{-1}
固碳释氧	固碳	$U_{\text{碳}}=AC_{\text{碳}}(1.63R_{\text{碳}}B_{\text{年}}+F_{\text{土壤碳}})$ $U_{\text{碳}}$为林分年固碳价值，单位：元·a^{-1}；$B_{\text{年}}$为林分净生产力，单位：t·hm^{-2}·a^{-1}；$C_{\text{碳}}$为固碳价格，单位：元·t^{-1}； $R_{\text{碳}}$为CO_2中碳的含量，为27.27%；$F_{\text{土壤碳}}$为单位面积林分土壤年固碳量，单位：t·hm^{-2}·a^{-1}；A为林分面积，单位：hm^2
	释氧	$U_{\text{氧}}=1.19C_{\text{氧}}AB_{\text{年}}$ $U_{\text{氧}}$为林分年释氧价值，单位：元·a^{-1}；$B_{\text{年}}$为林分净生产力，单位：t·hm^{-2}·a^{-1}；$C_{\text{氧}}$为氧气价格，单位：元·t^{-1}；A为林分面积，单位：hm^2
积累营养物质	林木营养积累	$U_{\text{营养}}=AB_{\text{年}}(N_{\text{营养}}C_1/R_1+P_{\text{营养}}C_1/R_2+K_{\text{营养}}C_2/R_3)$ $U_{\text{营养}}$为林分年营养物质积累价值，单位：元·a^{-1}；$N_{\text{营养}}$为林木含氮量，单位：%；$P_{\text{营养}}$为林木含磷量，单位：%； $K_{\text{营养}}$为林木含钾量，单位：%；R_1为磷酸二铵化肥含氮量，单位：%；R_2为磷酸二铵化肥含磷量，单位：%； R_3为氯化钾化肥含钾量，单位：%；C_1为磷酸二铵化肥价格，单位：元·t^{-1}；C_2为氯化钾化肥价格，单位：元·t^{-1}； $B_{\text{年}}$为林分净生产力，单位：t·hm^{-2}·a^{-1}；A为林分面积，单位：hm^2

（续）

功能类别	指标	计算公式和参数说明
净化大气环境	提供负离子	$U_{负离子}=5.256\times10^{15}\times AHK_{负离子}(Q_{负离子}-600)/L$　$U_{二氧化碳}=K_{二氧化碳}Q_{二氧化碳}A$　$U_{氟}=K_{氟化物}Q_{氟化物}A$ $U_{氮氧化物}=K_{氮氧化物}Q_{氮氧化物}A$　$U_{重金属}=K_{重金属}Q_{重金属}A$　$U_{噪音}=K_{噪音}Q_{噪音}A$　$U_{滞尘}=K_{滞尘}Q_{滞尘}A$ $U_{负离子}$为林分年提供负离子价值，单位：元·a^{-1}；$K_{负离子}$为负离子生产费用，单位：元·个$^{-1}$； $Q_{负离子}$为林分负离子浓度，单位：个·cm^{-3}；L为负离子寿命，单位：min； H为林分高度，单位：m；U二氧化硫为林分年吸收二氧化硫价值，单位：元·a^{-1}； $K_{二氧化硫}$为二氧化硫治理费用，单位：元·kg^{-1}；$Q_{二氧化硫}$为单位面积林分年吸收二氧化硫量，单位：kg·hm^{-2}·a^{-1}； $U_{氟}$为林分年吸收氟化物价值，单位：元·a^{-1}；$Q_{氟化物}$为单位面积林分年吸收氟化物量，单位：kg·hm^{-2}·a^{-1}； $K_{氟化物}$为氟化物治理费用，单位：元·kg^{-1}；$U_{氮氧化物}$为年吸收氮氧化物总价值，单位：元·a^{-1}； $K_{氮氧化物}$为氮氧化物治理费用，单位：元·kg^{-1}；$Q_{氮氧化物}$为单位面积林分年吸收氮氧化物量，单位：kg·hm^{-2}·a^{-1}； $U_{重金属}$为林分年吸收重金属价值，单位：元·a^{-1}；$K_{重金属}$为重金属污染治理费用，单位：元·kg^{-1}； $Q_{重金属}$为单位面积林分年吸收重金属量，单位：kg·hm^{-2}·a^{-1}；$U_{噪音}$为林分年降低噪音价值，单位：元·a^{-1}； $K_{噪音}$为降低噪音费用，单位：元·km^{-1}；$A_{噪音}$为森林面积折合为隔音墙的公里数，单位：km； $U_{滞尘}$为林分年滞尘价值，单位：元·a^{-1}；$K_{滞尘}$为降尘清理费用，单位：元·kg^{-1}； $Q_{滞尘}$为单位面积林分年滞尘量，单位：kg·hm^{-2}·a^{-1}；A为林分面积，单位：hm^2
	吸收污染物	
	降低噪音	
	滞尘	
森林防护	森林防护	$U_{防护}=AQ_{防护}C_{防护}$ $U_{保护}$为森林防护价值，单位：元·a^{-1}； $Q_{保护}$为由于农田防护林、防风固沙林等森林存在增加的单位面积农作物、牧草等年产量，单位：kg·hm^{-2}·a^{-1}； $C_{保护}$为农作物、牧草等价格，单位：元·kg^{-1}；A为林分面积，单位：hm^2
生物多样性保护	物种保育	$U_{生物}=S_{生}A$ $U_{生物}$为林分年物种保育价值，单位：元·a^{-1}； $S_{生}$为单位面积年物种损失的机会成本，单位：元.hm^{-2}·a^{-1}；A为林分面积，单位：hm^2
森林游憩	森林游憩	森林生态系统为人类提供休闲和娱乐场所而产生的价值，包括直接价值和间接价值

注：本规范根据 Shannon-Wiener 指数计算物种保育价值，共划分为 7 级：当指数 1 ＜时，$S_{生}$为 3000 元·hm^{-2}·a^{-1}；当 1 ≤指数＜ 2 时，$S_{生}$为 5000 元·hm^{-2}·a^{-1}；当 2 ≤指数＜ 3 时，$S_{生}$为 10000 元·hm^{-2}·a^{-1}；当 3 ≤指数＜ 4 时，$S_{生}$为 20000 元·hm^{-2}·a^{-1}；当 4 ≤指数＜ 5 时，$S_{生}$为 30000 元·hm^{-2}·a^{-1}；当 5 ≤指数＜ 6 时，$S_{生}$为 40000 元·hm^{-2}·a^{-1}；当指数≥ 6 时，$S_{生}$为 50000 元·hm^{-2}·a^{-1}。

附表1　涵养水源功能评估数据汇总表

项目	单位	林分类型1					林分类型2					……					林分类型n					汇总
		幼龄林	中龄林	近熟林	成熟林	过熟林	幼龄林	中龄林	近熟林	成熟林	过熟林	幼龄林	中龄林	近熟林	成熟林	过熟林	幼龄林	中龄林	近熟林	成熟林	过熟林	
林分面积	hm^2																					
年降水量	$mm \cdot a^{-1}$																					
林分年蒸散量	$mm \cdot a^{-1}$																					
年涵养水源量	$m^3 \cdot a^{-1}$																					
林分调节水量价值	元 · a^{-1}																					
林分净化水质价值	元 · a^{-1}																					
涵养水源总价值	元 · a^{-1}																					
单位面积涵养水源价值	元 · a^{-1}																					
年降水量	$mm \cdot a^{-1}$																					
林分年蒸散量	$mm \cdot a^{-1}$																					

附表2　保育土壤功能评估数据汇总表

项目	单位	林分类型1					林分类型2					……					林分类型n					汇总
		幼龄林	中龄林	近熟林	成熟林	过熟林	幼龄林	中龄林	近熟林	成熟林	过熟林	幼龄林	中龄林	近熟林	成熟林	过熟林	幼龄林	中龄林	近熟林	成熟林	过熟林	
林分面积	hm^2																					
林地土壤侵蚀模数	$t \cdot hm^{-2} \cdot a^{-1}$																					
无林地土壤侵蚀模数	$t \cdot hm^{-2} \cdot a^{-1}$																					
林地土壤密度	$t \cdot m^{-3}$																					
林地土壤含氮量	%																					
林地土壤含磷量	%																					
林地土壤含钾量	%																					
林地土壤有机质含量	%																					
林分年固土量	$t \cdot a^{-1}$																					
林分年固土价值	元 $\cdot a^{-1}$																					
林分年保持氮量	$t \cdot a^{-1}$																					
林分年保持磷量	$t \cdot a^{-1}$																					
林分年保持钾量	$t \cdot a^{-1}$																					
林分年保持有机质量	$t \cdot a^{-1}$																					
林分年保肥价值	元 $\cdot a^{-1}$																					
林分年保育土壤总价值	元 $\cdot a^{-1}$																					

附表3　固碳释氧功能评估数据汇总表

项目	单位	林分类型1					林分类型2					……					林分类型n					汇总
		幼龄林	中龄林	近熟林	成熟林	过熟林	幼龄林	中龄林	近熟林	成熟林	过熟林	幼龄林	中龄林	近熟林	成熟林	过熟林	幼龄林	中龄林	近熟林	成熟林	过熟林	
林分面积	hm^2																					
林分净生产力	$t \cdot hm^{-2} \cdot a^{-1}$																					
单位面积林分土壤年固碳量	$t \cdot hm^{-2} . a^{-1}$																					
植被和土壤年固碳量	$t \cdot a^{-1}$																					
植被和土壤年固碳价值	元 $\cdot a^{-1}$																					
单位面积林分年释氧量	$t \cdot hm^{-2} . a^{-1}$																					
林分年释氧量	$t \cdot a^{-1}$																					
林分年释氧价值	元 $\cdot a^{-1}$																					
林分年固碳释氧总价值	元 $\cdot a^{-1}$																					

附表4　积累营养物质功能评估数据汇总表

项目	单位	林分类型1					林分类型2					……					林分类型n					汇总
		幼龄林	中龄林	近熟林	成熟林	过熟林	幼龄林	中龄林	近熟林	成熟林	过熟林	幼龄林	中龄林	近熟林	成熟林	过熟林	幼龄林	中龄林	近熟林	成熟林	过熟林	
林分面积	hm^2																					
林分净生产力	$t \cdot hm^{-2} \cdot a^{-1}$																					
林木含氮量	%																					
林木含磷量	%																					
林木含钾量	%																					
林分年增加氮量	$t \cdot a^{-1}$																					
林分年增加磷量	$t \cdot a^{-1}$																					
林分年增加钾量	$t \cdot a^{-1}$																					
积累营养物质总价值	元$\cdot a^{-1}$																					

附表5　净化大气环境功能评估数据汇总表

项目	单位	林分类型1					林分类型2					……					林分类型n					汇总
		幼龄林	中龄林	近熟林	成熟林	过熟林	幼龄林	中龄林	近熟林	成熟林	过熟林	幼龄林	中龄林	近熟林	成熟林	过熟林	幼龄林	中龄林	近熟林	成熟林	过熟林	
林分面积	hm^2																					
林分负离子量浓度	个·cm^{-3}																					
单位面积林分年吸收二氧化硫量	$kg \cdot hm^{-2} \cdot a^{-1}$																					
单位面积林分年吸收氟化物量	$kg \cdot hm^{-2} \cdot a^{-1}$																					
单位面积林分年吸收氮氧化物量	$kg \cdot hm^{-2} \cdot a^{-1}$																					
单位面积林分年吸收重金属量	$kg \cdot hm^{-2} \cdot a^{-1}$																					
单位面积林分年滞尘量	$kg \cdot hm^{-2} \cdot a^{-1}$																					
林分降低噪音量	dB																					
林分年提供负离子数	个·a^{-1}																					
林分年提供负离子价值	元·a^{-1}																					
林分年吸收二氧化硫量	$kg \cdot a^{-1}$																					

（续）

项 目	单 位	林分类型1					林分类型2					……					林分类型n					汇总
		幼龄林	中龄林	近熟林	成熟林	过熟林	幼龄林	中龄林	近熟林	成熟林	过熟林	幼龄林	中龄林	近熟林	成熟林	过熟林	幼龄林	中龄林	近熟林	成熟林	过熟林	
林分年吸收二氧化硫总价值	元·a^{-1}																					
林分年吸收氟化物量	kg·a^{-1}																					
林分年吸收氟化物价值	元·a^{-1}																					
林分年吸收氮氧化物量	kg·a^{-1}																					
林分年吸收氮氧化物价值	元·a^{-1}																					
林分年吸收重金属量	kg·a^{-1}																					
林分年吸收重金属价值	元·a^{-1}																					
林分年降低噪音价值	元·a^{-1}																					
林分年滞尘量	kg·a^{-1}																					
林分年滞尘价值	元·a^{-1}																					
林分净化大气环境总价值	元·a^{-1}																					

附表6　森林防护功能评估数据汇总表

项目	单位	林分类型1					林分类型2					……					林分类型n					汇总
		幼龄林	中龄林	近熟林	成熟林	过熟林	幼龄林	中龄林	近熟林	成熟林	过熟林	幼龄林	中龄林	近熟林	成熟林	过熟林	幼龄林	中龄林	近熟林	成熟林	过熟林	
林分面积	hm^2																					
年增加的农作物、牧草等单位面积产量	$kg \cdot hm^{-2} \cdot a^{-1}$																					
农作物、牧草等价格	元$\cdot kg^{-1}$																					
森林防护功能	$t \cdot a^{-1}$等																					
森林防护价值	元$\cdot a^{-1}$																					

附表7 生物多样性保护功能评估数据汇总表

项目	单位	林分类型1					林分类型2					……					林分类型n					汇总
		幼龄林	中龄林	近熟林	成熟林	过熟林	幼龄林	中龄林	近熟林	成熟林	过熟林	幼龄林	中龄林	近熟林	成熟林	过熟林	幼龄林	中龄林	近熟林	成熟林	过熟林	
面积	hm^2																					
Shannon−Wiener多样性指数																						
单位面积物种年保育价值	元·hm^{-2}·a^{-1}																					
物种保育年总价值	元·a^{-1}																					

附表8 森林游憩功能评估数据汇总表

项目	单位	1	2	……	n	汇总
森林公园和自然保护区名称						
年旅游总收入	元·a^{-1}					
森林游憩总价值	元·a^{-1}					

附表9 森林生态系统服务功能评估汇总表

项目			林分类型1	林分类型2	…………	林分类型n	汇总
涵养水源	调节水量	功能 ($m^3 \cdot a^{-1}$)					
		价值（元 · a^{-1}）					
	净化水质	功能 ($m^3 \cdot a^{-1}$)					
		价值（元 · a^{-1}）					
	价值合计（元 · a^{-1}）						
保育土壤	固土	功能（t · a^{-1}）					
		价值（元 · a^{-1}）					
	保肥	保持氮量（t · a^{-1}）					
		保持磷量（t · a^{-1}）					
		保持钾量（t · a^{-1}）					
		保持有机质量(t · a^{-1})					
		价值（元 · a^{-1}）					
	价值合计（元 · a^{-1}）						
固碳释氧	固 碳	功能（t · a^{-1}）					
		价值（元 · a^{-1}）					
	释 氧	功能（t · a^{-1}）					
		价值（元 · a^{-1}）					
	价值合计（元 · a^{-1}）						
积累营养物质	林木营养积累	积累氮量（t · a^{-1}）					
		积累磷量（t · a^{-1}）					
		积累钾量（t · a^{-1}）					
	价值合计（元 · a^{-1}）						

（续）

项目			林分类型1	林分类型2	…………	林分类型n	汇总
净化大气环境	提供负氧离子	功能（个·a^{-1}）					
		价值（元·a^{-1}）					
	吸收污染物	功能（t·a^{-1}）					
		价值（元·a^{-1}）					
	降低噪音	功能（dB）					
		价值（元·a^{-1}）					
	滞 尘	功能（t·a^{-1}）					
		价值（元·a^{-1}）					
	价值合计（元·a^{-1}）						
森林防护	功能						
	价值（元·a^{-1}）						
生物多样性保护	价值（元·a^{-1}）						
森林游憩	价值（元·a^{-1}）						
总价值（元·a^{-1}）							
单位面积价值（元·hm^{-2}·a^{-1}）							

附表10　森林生态系统服务功能评估社会公共数据表（推荐使用价格）

编号	名称	单位	数值	来源及依据
1	水库建设单位库容投资	元·t^{-1}	6.1107	根据1993～1999年《中国水利年鉴》平均水库库容造价为2.17元·t^{-1}，2005年价格指数为2.816，即得到单位库容造价为6.1107元·t^{-1}
2	水的净化费用	元·t^{-1}	2.09	采用网格法得到2007年全国各大中城市的居民用水价格的平均值，为2.09元·t^{-1}
3	挖取单位面积土方费用	元·m^{-3}	12.6	根据2002年黄河水利出版社出版的《中华人民共和国水利部水利建筑工程预算定额》（上册）中人工挖土方Ⅰ和Ⅱ土类每100m^3需42个工时，每个人工每天30元计算获得
4	磷酸二铵含氮量	%	14.0	化肥产品说明
5	磷酸二铵含磷量	%	15.01	化肥产品说明
6	氯化钾含钾量	%	50.0	化肥产品说明
7	磷酸二铵化肥价格	元·t^{-1}	2400	
8	氯化钾化肥价格	元·t^{-1}	2200	采用农业部《中国农业信息网》（http://www.agri.gov.cn）2007年春季平均价格
9	有机质价格	元·t^{-1}	320	
10	固碳价格	元·t^{-1}	1200	采用瑞典的碳税率每吨150美元（折合人民币每吨1200元）
11	制造氧气价格	元·t^{-1}	1000	采用中华人民共和国卫生部网站（http://www.moh.gov.cn）中2007年春季氧气平均价格
12	负离子生产费用	元·10^{-18}个$^{-1}$	5.8185	根据台州科利达电子有限公司生产的适用范围30m^2(房间高3m)、功率为6W、负离子浓度1 000 000个·m^{-3}、使用寿命为10年、价格每个65元的KLD-2000型负离子发生器而推断获得，其中负离子寿命为10min，电费为每千瓦时0.4元

（续）

编号	名称	单位	数值	来源及依据
13	二氧化硫的治理费用	元·kg^{-1}	1.20	采用国家发展与改革委员会等四部委2003年第31号令《排污费征收标准及计算方法》中北京市高硫煤二氧化硫排污费收费标准，为每千克 1.20元；氟化物排污费收费标准为每千克 0.69元；氮氧化物排污费收费标准为每千克 0.63元；一般性粉尘排污费收费标准为每千克 0.15元；铅及其化合物排污费收费标准为每千克 30.00元；镉及化合物排污费收费标准为每千克 20.00元；镍及化合物排污费收费标准为每千克 4.62元；锡及化合物排污费收费标准为每千克 2.22元
14	氟化物治理费用	元·kg^{-1}	0.69	
15	氮氧化物治理费用	元·kg^{-1}	0.63	
16	铅及化合物污染治理费用	元·kg^{-1}	30.00	
17	镉及化合物污染治理费用	元·kg^{-1}	20.00	
18	镍及化合物污染治理费用	元·kg^{-1}	4.62	
19	锡及化合物污染治理费用	元·kg^{-1}	2.22	
20	降尘清理费用	元·kg^{-1}	0.15	
21	降低噪音费用	元·km^{-1}	400000	按100元·m^{-2}隔音墙（高4m）成本计算

ICS 65.020.01
B 60

LY

中华人民共和国林业行业标准

LY/T 1606 — 2003

森林生态系统定位观测指标体系

Indicators system for long-term observation of forest ecosystem

2003-08-14 发布　　2003-12-01 实施

国家林业局发布

前 言

本标准由国家林业局提出并归口。

本标准负责起草单位：中国林业科学研究院森林生态环境与保护研究所。

本标准主要起草人：王兵，郭泉水，杨锋伟，蒋有绪，刘世荣，崔向慧。

本标准为首次发布。

森林生态系统定位观测指标体系

1 范围

本标准规定了森林生态系统定位观测指标，即气象常规指标、森林土壤的理化指标、森林生态系统的健康与可持续发展指标、森林水文指标和森林的群落学特征指标。

本标准适用于全国范围内森林生态系统定位观测。

2 术语和定义

下列术语和定义适用于本标准。

2.1 森林生态系统 forest ecosystem

以乔木树种为主体的生物群落(包括动物、植物、微生物等),具有随时间和空间不断进行能量交换、物质循环和能量传递的有生命及再生能力的功能单位。

2.2 地表温度 surface temperature

直接与土壤表面接触的温度表所示的温度，包括地表定时温度，地表最低温度，地表最高温度。

2.3 土壤温度 soil temperature

直接与地表以下土壤接触的温度表所示的温度，包括 10cm、20cm、30cm、40cm 等不同深度的土壤温度。

2.4 降水量 precipitation

从天空降落到地面上的液态或固态（经融化后）降水，未经蒸发、渗透、流失而在地面上积聚的水层深度。

2.5 降水强度 precipitation intensity

单位时间内的降水量。

2.6 蒸发量 evaporation

由于蒸发而损失的水量。

2.7 总辐射量 solar radiation

距地面一定高度水平面上的短波辐射总量。

2.8 净辐射量 net radiation

距地面一定高度的水平面上,太阳与大气向下发射的全辐射和地面向上发射的全辐射之差。

2.9 分光辐射 spectroradiometry radiation

人为的将太阳发出的短波辐射波长范围分成若干波段，其中的 1 个波段或几个波段的辐射分量称为分光辐射。

2.10 UVA,UVB ultraviolet A、ultraviolet B

紫外光谱的 2 种波段。其中 UVA:400 ～ 320nm,UVB:320 ～ 290nm。

2.11 日照时数 duration of sunshine

太阳在一地实际照射地面的时数。

2.12 冻土 permafrost

含有水分的土壤，因温度下降到 0℃或 0℃以下时而呈冻结的状态。

2.13 土壤密度 soil bulk density

单位容积烘干土的质量。

2.14 土壤孔隙度 soil porosity

单位容积土壤中空隙所占的百分率。孔径小于 0.1mm 的称为毛管孔隙，孔径大于 0.1mm 的称为非毛管孔隙。

2.15 土壤阳离子交换量 cation exchange capacity of soil

土壤胶体所能吸附的各种阳离子的总量。

2.16 土壤交换性盐基总量 cation exchange capacity of soil

土壤吸收复合体吸附的碱金属和碱金属离子（K^+，Na^+，Ca^+，Mg^+）的总和。

2.17 穿透水 throughfall

林外雨量（又称林地总降水量）扣除树冠截留量和树干径流量两者之后的雨量。

2.18 树干径流量 amount of stemflow

降落到森林中的雨滴，其中一部分从叶转移到枝，从枝转移到树干而流到林地地面，这部分雨量称为树干径流量。

2.19 地表径流量 surface runoff

降落于地面的雨水或融雪水，经填洼、下渗、蒸发等损失后，在坡面上和河槽中流动的水量。

2.20 森林蒸散量 evapotranspiration of forest

森林植被蒸腾和林冠下土壤蒸发之和。

2.21 群落的天然更新 natural regeneration of community

通过天然下种或伐根萌芽、根系萌蘖、地下茎萌芽（如竹林）等形成新林的过程。

2.22 森林枯枝落叶层 forest floor

森林植被下矿质土壤表面形成的有机物质层，又称死地被物层。

2.23 森林生物量 forest biomass

森林单位面积上长期积累的全部活有机体的总量。

2.24 叶面积指数 leaf area index （LAI）

一定土地面积上植物叶面积总和与土地面积之比。

3．指标体系

3.1 气象常规指标

各类观测指标见表 1。

表1 气象常规指标

指标类别	观测指标	单位	观测频度
天气现象	云量、风、雨、雪、雷电、沙尘		每日1次
	气压	Pa	每日1次
风[a]	作用在森林表面的风速	$m \cdot s^{-1}$	连续观测或每日3次
	作用在森林表面的风向(E，S，W，N，SE，NE，SW，NW)		连续观测或每日3次
空气温度[b]	最低温度	℃	每日1次
	最高温度	℃	每日1次
	定时温度	℃	每日1次
地表面和不同深度土壤的温度	地表定时温度	℃	连续观测或每日3次
	地表最低温度	℃	连续观测或每日3次
	地表最高温度	℃	连续观测或每日3次
	10cm深度地温	℃	连续观测或每日3次
	20cm深度地温	℃	连续观测或每日3次
	30cm深度地温	℃	连续观测或每日3次
	40cm深度地温	℃	连续观测或每日3次
空气湿度[b]	相对湿度	%	连续观测或每日3次
辐射[b]	总辐射量	$J \cdot m^{-2}$	每小时1
	净辐射量	$J \cdot m^{-2}$	每小时1
	分光辐射	$J \cdot m^{-2}$	每小时1
	日照时数	h	连续观测或每日1次
	UVA/UVB 辐射量	$J \cdot m^{-2}$	每小时1次
冻土	深度	cm	每日1次
大气降水[c]	降水总量	mm	连续观测或每日3次
	降水强度	$mm \cdot h^{-1}$	连续观测或每日3次
指标类别	观测指标	单位	观测频度
水面蒸发	蒸发量	mm	每日1次

a．风速和风向测定，应在冠层上方3m处进行。

b．湿度、温度、辐射等测定，应在冠层上方3m处、冠层中部、冠层下方1.5m处、地被物层等4个空间层次上进行。

c．雨量器和蒸发器器口应距离地面高度70cm。

3.2 森林土壤的理化指标

各类观测指标见表 2。

表2　森林土壤的理化指标

指标类别	观测指标	单位	观测频度
森林枯落物	厚度	mm	每年1次
土壤物理性质	土壤颗粒组成	%	每5年1次
	土壤密度	$g \cdot cm^{-3}$	每5年1次
	土壤总孔隙度毛管孔隙及非毛管孔隙	%	每5年1次
土壤化学性质	土壤pH值		每年1次
	土壤阳离子交换量	$cmol \cdot kg^{-1}$	每5年1次
	土壤交换性钙和镁（盐碱土）	$cmol \cdot kg^{-1}$	每5年1次
	土壤交换性钾和钠	$cmol \cdot kg^{-1}$	每5年1次
	土壤交换性酸量（酸性土）	$cmol \cdot kg^{-1}$	每5年1次
	土壤交换性盐基总量	$cmol \cdot kg^{-1}$	每5年1次
	土壤碳酸盐量（盐碱土）	$cmol \cdot kg^{-1}$	每5年1次
	土壤有机质	%	每5年1次
	土壤水溶性盐分（盐碱土中的全盐量，碳酸根和重碳酸根，硫酸根，氯根，钙离子，镁离子，钾离子，钠离子）	%，$mg \cdot kg^{-1}$	每5年1次
	土壤全氮 水解氮 亚硝态氮	% $mg \cdot kg^{-1}$ $mg \cdot kg^{-1}$	每5年1次
	土壤全磷 有效磷	% $mg \cdot kg^{-1}$	每5年1次
	土壤全钾 速效钾 缓效钾	% $mg \cdot kg^{-1}$ $mg \cdot kg^{-1}$	每5年1次
	土壤全镁 有效态镁	% $mg \cdot kg^{-1}$	每5年1次
	土壤全钙 有效钙	% $mg \cdot kg^{-1}$	每5年1次
	土壤全硫 有效硫	% $mg \cdot kg^{-1}$	每5年1次
	土壤全硼 有效硼	% $mg \cdot kg^{-1}$	每5年1次
	土壤全锌 有效锌	% $mg \cdot kg^{-1}$	每5年1次
	土壤全锰 有效锰	% $mg \cdot kg^{-1}$	每5年1次
	土壤全钼 有效钼	% $mg \cdot kg^{-1}$	每5年1次
	土壤全铜 有效铜	% $mg \cdot kg^{-1}$	每5年1次

3.3 森林生态系统的健康与可持续发展指标

各类观测指标见表3。

表3 森林生态系统的健康与可持续发展指标

指标类别	观测指标	单位	观测频度
病虫害的发生与危害	有害昆虫与天敌的种类		每年1次
	受到有害昆虫危害的植株占总植株的百分率	%	每年1次
	有害昆虫的植株虫口密度和森林受害面积	个·hm^{-2}，hm^2	每年1次
	植物受感染的菌类种类		每年1次
	受到菌类感染的植株占总植株的百分率	%	每年1次
病虫害的发生与危害	受到菌类感染的森林面积	hm^2	每年1次
水土资源的保持	林地土壤的侵蚀强度	级	每年1次
	林地土壤侵蚀模数	$t \cdot km^{-2} \cdot a^{-1}$	每年1次
污染对森林的影响	对森林造成危害的干、湿沉降组成成分		每年1次
	大气降水的酸度，即pH值		每年1次
	林木受污染物危害的程度		每年1次
与森林有关的灾害的发生情况	森林流域每年发生洪水、泥石流的次数和危害程度以及森林发生其他灾害的时间和程度，包括冻害、风害、干旱、火灾等		每年1次
生物多样性	国家或地方保护动植物的种类、数量		每5年1次
	地方特有物种的种类、数量		每5年1次
	动植物编目、数量		每5年1次
	多样性指数		每5年1次

3.4 森林水文指标

各类观测指标见表4。

表4 森林水文指标

指标类别	观测指标	单位	观测频度
水量	林内降水量	mm	连续观测
	林内降水强度	$mm \cdot h^{-1}$	连续观测
	穿透水	mm	每次降水时观测
	树干径流量	mm	每次降水时观测
	地表径流量	mm	连续观测
	地下水位	m	每月1次
	枯枝落叶层含水量	mm	每月1次
	森林蒸散量[a]	mm	每月1次或每个生长季1次
水质[b]	pH 值，钙离子，镁离子，钾离子，钠离子，碳酸根，碳酸氢根，Cl，硫酸根，总磷，硝酸根，总氮	除pH 值以外，其他均为$mg \cdot dm^{-3}$或$\mu g \cdot dm^{-3}$	每月1次
	微量元素(B，Mn，Mo，Zn，Fe，Cu)，重金属元素(Cd，Pb，Ni，Cr，Se，As，Ti)	$mg \cdot m^{-3}$ 或$mg \cdot dm^{-3}$	有本底值以后，每5年1次，特殊情况需增加观测频度

a. 测定森林蒸散量，应采用水量平衡法和能量平衡—波文比法。

b. 水质样品应从大气降水、穿透水、树干径流、土壤渗透水、地表径流和地下水中获取。

3.5. 森林的群落学特征指标

各类观测指标见表5。

表5　森林的群落学特征指标

指标类别	观测指标	单位	观测频度
森林群落结构	森林群落的年龄	a	每5年1次
	森林群落的起源		每5年1次
	森林群落的平均树高	m	每5年1次
	森林群落的平均胸径	cm	每5年1次
	森林群落的密度	株 · hm^{-2}	每5年1次
	森林群落的树种组成		每5年1次
	森林群落的动植物种类数量		每5年1次
	森林群落的郁闭度		每5年1次
	森林群落主林层的叶面积指数		每5年1次
	林下植被（亚乔木、灌木、草本）平均高	m	每5年1次
	林下植被总盖度	%	每5年1次
森林群落乔木层生物量和林木生长量	树高年生长量	m	每5年1次
	胸径年生长量	cm	每5年1次
	乔木层各器官（干、枝、叶、果、花、根）的生物量	kg · hm^{-2}	每5年1次
	灌木层、草本层地上和地下部分生物量	kg · hm^{-2}	每5年1次
森林凋落物量	林地当年凋落物量	kg · hm^{-2}	每5年1次
森林群落的养分	C，N，P，K，Fe，Mn，Cu，Ca，Mg ，Cd，Pb	kg · hm^{-2}	每5年1次
群落的天然更新	包括树种、密度、数量和苗高等	株 · hm^{-2}，株，cm	每5年1次